矿物掺量对轻骨料混凝土物理性能的影响研究

王萧萧
　　　著
申向东

中国水利水电出版社
www.waterpub.com.cn

内 容 提 要

本书充分利用内蒙古当地丰富的天然浮石资源和工业废料，研制了水泥、天然浮石、砂子、粉煤灰、石粉等混合的新型轻质节能寒区材料——天然浮石轻骨料混凝土。

本书系统研究了天然轻骨料混凝土的力学性能和抗冻耐久性，并结合电子计算机 X 射线断层扫描、环境扫描电镜、超景深三维显微系统试验分析探讨了细观力学特点；首次利用低温核磁共振仪测量分析了冻融过程中轻骨料混凝土孔溶液的结冰量，得出了孔溶液结冰的一般规律；并结合亚微观研究与宏观研究提出轻骨料抗冻耐久性预测模型，不但定性地判断轻骨料混凝土抗冻性的优劣，而且就轻骨料混凝土冻害全过程进行了定量描述。

本书可供土木、水利、交通等行业的建筑材料和材料技术人员使用，亦可供有关科研和工程设计人员参考。

图书在版编目（ＣＩＰ）数据

矿物掺量对轻骨料混凝土物理性能的影响研究 / 王萧萧，申向东著. -- 北京 ：中国水利水电出版社，2015.4（2022.9重印）
　　ISBN 978-7-5170-3054-6

Ⅰ．①矿… Ⅱ．①王… ②申… Ⅲ．①矿物质－影响－轻集料混凝土－物理性能－研究 Ⅳ．①TU528.2

中国版本图书馆CIP数据核字(2015)第060484号

策划编辑：宋俊娥　　　责任编辑：李 炎　　　封面设计：李 佳

书　　名	矿物掺量对轻骨料混凝土物理性能的影响研究
作　　者	王萧萧　申向东 著
出版发行	中国水利水电出版社 （北京市海淀区玉渊潭南路 1 号 D 座　100038） 网址：www.waterpub.com.cn E-mail：mchannel@263.net（万水） 　　　　sales@mwr.gov.cn 电话：(010)68545888（营销中心）、82562819（万水）
经　　售	北京科水图书销售有限公司 电话：(010)63202643、68545874 全国各地新华书店和相关出版物销售网点
排　　版	北京万水电子信息有限公司
印　　刷	天津光之彩印刷有限公司
规　　格	170mm×240mm　16 开本　16.25 印张　291 千字
版　　次	2015年4月第1版　2022年9月第2次印刷
印　　数	3001-4001册
定　　价	56.00 元

前　言

　　轻骨料混凝土（又名轻集料混凝土，Lightweight Aggregate Concrete）是指用轻粗骨料、轻细骨料（或普通砂）、水泥和水，必要时加入化学外加剂等矿物掺合料配制而成，并且在标准养护条件下，28d 龄期的干表观密度<1950kg/m³ 的混凝土。这种混凝土由于孔隙率大、密度低、抗冻、保温性好，近年来被广泛使用。天然浮石是一种多孔玻璃质火山喷出岩，在内蒙古地区分布广泛，蕴藏量大。

　　轻骨料混凝土与普通混凝土比较具有如下独特的性能特点：比强度高；具有隔热、保温、保湿功能；耐火性好；抗震性能好；耐久性好；抗裂性好；无碱集料效应；综合经济效益好。但浮石的本身强度较低且成分组成差异性较大，致使轻骨料混凝土强度比较低且稳定性不足。在北方寒冷地区轻骨料混凝土的推广和应用因其基础强度较差而成为其发展的瓶颈。如何保证反复冻融条件下轻骨料混凝土的强度，进而保证工程的使用寿命，是轻骨料混凝土在寒区进一步推广应用的关键，寻求改性效果显著的外加剂是提高轻骨料混凝土强度和耐久性的重要研究内容，此外掺入外加剂可提高其结构的密实度。轻骨料混凝土中加入矿物掺合料，对在低温条件下混凝土的冻胀应力、温度应力和强度的发展变化规律等均具有相当重要的作用。国内外在轻骨料混凝土外加剂研究方面已有一些成果，但针对寒冷地区自然环境（尤其是西北盐碱地区环境）的特点，矿物掺量对轻骨料混凝土反复冻融条件下的力学性能和耐久性影响的试验研究开展得尚不充分。

　　本书充分利用内蒙古地区丰富的浮石资源和工业废料，研究和开发水泥、浮石、砂子、粉煤灰、石粉等混合的新型轻质节能寒区材料——天然浮石轻骨料混凝土，其主要优点是就地取材，减少砂石及水泥用量，节约能源，减轻环境污染等，具有十分重要的意义。轻质、高强、耐久是混凝土技术发展的方向，所以发展轻骨料混凝土不仅能够满足自重轻、耐久性好等要求，并且属于绿色材料。

　　本书选取内蒙古地区的天然浮石作为粗骨料，通过室内试验，研究了石灰石粉和粉煤灰对水泥浆体流变性能的影响，探讨了二者对水泥净浆、水泥胶砂工作性能的改善。为了研究轻骨料混凝土的基本力学性能和抗冻耐久性能，通过不同矿物掺量进行单掺试验，确定不同矿物掺量对轻骨料混凝土力学性能的影响及改性效果，并进行了双掺不同矿物的力学试验和在盐渍溶液中的抗冻性能研究，同时结合内蒙古地区丰富的工业材料和自然资源，研究配制了针对寒冷地区的轻骨料混凝土，提出了它的最佳配合比。为了验证轻骨料混凝土的强度特征和耐久性，通过室内试验，对轻骨料混凝土进行了不同掺量、不同养护龄期的抗压强度、劈裂强度、抗拉强度、抗冻性等试验。并结合电子计算机 X 射线断层扫描（CT）、环境扫描电镜（ESEM）、超景深三维显微系统试验分析探讨了轻骨料混凝土的细观力学特点，分析了轻骨料混凝土内部的结构，并结合核磁共振测试，分析了冻融前后的内部孔隙损伤扩展特征。

本书利用低温核磁共振仪测量得到冷冻过程和融化过程中轻骨料混凝土孔溶液的结冰量，掌握孔溶液结冰的一般规律，为预测轻骨料混凝土抗冻耐久性提供必要的参数。最后结合亚微观研究与宏观研究提出轻骨料抗冻耐久性预测模型，不仅定性地判断了轻骨料混凝土抗冻性的优劣，而且就轻骨料混凝土冻害的全过程进行了定量描述。

本书得到了国家自然科学基金、高等学校博士学科点专项科研基金、内蒙古自然科学基金、内蒙古自治区科技计划（应用与研究开发项目）、内蒙古高等学校重点科研基金等的资助。

本书的成果在国家核心期刊及大型国际会议上均有发表，共发表学术论文 28 篇，被两大国际检索系统收录 10 篇，其中 SCI 1 篇，EI 9 篇。

全书由王萧萧、申向东统稿。参加本书编写工作的人员有内蒙古农业大学王萧萧、申向东、张通、高矗、张佳阳、王海龙、韩俊涛、李燕、李红云、秦淑芳等。

本书所研究的内容属于建筑材料、岩土工程、工程力学的交叉学科，作者从 2009 年 6 月以来一直从事浮石混凝土的试验研究工作，但影响轻骨料混凝土抗冻性能预测模型的因素众多，本书仅是结合室内试验理论进行预测模型，与真实的轻骨料混凝土抗冻耐久性预测模型尚有一定的误差。许多问题仍在研究与探索阶段，作者虽夙兴夜寐、殚心竭虑，但鉴于水平有限，书中难免有不足之处，敬请广大读者和专家批评指正。

作　者
2014 年 12 月

目　录

第一章 绪论

1.1 研究背景和研究意义

随着我国经济的逐步发展，国家开始大力投资土木工程的建设，例如道路桥梁、高层建筑等。在建设中，普通混凝土的应用领域是最大的，但其本身存在着很多缺点，例如由于普通混凝土中的粗骨料是碎石，不仅增加了自重，而且碎石的隔热保温性能也差，为它的发展应用造成了阻碍。当今，更多的建筑工程向着超高层建筑、大跨度桥梁的方向发展，与此同时，更多新型结构的特殊要求，使普通混凝土自重大的缺点越来越明显，从很大程度上限制了土木工程的发展，使得我国一些结构技术进入瓶颈时期。因此发展自重轻的轻骨料混凝土来代替普通混凝土是刻不容缓的，也是解决现存问题的最好办法[1]。

轻骨料混凝土与普通混凝土比较具有如下独特的性能特点：比强度高；隔热、保温、保湿；耐火性好；抗震性能好；耐久性好；抗裂性好；无碱集料效应；综合经济效益好。轻质、高强、耐久是混凝土技术发展的方向，发展轻骨料混凝土是减轻结构自重，使混凝土向轻质、高强、绿色节能方面发展的主要途径。

国内的轻骨料混凝土现存在以下几个问题：轻骨料混凝土的强度问题。当轻骨料混凝土达到一定强度以后，在继续增加水泥用量的情况下，其强度增加不再明显。同时，与水泥石的强度相比，轻骨料的强度偏低，这也大大限制了轻骨料混凝土强度的提高。同时还存在轻骨料混凝土的泵送问题。目前，LC40～LC60的高强轻骨料混凝土已开始在工程上应用，但对轻骨料混凝土中骨料与胶凝材料易离析而影响泵送施工的问题并没有根本解决，存在的问题主要有：

（1）工作性能降低，当泵送时，部分水泥浆中的水在压力作用下渗入轻骨料中，降低了混凝土的工作性能。

（2）当水分由水泥浆渗入轻骨料中，混凝土的体积将轻微降低。因此，泵送轻骨料混凝土具有可压缩性和在泵压下表现为塑性。

（3）当增加泵压时，混凝土中的空气被压缩到轻骨料中，这也是泵送轻骨料混凝土具有可压缩性的原因。然而，当泵压降低和消逝后，存在轻骨料孔中的被压缩空气又会将轻骨料孔中的水分挤出。如果这种情况发生在泵管中，会导致混凝土拌和物泌水并堵塞泵，为轻骨料混凝土的实际工程应用带来了一定的阻力。

轻骨料混凝土无论在组成、结构还是性能方面，与普通混凝土相比，都有很大的不同。所以发展轻骨料混凝土不仅能够满足自重轻、耐久性好等要求，而且属于绿色材料。因此开展高性能天然轻骨料混凝土的研究及解决其现存的一些问题，意义十分显著。北方寒区及水工建筑物中大量使用普通混凝土，特别是在节水工程中使用混凝土，既不经济又不环保。发展"绿色建材"，选择资源节约型、污染最低型、质量效益型、科技先导型的生产方式是 21 世纪我国水利工程及其他建筑工程的必然之路。所以有必要充分利用丰富的浮石资源和工业废料，研究和开发水泥、浮石、粉煤灰、石灰粉等混合的新型绿色环保材料——天然浮石轻骨料混凝土。

为了更加完善轻骨料混凝土的物理力学性能和耐久性，本文对混凝土的工作性能、力学性能及耐久性等进行试验研究。首先，新拌轻骨料混凝土的工作性能成为混凝土性能的首要考虑指标，已有不少学者对新拌混凝土的工作性能进行研究，有多种研究方法，并阐述其多种涵义，但迄今为止仍没有一个公认的确切定义。目前大多数研究者认同的观点是新拌混凝土的工作性能与混凝土自身因素及施工工艺有关。冯乃谦[2]认为：工作性能是反映新拌混凝土性质的概念，是指混凝土拌合物从搅拌开始到抹平，整个施工过程中易于运输、浇注、振捣、不产生组分离析，容易抹平，并获得体积稳定、结构密实的混凝土的性质。黄大能等[3]认为，工作性能的定义应该是：混凝土混合物在拌和、输送、浇灌、捣实、抹平这一系列操作过程中，在消耗一定能量情况下达到稳定和密实的程度。这就是说，一种混凝土混合物，在整个操作过程中消耗最少能量下能达到最稳定和密实的程度，就是最佳工作性能。因此，新拌混凝土的工作性能的涵义应该包括流动性、粘聚性、可塑性、稳定性、易密性等，是混凝土拌合物运输、浇捣、抹面等主要操作工序能够顺利进行的保证，故又称和易性。流动性是指混凝土拌合物在自重或机械振捣力的作用下，能产生流动并均匀密实地充满模型的性能。流动性的大小反映拌合物的稠度，它直接影响施工的难易和混凝土的质量。粘聚性则是指混凝土拌合物内部组分之间具有一定的粘聚力，在运输和浇注过程中不会发生分层离析现象，能使混凝土保持整体均匀性。高强、泵送混凝土已逐渐在工程中普遍应用，在这些新的混凝土工程中，混凝土的流动性，特别是混凝土中水泥浆的流动性应引起人们的高度重视。

随着混凝土的工作性能越来越受到重视，对一些有益于混凝土工作性能提高的掺合料的研究也越来越多，其中对混凝土工作性能影响比较大的有粉煤灰和石灰石粉。粉煤灰作为一种常用的矿物掺合料，已进行了大量研究并取得了大量成果。粉煤灰这种工业废渣，其"形貌效应""微集料效应""火山灰效应"在工程中已得到充分利用。随着我国基础建筑的大量开展，粉煤灰已经成为了一种紧俏材料。故研究一种能取代粉煤灰或部分取代粉煤灰的掺合料已势在必行。石灰石粉作为混凝土掺合料的研究也越来越多，其对混凝土的工作性能的改善也被大多数学者所认可。

石灰石粉、粉煤灰等工业副产品有了广阔的应用前景，不同掺合料对混凝土工作性能的影响也不同，多种掺合料的掺加也成为现阶段混凝土研究的热门课题。本文主要研究如何发挥各掺合料的优点，降低掺合料对混凝土的不良影响，通过研究粉煤灰、石灰石粉不同配比对混凝土工作性能的影响，来优化各掺合料配比，最大限度发挥各自优点。

影响混凝土流动性能的因素有很多，所以在实际工程应用中常常难以得到令人满意的结果。因此需要研究减水剂、矿物掺合料等因素对混凝土流动性能的影响。目前我们对混凝土流变性能的检测，最常采用工作性能检测方法，这种方法虽然能够基本反映混凝土的流变特征，但相对于使用流变仪检测，其精度还是有一定的差距。但混凝土流变仪只能在少数的试验中心才能够找到，而且使用这种方法进行试验时，试验周期长，成本比较高，也是其不能得到广泛运用的主要原因，也直接制约了对混凝土流动性能的研究。水泥基材属于非牛顿流体中的Bingham 体，比牛顿流体更为复杂，因此选用合适的试验方法判断混凝土流动性能的优劣，对混凝土配合比设计、外加剂相容性分析具有十分重要的理论和现实意义。

在水工方面，近几年对混凝土的耐久性调查总结得出：与南方相比，在我国三北地区即东北、华北和西北，水工建筑物由于混凝土的冻融破坏造成的损失所占比例相对较大。北方严寒地区的水工建筑物（图 1-1）损伤破坏的主要原因是：由于北方冬季时间长，混凝土长期经历冻融循环，所以破坏的程度较大。一些水工建筑物一般只能运行 30 年左右，有的甚至达不到 20 年就已经丧失了使用功能，每年因冻融破坏造成的损失高达 1000 余万元，故解决混凝土的抗冻性变得尤为重要。在经历反复冻融循环后，由于水分的不断进入，混凝土中的裂缝随着冻融出现互相贯通，致使强度逐渐降低，最后甚至可能完全丧失强度，使混凝土由表及里破坏。轻骨料混凝土由于弹性大、低密度，抗冻胀能力强、保温性好，并且由于内部多孔可以缓解水工建筑物的抗冻性，对北方特殊地理气候环境下适应能力更强，因此在寒冷地区使用轻骨料混凝土具有非常重大的经济效益与社会效益。

图 1-1 水工建筑物普通混凝土的冻融破坏

Fig.1-1 The hydraulic structures of common concrete freeze-thaw damage

由于内蒙古地区轻骨料分布比较广泛，而各个地区的轻骨料又存在差异。故本课题针对内蒙古集宁地区的轻骨料进行系统的研究，为其在工程实际应用提供理论基础，并为内蒙古其他地区的浮石应用提供依据。

在普通混凝土中，掺入粉煤灰代替水泥已经在工程实际中大量应用，应用技术已经非常成熟。对于内蒙古地区的轻骨料混凝土，并没有针对性地研究粉煤灰对轻骨料混凝土的影响，也没有系统地分析其最佳掺量。本课题则是针对内蒙古集宁地区的轻骨料混凝土，应用内蒙古地区火力发电厂的粉煤灰，掺入不同掺量的粉煤灰来替代水泥用量，探讨粉煤灰对轻骨料混凝土的影响，得出最佳掺量。不仅能够从环保和节能方面，合理地利用粉煤灰，对其废物利用；而且能对内蒙古其他地区的轻骨料的应用提供理论依据。

针对轻骨料混凝土现存的问题，对轻骨料混凝土再继续增加水泥用量，其强度增加已不再明显，并且由于轻骨料孔隙率大、吸水率高、饱和性太大，满足不了泵送混凝土高坍落度的要求，对轻骨料在工程中的应用也带来了一定的阻力。本课题以粉煤灰最佳掺量为基准组，研究不同掺量的石粉代替河砂的基本力学性能。由于石粉具有填充和包裹作用，可以一定程度上减小轻骨料的孔隙率，改善其和易性及抗压强度，为工程上的应用带来了一定的参考价值和意义，从而更好地应用于工程实践。

针对北方寒冷地区及盐渍溶液环境的特殊性，分析双掺石粉、粉煤灰轻骨料混凝土的抗冻性，主要研究在盐渍溶液中的质量损失率、强度损失率及其抗冻机理。针对水工建筑物要承受冻融循环以及侵蚀作用的双重因素，目前的研究一般是在清水、3%NaCl、5%Na$_2$SO$_4$溶液中进行，距实际环境中的溶液成分有较大的差异。本文采用的冻融溶液——盐渍溶液是根据试验以及参考资料选取出河套灌区中离子的最大含量配出的溶液。这样能较好地对双掺石粉、粉煤灰的轻骨料混凝土的抗冻性、盐蚀现象进行研究，对河套灌区的水工建筑物的轻骨料混凝土的使用提供一定的参考价值。力求既能提高轻骨料混凝土强度，又能保证较高的抗冻耐久性能。

本课题旨在通过大量试验研究不同矿物掺量下的轻骨料混凝土在特殊地理气候条件下的抗冻机理，通过各种掺料，得到符合寒旱区水利工程建筑物要求的混凝土，系统地研究轻骨料混凝土在环境中受到的冻融侵蚀，目前国内外在这方面研究甚少。

1.2 国内外轻骨料混凝土研究现状

1.2.1 国外轻骨料混凝土研究现状

在世界上对轻骨料混凝土研究及其应用较为先进的国家包括：美国、挪威和日本等国家。这些国家的轻骨料混凝土应用技术一直走在世界的前列[4]。

人造轻骨料最早使用在 1920 年左右。S.J 海德最初运用回转窑烧制膨胀粘土轻骨料。1928 年，美国开始把这种方法用于商业生产。西欧在第二次世界大战以后才开始有了轻骨料的生产，美国[5]和前苏联因缺少天然的普通骨料，大量生产和使用了人造轻骨料，使轻骨料混凝土在这两个国家得到飞速发展，但是轻骨料混凝土长期以来一直被当作非结构材料使用，应用范围受到了很大的限制。

美国在 1913 年就研制出页岩陶粒，并且利用它很快配置成强度为 30～35MPa 的轻骨料混凝土，研制成功后，首先应用在桥梁工程和船舶制造业中，后来随着应用范围的拓展，房屋建筑中也被应用到。一个轻骨料混凝土耐久性极为优良的成功例子是 1919 年美国建造的 7500 吨页岩陶粒混凝土油轮 Selma 号[6]，其船壳暴露在海水中几十年仍完好无损。1929 年，在美国堪萨斯城西南贝尔电话公司 14 层办公大楼的增层扩建工程中，由于采用轻骨料混凝土替代普通混凝土，使该建筑从原来增建 8 层提高到增建 14 层，从而使轻骨料混凝土的优越性进一步得到体现。从这以后，使用轻骨料制作的轻骨料混凝土得到较为广泛的认可与应用。到了 20 世纪 60 年代，轻骨料混凝土在结构工程上的应用更是得到了巨大的发展，开始建筑轻骨料混凝土桥，将轻骨料混凝土技术拓展到大跨结构中，这一期间美国先后建造了 100 余座中小型轻骨料混凝土桥梁和大量的民用建筑和公共设施。到了 80 年代初，美国的轻骨料混凝土已在 400 多座桥梁工程中应用，而且这一时期是轻骨料混凝土发展的鼎盛时期。其中最具代表性的是美国采用轻骨料混凝土取代普通混凝土，修建了 52 层 218m 高的休斯顿贝壳广场大厦，所用轻骨料混凝土的干表观密度为 1840 kg/m³，抗压强度 32～42MPa，取得了显著的技术经济效益，使得高性能轻骨料混凝土受到了重视。2001 年美国在加利福尼亚用轻骨料混凝土建成的 Benicia-Martinez 桥，总长 2716m，最大跨度 200m，所用轻骨料混凝土 28 天抗压强度为 45MPa，干表观密度 1920kg/m³。1993 年以来，美国每年的轻骨料使用量都在 350～415 万 m³，其中用于结构混凝土部分在 80 万 m³ 左右。

前苏联是世界上生产轻骨料数量最多的国家，早在 20 世纪 70 年代初期，其轻骨料年产量就达到了 1000 万 m³ 以上，并曾利用陶粒轻骨料混凝土建造了大量 9～16 层的装配式建筑，而且多用作围护和承重结构。20 世纪 80 年代末，迅速发展到 5 000 多万 m³，其中人造轻骨料约占 85%。

轻骨料混凝土的应用技术位居世界前列的国家还有挪威[5,7]。在挪威，轻骨料混凝土在大跨度桥梁的应用是最为先进的，强度应用范围已高达 55～74MPa。自 1987 年以来，挪威已经用高强轻骨料混凝土建造了 11 座桥梁，用于 6 座主跨为 154～301m 的悬臂桥的主跨或边跨，2 座斜拉桥的主跨或桥面，2 座浮桥的桥墩，1 座桥的桥面板。其中 1998 年建成的 2 座悬臂桥在当时是世界上跨度最长的，主跨分别为 301m 和 298m。最具代表性的是 Stolma 大桥和 Raftsundet 大桥，不仅取得了良好的经济效益，更促使其应用技术得到了更高的发展。世界上第一次应用高性能轻骨料混凝土，也是在挪威，是挪威北海 Heidron 漂浮离岸平台工程，在这次工程，轻骨料混凝土物理性能为：干密度采用了最大的值 2000kg/m³、其强度达到 60MPa。针对这次工程，研究人员还对其结构的耐久性进行了检测，最后得出此工程的轻骨料混凝土的耐久性比普通混凝土的要好。另外，1995 年和 2000 年两次在挪威召开"结构轻骨料混凝土"国际学术会议，这些国际会议代表了当今对结构轻骨料混凝土研究的最高水平和最新研究动向。

相对美国和挪威，日本发展轻骨料混凝土的时间比较晚。日本在第二次世界大战后才开始发展轻骨料混凝土应用技术，虽然日本起步比较晚，但是其发展速度非常惊人。日本发展轻骨料混凝土大部分都是应用到桥梁工程中，从 1964—

1983 年的轻骨料混凝土工程调查中就可以看出,其中桥梁工程占了 88%。近几年,日本大力发展轻骨料混凝土应用技术,已经在民用建筑和工程建筑中大量应用,例如日本横滨的亮马大厦 7 层以上的楼板均采用了轻骨料混凝土,该建筑楼高 296m,共 70 层。20 世纪 90 年代初期,挪威、日本等国家研究了高性能轻骨料混凝土的配方、生产工艺、高性能轻骨料等,重点在于改善混凝土的工作性和耐久性,并取得了一定的成果。挪威已成功应用 LC60 级轻骨料混凝土建造了世界上跨度最大的悬臂桥;日本则在 1998 年成立了一个由 18 家公司组成的高强轻骨料混凝土研究委员会,专门研究粉煤灰轻骨料混凝土。

近几年,由于一些国家的轻骨料资源比较匮乏,为使轻骨料混凝土得到广泛的应用,欧洲和美国采用了中密度混凝土作为轻骨料混凝土,这种混凝土是采用部分普通混凝土中的粗骨料替代轻骨料配置而成的中密度混凝土。从配置过程中就能很明了的发现,这种混凝土的自重介于普通混凝土和轻骨料混凝土之间(密度一般介于 $1800\sim2200kg/m^3$、强度介于 $40\sim80MPa$),这种混凝土在力学性能基本不变的情况下,仍然可以发挥轻骨料混凝土的优点,并且混凝土的原材料成本增加不多。

从国外轻骨料混凝土的研究现状中可以看出,对轻骨料混凝土的发展和应用排在世界前列的都是发达国家,并且在实际工程中已经大量应用,不仅应用到民用建筑和工业建筑上,而且在桥梁、道路等也广泛应用,为土木工程的发展取得了良好的经济和社会效益。

1.2.2 国内轻骨料混凝土研究现状

与国外的轻骨料混凝土的研究及应用相比,我国的轻骨料混凝土发展相对比较滞后,主要是因为我国关于轻骨料的发展起步比较晚。虽然我国蕴藏着大量的天然浮石轻骨料,但是我国在发展初期则主要研究人造轻骨料混凝土,以陶粒混凝土的研制居多,而沸石和煤矸石等轻骨料混凝土产量较少。先后研制成粘土陶粒、页岩陶粒和烧结粉煤灰陶粒等人造轻骨料。我国轻骨料混凝土在承重结构中的应用与发展始于 20 世纪 60 年代初期;1960 年,在河南平顶山建成了第一座轻骨料混凝土大桥——洛河大桥,此后在其他桥梁上也部分应用了轻骨料混凝土。到了 90 年代初期,由于我国的轻骨料质量较差,以粉煤灰为主的其他品种陶粒的质量也不尽人意,所配制的结构用轻骨料混凝土的表观密度一般为 $1800\sim1950kg/m^3$,抗压强度为 $5.0\sim25MPa$,即密度较大,而强度偏低,轻骨料混凝土主要用作一些非承重结构,而很少用于结构工程。进入 90 年代后期,随着高强度、低吸水率的高强轻骨料的研制和生产,结构用轻骨料混凝土在工程应用中也崭露头角，已在珠海、天津、北京、上海、南京等地的近十几个混凝土工程中应用，有的强度等级已达 LC40（南京太阳宫广场），最大混凝土用量为 1 万 m³ 以上 LC30（天津永定新河桥），且质量好。但由于受资金和技术等条件的限制，并未得到大量推广使用，同时由于造价原因，在非结构工程中的应用经济效益不显著，使其应用和发展受到一定的限制。通过调查表明[8,9]：在 20 世纪 70 年代到 80 年代这 10 年期间，北京、上海、黑龙江、吉林、沈阳等 10 个省市中的大部分轻骨料混凝土应用于房屋建筑外墙板，约占总用量的 50%，作为砌块约占总砌块材料的 25%。从中可以发现，我国的人造轻骨料混凝土主要应用于外墙板及填充墙的砌块，在土木工程结构中的承重应用很少。

随着对建筑节能和建筑物功能性要求的提高，高性能轻骨料混凝土的研究和应用也得到了快速发展。到了 20 世纪 90 年代，在国外的推动下，我国研究学者才开始积极地研究高强轻骨料混凝土，并取得了一些成果。

据 1995 年不完全统计，以超轻陶粒为主的各种陶粒年产量在 200 万 m³ 以上。如今，广东、乌鲁木齐、昆明、黑龙江和京津塘地区已成为超轻陶粒生产基地。上海生产出堆积密度为 700~800kg/m³ 的粉煤灰陶粒和 500kg/m³ 以下的超轻陶粒；湖北宜昌生产的高强陶粒，可以配制出强度等级为 LC30~LC60 或更高的轻骨料混凝土。随着宜昌、上海等地高强、高性能轻骨料的规模化生产，高强轻骨料混凝土、结构轻骨料混凝土在我国已开始逐步应用。在天津、云南、北京这些城市的民用建筑及桥梁工程中都已经采用轻骨料混凝施工技术，例如：珠海国际会议中心采用了 LC30 泵送轻骨料混凝土，武汉证券大厦 64~68 层楼板使用了 LC35 轻骨料混凝土，云南建工医院主体结构使用 LC40 轻骨料混凝土，天津永定新河大桥引桥应用了预应力 LC40 高强轻骨料混凝土，京珠高速公路湖北段蔡甸汉江大桥桥面使用了 LC40 泵送纤维增强轻骨料混凝土。本溪 20 层的建溪大厦都是以自燃煤矸石混凝土为主体结构材料，铁道部大桥局桥梁科技研究所将 LC40 粉煤灰陶粒高强混凝土成功应用于金山公路跨度为 22m 的箱形预应力桥梁，使桥梁的自重降低了 20% 以上。2001 年，北京的健翔桥扩建、新卢沟桥改造工程和蔡甸汉江大桥的桥面铺装工程都应用了高强轻骨料混凝土。不仅提高了轻骨料混凝土的施工技术，还取得了良好的经济效益，为我国轻骨料混凝土的发展提供了良好的发展基础。

虽然我国在 20 世纪 90 年代后对轻骨料混凝土开始深入研究探讨，并且在工程中取得了一定的成果，但是相对于国外的研究现状，我国的轻骨料发展技术还是有待提高，在高层建筑和大跨度的桥梁中应用与国外相比还很少，虽然现在也能配制出抗压强度达 70MPa 的结构轻集料混凝土，但在工程中实际只用到 LC40。

在桥梁工程中的应用近几年虽有所突破，但最大跨度仅达 35m。全用轻集料混凝土的工程（包括桥梁、桥面板、承台、桥墩、基础）和在旧桥改造（修复、加固、加宽等）中的应用仍然很少。在采油平台、水上漂浮物、船坞等特殊工程中应用更未见报导。高强轻集料新品种、高性能轻集料的研制和应用进展缓慢。在工程施工中，混凝土的浇灌技术，虽然南京等地成功地尝试了泵送施工，但大量轻集料混凝土仍采用常规的方法，泵送混凝土技术应用很少，尚未能适应现代化施工的要求，与发达国家仍有不小的差距。所以，我国还需大力发展轻骨料混凝土的应用技术，为我国合理利用资源提供科学依据。

1.3 混凝土的流变学

1.3.1 流变学发展应用

流变学主要研究材料的流动和变形的规律。具体来说，它是力学的一个分支，在各种金属和非金属材料，各种有机和无机材料的研究中较为普遍。物体内部的结构和性质是研究物体流动和变形规律时必须要考虑的问题；另外，物体在外力作用下产生的随时间发展的变形和应力的关系也是流变学的主要研究方向。流变学也是研究物体在外力作用下发生的弹、粘、塑性演变的科学。

20 世纪 20 年代，学者们在研究橡胶、塑料、油漆、玻璃、混凝土，以及金属等工业材料的性质过程中，发现已经不能使用古典弹性理论、塑性理论和牛顿流体理论来说明这些材料的复杂特性，于是就产生了流变学的思想。流变学在 20 世纪 30 年代后得到蓬勃发展[10]。法国、日本、瑞典、澳大利亚、奥地利、捷克斯洛伐克、意大利、比利时等国先后成立了流变学会。

我国在 20 世纪 50 年代已有流变学的自发研究者，如袁龙蔚的《流变学概论》在 1961 年由上海科技出版社出版；江体乾于 1962 年在《物理学报》上发表文章"关于非牛顿流体边界层的研究"；1965 年中国科学院岩土力学研究所郭友中等研究人员翻译出版了雷纳（Reiner）著的《理论流变学讲义》。

在过去的几十年里，我国的流变学研究发展迅速，但是与国际社会相比还有较大的差距，这需要我们扎实工作，刻苦钻研，加大流变学知识的普及力度，不断扩大流变学研究的行业深度和地区广度。

1.3.2 流变学混凝土

混凝土是一种复杂多相的混合物，同时也是一种具有粘性、弹性和塑性的复合材料。水泥颗粒从加水开始就发生水化反应，混凝土随着浆体的水化而凝结硬化，水泥浆体体系的粘性、弹性和塑性也在不断的演变，从开始时的以粘塑性为主逐渐向粘弹性发展。新拌混凝土阶段的主要状态以粘塑性为主，而以粘弹性为主的状态称为硬化混凝土阶段，混凝土结构变化主要影响混凝土硬化后的强度、耐久性等物理力学性能的变化。因此我们可以从混凝土的组成材料（水泥、水、砂、石）的共同作用出发来研究混凝土性能的流变性能，也就是从整体物质出发来窥测混凝土硬化前后的变化规律全貌。

工程中新拌混凝土的流变性能主要通过混凝土的坍落度、坍落扩展度及其流动性经时损失来表征。混凝土的流变性能主要是由水泥浆体控制，是因为混凝土集料属于弹性体，很少受周围环境中温湿度的变化所影响，而水泥浆体中水泥的水化过程与时间、环境、温湿度等条件息息相关。在施工过程中，振动浇灌时混凝土的稠度是由于流动状态下混凝土浆体组分的流变特性所引起。而在静止状态时，新拌混凝土对变形和流动的阻力也必然是由于水泥浆体的屈服值所引起。有研究指出，预测混凝土的流动性的一种较好的方法是研究水泥砂浆的流变性能。

1.3.3 流变学的表征方法

对新拌混凝土进行研究时，需要采用合理的流变模型对其进行分析。对新拌混凝土的流动变形研究，只考虑其剪切变形。最简单的流变模型可以采用牛顿体模型（即勃性元件）。牛顿体模型为单参数模型，公式表示为：

$$\tau = \eta \gamma \tag{1-1}$$

式中：τ 表示剪切应力，Pa；η 表示粘度系数，Pa·S；γ 表示剪切速率，S^{-1}。

在牛顿体模型的基础上，增加一个应力界限，就得到了宾汉姆模型（Bingham model）[11]。宾汉姆模型由理想弹性元件、黏性元件和理想塑性元件组合而成，该模型公式表示为：

$$\begin{cases} \tau = \tau_0 + \eta_p \cdot \gamma & \text{当} \ \tau \geqslant \tau_0 \\ \tau = 0 & \text{当} \ \tau < \tau_0 \end{cases} \tag{1-2}$$

式中：τ 表示剪切应力，Pa；τ_0 表示屈服应力，Pa；η_p 表示塑性粘度，Pa·S；γ 表示剪切速率，S^{-1}。

图 1-2 所示为宾汉姆模型与牛顿体模型。目前，大多数混凝土拌合物的本构关系采用宾汉姆模型来描述，而且模拟结果和试验及理论结果吻合较好，学者一致认为宾汉姆模型与混凝土拌合物的流变特性更相符。

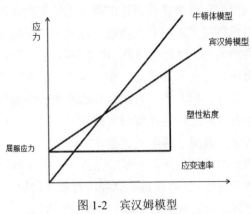

图 1-2　宾汉姆模型
Fig.1-2　Bingham model

1.4　粉煤灰-石灰石粉-水泥胶凝材料流变性能的发展现状

近年来，我国对石灰石粉的研究逐渐增多，石灰石粉作为掺合料对水泥基材料性能影响的认识也越来越深，比如，石灰石粉的掺入可改善水泥浆体的和易性和保水性等，石灰石粉作为掺合料掺入混凝土中，将改善混凝土工作性能。马烨红等的研究表明石灰石粉作为掺合料可改善新拌混凝土的流动性能，减少泌水率。陈剑雄等的研究表明超细石灰石粉掺量为30%（质量分数）时，能改善混凝土的和易性。石灰石粉对胶砂流动性也有积极作用，唐蝉娟等的研究表明石灰石粉的加入，能有效提高水泥的外加剂相容性，一定颗粒分布的石灰石粉对水泥胶砂的流动性能也有促进作用。

粉煤灰是由燃烧煤粉的锅炉烟气中收集到的细粉末，形状多为球形，表面光滑。通常将粉煤灰中氧化钙含量高于10%的称为高钙粉煤灰，将氧化钙含量低于10%的称为低钙粉煤灰。粉煤灰作为矿物掺合料如今已广泛应用于土木建筑的混凝土结构中。粉煤灰用在土木建筑中能改善混凝土和易性，降低水化热，提高混凝土抗渗性、抗硫酸盐侵蚀等性能，其最大的缺陷是掺粉煤灰水泥基材料早期强度低，尤其是掺量大时表现更为明显。粉煤灰的形态效应、活性效应和微集料填充效应1981年由沈旦申提出。形态效应主要表现为粉煤灰能改善水泥基材料和易性，减少用水量。学者研究认为粉煤灰掺加到混凝土中可以改善混凝土流动性，减少混凝土坍落度经时损失。

对新拌混凝土的流变性能的研究最直接的方法当然是通过试配混凝土进行测试，但在大多数混凝土的研究中使用的测定方法都只是片面地反映拌合物的流变性，虽然也有使用流变仪等仪器评价新拌混凝土的流变性，但是粗骨料的影响使得结果的稳定性和重现性很差，而且完全通过混凝土的试配来确定新拌混凝土的流变性需要耗费很大的人力、财力和物力。由于混凝土的流变性能较难准确测得，国内外很多学者都集中在对水泥净浆的流变性能进行研究。虽然水泥净浆的粘度对混凝土的粘度影响很大，但是不可否认骨料的存在，使新拌水泥净浆的流变性能与新拌混凝土的流变性能之间存在着很大的差异。因此，仅对水泥净浆进行研究并不能很好地掌握新拌混凝土的流变性能。

有研究表明在粗集料组成与用量一定的条件下，用新拌砂浆的流变参数反映新拌混凝土的流变性是可行的，砂浆试验既经济有效又快捷方便。Banfill P. F. G[12]总结了砂浆各组分对屈服应力和塑性粘度的影响。他认为："各组分对砂浆屈服应力和塑性粘度的影响与它们对新拌混凝土屈服应力和塑性粘度的影响是相似的，这暗示了对砂浆流变性能的测试可以预测新拌混凝土的行为。"

还有学者[13,14]指出："对混凝土粘度的定义和测量进而为计算机控制搅拌工厂提供足够精确的数据是不可能的。"还指出："有证据显示新拌混凝土也属于宾汉姆模型，所以，塑性新拌混凝土的流变性能也需要两个参数来描述。然而，实际测试过程和搅拌机评价方法都只给出了流变学中的一个参数。必须记住这对改善混凝土技术来说是不够的。在混凝土搅拌工厂，可以通过试验室砂浆试验来表征混凝土的这两个参数。"

1.5   粉煤灰增强轻骨料混凝土的特性及应用

众所周知[15]，作为混凝土主要原料的水泥工业是一种污染严重的、不可持续发展的"夕阳工程"，生产 1 吨水泥，产生 1 吨 CO_2，同时要消耗大量资源能源。而我国水泥消耗量居世界第一，2011 年水泥年产量约为 20.63 亿吨，混凝土年产量约为 20 亿 m^3，为了少用天然资源与能源，可以大量使用工业或者城市固态废弃物生产的材料代替水泥，实现对可回收能源和工业废弃物的循环利用。

随着内蒙古地区的煤矿业迅速发展，火力发电厂的发展如雨后春笋，虽然带动了当地的经济发展，但是粉煤灰的大量排出，对当地的污染也越来越严重，这与我国推行的可持续发展道路不符。国外对粉煤灰进行处理，大部分用在普通混凝土中，以粉煤灰替代部分水泥，并且在实际工程中大量应用，带来了巨大的经济效益和社会效益。内蒙古地区蕴含着大量的天然浮石，而现在天然轻骨料仅应用于道路工程、水工建筑物等，主要是因为天然轻骨料混凝土在当地应用的时间比较短，对其应用技术掌握不是很完善。能否将粉煤灰对普通混凝土影响的结果直接应用到轻骨料混凝土中，还是未知数，所以根据浮石的特点进行试验考察。本文利用内蒙古集宁地区的天然浮石和火力发电厂的粉煤灰，合理利用当地的资源，探讨粉煤灰对轻骨料混凝土的影响。不仅有效地利用当地资源，而且为内蒙古其他地区的浮石利用提供一个参考依据。

由于天然轻骨料自身的物理特点，孔隙率比较大，使得其吸水率增高，最终导致其强度降低，这些均造成轻骨料的利用率降低。为了改善其孔隙大的缺点，可以掺入一定量的粉煤灰，这是因为粉煤灰颗粒可以包裹在轻骨料外部，从而减少其用水量，可以使得混凝土的和易性、强度和耐久性能得到一定程度的提高。对于北方严寒地区的水工建筑物，尤其是常年处于水中的建筑物，粉煤灰轻骨料混凝土技术的应用将具有一定的参考价值和意义[16]。

1.6 石粉掺合料对轻骨料混凝土的影响

我国的石材工业发展比较迅速，根据有关资料表示：我国不仅是世界第一大石材消费国，还是世界第一大石材进口国，石材出口居世界第二。由于我国石材产量较大，所以造成在石材的开采和加工过程中产生了大量的污染物——石粉。部分石材加工厂以前为降低生产成本，将石粉、碎石以及含有石粉的铣、削冷却液未经沉淀等处理而直接任意排放，给石材企业附近的环境造成了严重的污染[17]。石粉的污染（图 1-3）对周边住户造成危害，长期受到石粉侵害，使周边居民苦不堪言。废弃石粉不进行合理的处理而是乱倾倒，不仅侵害了大量良田，并且加剧了水土流失，致使农产品减产，而且石粉最终会流入河流，有一部分会沉积下来，影响河道的流畅性，并且会在水中形成胶体石粉颗粒，进而污染水源。所以如何有效地回收利用这些数量庞大的石粉，使其变废为宝，加深其利用程度，更好地构建节约型社会，就成为亟待解决的问题。

现在随着砂资源的短缺，价格也随之上涨，有些人为了获取较大的经济利益，过度开采，不仅对环境造成了一定的污染，而且有的地区对江砂、河砂的过量开采还会危及江、河堤岸的稳定。所以，国家出台了禁采或限采天然砂的规定。由于天然砂分布不均衡，属于地方资源，有些地区的天然砂资源相对比较匮乏，若从外地运天然砂到这些地区，运费的增加势必增加工程造价。因此，寻找新的资源来代替砂已势在必行。有的地方利用当地的岩石资源或工程弃置的废石生产机制砂，成为必不可少的替代资源。因此，对于石粉混凝土的研究，不论是从石粉的回收利用还是改性混凝土方面都意义重大。

图1-3　石粉的污染
Fig1-3　Limestone pollution

　　与普通混凝土相比，石粉轻骨料混凝土具备的优点有：密度小、保温性能好、抗震性好、轻质、延性和韧性好等。石粉混凝土在未来的应用前景十分光明；但是在北方内蒙古地区特殊的地理气候条件下，能否照搬南方地区在石粉机制砂混凝土上的经验而直接利用，还是未知数。北方地区低温是混凝土破坏的重要因素，而且内蒙古地区水利工程较多，水工混凝土用量较大，目前解决低温抗冻问题，主要是在混凝土拌合过程中加入引气剂来改善混凝土的抗冻能力，但是外加剂属化工产物，生产过程中耗能较大，碳排量较高，同时经济成本也较高。并且此类混凝土大量地使用于水工混凝土，会使得这类化工产物渗入河流，对环境和农作物造成一定的影响。那么能否将石粉作为一种主要掺合料来改善混凝土的抗冻性能和抗老化性能，在增加混凝土的服役周期等方面就显得很有意义。

　　本项目的研究，不但能解决石粉在内蒙古地区的应用中的特殊问题，同时也会为自治区石粉的生产利用提供可靠的理论依据和途径。石粉作为掺料加入混凝土，首先，可以改善混凝土的性能，在极小碳排量下实现石粉的再利用；其次，相对减少砂石料的用量，减缓采砂和破碎对环境的压力；再者，依据现有的研究，石粉的加入可有效增加混凝土的弹性性能，大大增加混凝土的韧性，对抗冻耐久性有利，故将增加混凝土材料的服役时间。

1.7　研究的内容与方法

在国内外学者不断的努力下，对轻骨料混凝土的物理力学性能及耐久性能的研究都已取得了很大的进展，不论是在试验研究中的本构模型和数值计算分析方面，还是在实际工程中的应用，都取得了许多成果，为轻骨料混凝土的进一步研究奠定了基础。但针对内蒙古地区广泛分布的天然浮石作为粗骨料的混凝土研究还比较少，内蒙古地区可利用的火山资源丰富且分布广泛，蕴藏着大量的天然浮石，使得天然轻骨料原料丰富，但是在内蒙古工程项目建设中一直没有充分合理利用这一资源，究其原因，没有充足的试验研究作为实践的理论依据。

本文首先通过拌制水泥净浆、水泥胶砂与混凝土，研究了粉煤灰与石灰石粉单掺和复掺对水泥浆体流变性能的影响，主要研究内容包括：

（1）对国内外关于粉煤灰和石灰石粉对水泥浆体流变性能及宾汉姆模型研究的中英文文献进行收集整理，在第一章对水泥浆体流变性能及宾汉姆流体理论进行了综述。

（2）研究了粉煤灰、石灰石粉对水泥净浆流动度和 Marsh 时间的影响，通过颗分试验，分析了颗粒级配对水泥净浆流变性能的影响；分析了单掺和复掺粉煤灰、石灰石粉这两种掺合料以不同比例掺入对水泥净浆流动性能的影响。并通过水泥净浆压强、水泥净浆流动速度、水泥净浆流动扩展度来表征宾汉姆模型。

（3）通过水泥胶砂流动度与流动度经时损失试验来研究粉煤灰与石灰石粉单掺、复掺对水泥胶砂流变性能的影响。

然后针对集宁地区的天然浮石轻骨料，测量浮石的物理性能、化学成分等；因为本文研究矿物掺量对轻骨料混凝土物理性能的影响，所以还应检测矿物的化学成分及物理性能。本书根据粉煤灰替代水泥的不同掺量对轻骨料混凝土的影响得到最佳掺量；再以最佳掺量为基准组，掺入不同量的石粉代替砂子进行力学性能及在盐渍溶液的抗冻性能测验，得出复掺石粉、粉煤灰对天然浮石轻骨料混凝土的影响。

以上为本书研究思路，则本书研究的主要内容可以归纳如下：

（1）首先针对轻骨料及主要矿物试验材料，检测其物理性能及化学成分；然后根据研究目的确定了试验方案及试验方法。

（2）通过配制不同强度等级浮石混凝土，进行立方体抗压强度和劈裂抗拉强度试验，分析其破坏形态；基于力学性能试验数据，通过统计回归，建立浮石混凝土立方体抗压强度和劈裂抗拉强度之间的换算关系；根据不同灰水比的浮石混凝土抗压强度试验结果，建立浮石混凝土抗压强度计算公式。

（3）针对内蒙古集宁地区的天然浮石，掺入不同量的粉煤灰代替水泥进行力学性能和抗冻性能的试验，并得出粉煤灰的最佳掺量。

（4）以粉煤灰最佳掺量为基准组，用不同量的石粉代替河砂进行轻骨料混凝土基本力学性能的试验，从宏观和微观上探讨石粉对轻骨料混凝土力学性能的影响。

（5）针对北方寒冷地区的水工建筑所处盐渍溶液环境的特点，利用"快冻法"研究石粉轻骨料混凝土在内蒙古河套灌区的抗冻能力，分析冻融循环后的抗压强度、质量损失以及相对动弹模量的变化幅度及变化规律，探讨石粉轻骨料混凝土在特殊环境下的冻融破坏机理。重点研究了双掺石粉、粉煤灰轻骨料混凝土在盐渍溶液中的抗冻性试验耐久性特征。

（6）通过内掺石灰石粉替代相同质量的水泥配制浮石混凝土，研究不同掺量石灰石粉对浮石混凝土抗压强度和劈裂抗拉强度的影响，并借助扫描电镜观察分析混凝土微观结构。

（7）通过反复加载对浮石轻骨料混凝土预制初始应力损伤，采用"快冻法"，以相对动弹性模量和质量损失率为评价指标，研究不同损伤度的轻骨料混凝土抗冻融性能。借助扫描电子显微镜分析冻融后应力损伤轻骨料混凝土的微结构特征，探讨初始应力损伤对轻骨料混凝土抗冻融性能的影响机理。最后，通过对轻骨料混凝土冻融损伤演化过程的分析，以 Loland 混凝土损伤模型为基础建立包含初始应力损伤和冻融损伤的轻骨料混凝土力学损伤演化方程。

在现有分析天然浮石混凝土冻融损伤研究方法的基础上，最后引进核磁共振成像技术和 CT 扫描满足了非透明性混凝土的透明检测，探讨了天然浮石混凝土盐蚀-冻融机理。从研究在盐渍溶液中冻融耦合作用导致混凝土损伤的本质着手，以天然浮石混凝土孔隙度、横向弛豫时间 T_2 谱等参数为判据，以及核磁共振成像技术这一直观方式定量确定冻融损伤量。同时，结合超声波测试技术和毛细吸水试验对核磁共振结果进行比较和论证。

第二章 天然轻骨料的特性

轻骨料混凝土（Ligh Weight Aggregate Concrete）的定义：又可以称为轻集料混凝土，是指用轻骨料、细集料、水泥、水配置而成的，为了提高其性能，可以添加外加剂或者矿物掺合料，在标准条件下养护至 28 天后的干表观密度小于 1950kg/m³ 的混凝土[1]。

相对于普通混凝土材料来说，轻骨料混凝土具有如下的优点[18,19]。

（1）轻质高强

质量轻，强度高是轻骨料混凝土最重要的优点。使用轻骨料混凝土既可以减小结构断面，提高结构高度，增大结构跨度，又可以减少钢筋用量。对于结构自重占有较大比例且对材料性能有较高要求的高层建筑、大跨度桥梁、海洋浮式采油平台等结构工程来讲，这种优点表现出明显的优越性，并使轻骨料混凝土具有很强的市场竞争力。

（2）抗震性能好

有资料表明，在经过 1976 年唐山强烈地震后，位于京津地区的几十幢轻骨料混凝土工业与民用建筑都基本完好，可以正常使用，但周围的砖混结构都有不同程度的破坏或倒塌。分析原因，与结构所用轻骨料有关。由于地震力和上部结构的自重成正比，即自重越大，所受的地震影响越大。当结构采用轻骨料混凝土后，由于自重的下降，将降低地震力。另外，轻骨料混凝土的弹性模量与同等级的普通混凝土相比较低，使得结构的自振周期变长，从而增强了结构的变形能力，这样结构破坏时将消耗更多的变形能。因此，轻骨料混凝土有利于改善建筑物的抗震性能，提高抵抗动荷载作用的能力。

（3）耐火性好

轻骨料混凝土是多孔性材料，导热系数和线膨胀系数都小于普通混凝土，耐热工性能较好。在高温作用下，温度由表及里的传递速度将大大减慢，可保护钢筋。

（4）保温性好

轻骨料混凝土是一种性能良好的墙体材料，用它制作墙体时，具有强度高、整体性好，而且保温性能良好的特点。另外，在同等的保温要求下，与普通粘土砖相比，可使墙体的厚度减少 40%以上，而墙体自重可减轻一半以上。

（5）耐久性好

使用轻骨料能有效避免混凝土的碱骨料反应问题，延长结构的使用寿命。同时由于轻骨料混凝土具有优良的界面过渡区，因此，轻骨料混凝土具有良好的抗渗透性、抗冻性以及抵抗各种化学侵蚀的能力。另外，轻骨料混凝土同普通混凝土相比，其弹性模量与热膨胀系数均较小，这样由冷缩和干缩作用引起的拉应力相对就会较小，具体表现在轻骨料混凝土构件的抗裂性较好，有利于改善结构的耐久性，并可延长结构的使用寿命。

（6）综合技术经济效益好

一般来讲，轻骨料自身的价格比普通石子贵，使得轻骨料混凝土的单方造价高于同强度等级的普通混凝土。但考虑到使用轻骨料，减轻了结构自重，缩小了断面尺寸并增加了使用面积，同时也降低了基础荷载，因此具有显著的综合经济效益。国内外工程实践证明，在高层结构及大跨度结构的土木建筑工程中，如果采用轻骨料混凝土，可使工程的总造价降低 10%～20%。另外，由于轻骨料的原料可以来自工业废料，如废弃锅炉煤渣、煤矿的煤矸石及火力发电站的粉煤灰等，既可减少占用农田，又可减轻环境污染，具有良好的社会及环境效益。

轻骨料混凝土的上述性能特点使其在工业与民用建筑中的应用日益广泛，轻骨料混凝土已成为当今混凝土材料中最有发展前途的品种之一，越来越得到人们的重视。

天然轻骨料混凝土不仅具有以上优点，而且结构质量轻、导热系数小，应用在北方严寒地区的住宅，能起到保温隔热作用，对于水工结构则能有效地提高其抗冻性能，可有效保护建筑物避免或减轻冻害；轻骨料混凝土不仅粗骨料与砂浆间的过渡区密实，并且其孔隙率较高，能够起到"引气"作用，在抗冻耐久性能方面比普通混凝土具有优势，其中抗冻性能较普通混凝土提高 2 倍左右；轻骨料中无活性组分，可使轻骨料衬砌结构无碱骨料反应之虞。内蒙古地区浮石资源丰富，可以充分利用当地这些资源，工程造价与普通骨料混凝土相当。综合各方面因素，轻骨料混凝土具有显著的综合效益[19,20]。

从我国已开采火山群中的资源调查到，我国的火山资源非常丰富，并且分布得比较广泛，其矿藏的储存量大约是 20 亿 m^3。这还是在大部分资源没有被统计在内的基础上，其中 17 个火山群和吉林两个大火山群都未被统计在内。我国资源数量比较大并且分布比较广泛的非金属矿产包括浮石和火山渣，主要分布在黑龙江、辽宁、内蒙古、山西、天津、海南等东北、华北与华南地区。可以了解到内蒙古地区的天然浮石轻骨料的矿藏极其丰富[1]。但由于目前我国天然轻骨料应用技术水平落后，使得许多天然轻骨料在土木工程中不能合理有效地发挥其经济价值。

从我国天然浮石轻骨料的分布状况可以看出，由于当地的碎石等普通粗骨料的资源比较匮乏，针对北方严寒地区，保温性能要求比较高，因此北方地区可以充分利用并且合理开发这些资源，不仅对我国发展"绿色资源"提供了科学依据，而且对我国建筑材料节能的技术进步发挥重大作用。

因此，本文针对内蒙古集宁地区的天然浮石（图 2-1），系统深入地研究天然浮石轻骨料混凝土的应用技术，为内蒙古地区合理利用天然浮石提供理论依据。

图 2-1　内蒙古集宁地区浮石轻骨料
Fig.2-1　Natural pumice ore in Inner Mongolia

2.1　天然轻骨料的开发和应用

我国是个能源相对短缺、土地资源严重不足的国家，虽然经过 20 多年的努力我国轻骨料的掺量早已超过 200 万 m³，品种也开始多样化，但其性能差异比较大。天然轻骨料过去给人的印象是：容重变化大、强度较低、吸水率较高，这些结构与物理性能特点也为其大量推广应用带来一定的阻力。因此，在应用技术方面，我国与国外发达国家相比差距仍然较大，如日本 1965 年产天然轻骨料掺量达 98 万 m³，到 1976 年就发展为 640 万 m³；西德 1975 年浮石掺量就达到 1000 万 m³，占全部轻骨料用量的 90%；就连浮石资源匮乏的英国，还要从意大利进口以满足建筑工业化的需要。在我国，无论是开发利用天然轻骨料的总量还是轻骨料混凝土所占比例都比较小，而我国又有丰富的天然轻骨料资源，这与我国的国情是不相称的。

造成上述情况的主要原因之一是目前我国的天然轻骨料应用技术水平落后，特别是在充分利用现代加工技术和复合技术方面，天然轻骨料的应用更为落后，对于我国分布广泛的天然轻骨料，其构成分布、组成结构和性能方面的差别为其优化应用带来了一定的困难，使得许多天然轻骨料在混凝土中的性能不能得到更好的发挥，其经济价值未能充分体现，也难以发挥人们对其充分利用的积极性。

为此，针对不同地区的天然轻骨料品种，深入系统地研究天然轻骨料及其应用技术，在掌握其结构特征和性能特点的基础上，开发其优化应用技术。对于充分开发天然资源和提高我国轻骨料混凝土的应用水平和应用规模均具有重要的现实意义。

2.2　轻骨料混凝土标准和规程的编制

1995 年和 2000 年，在挪威的 Sandefjord 和 Kristiansand 分别召开了由挪威混凝土协会、美国混凝土协会（ACI）、国际结构混凝土联合会（FIB）联合资助的第一届、第二届国际结构轻骨料混凝土会议，共发表论文 150 多篇。这两次国际会议代表了当今对结构轻骨料混凝土研究的最高水平和最新研究动向。国内于1980 年开始至今，举行了八届全国轻集料及轻集料混凝土学术讨论会。

为保证我国轻骨料混凝土工程的"规范化"，我国轻骨料及轻骨料混凝土的"标准""规程"自 20 世纪 70 年代中期就开始着手编制。随着轻骨料及轻骨料混凝土在我国的发展，在生产和应用过程中，标准和规程已经多次修编，标准内容不断完善、标准质量不断提高，并与国际标准接轨。目前，有关轻骨料及轻骨料混凝土的标准与规程——《轻集料及其试验方法》（GB/T17431.1-2）、《轻集料混凝土小型空心砌块》（GBI15229-2002）、《轻骨料混凝土技术规程》（JGJ51-2002）、《轻骨料混凝土结构技术规程》（JGJ12-2006）、《轻骨料混凝土技术规程》（JGJ51-2002）已配备齐全，标准规程均在实施之中。

由此可见，目前我国在轻骨料混凝土应用方面，正朝着轻质、高强、多功能方向发展。随着建筑节能、高层、抗震的综合要求的提出，轻骨料混凝土的质量和掺量还远远不能满足建筑业高速发展的需要。提高轻骨料混凝土的质量，大力推广应用轻骨料混凝土，是摆在所有技术人员面前的一项重要任务。

2.3　轻骨料混凝土分类及优点

轻骨料混凝土主要采用轻质骨料。轻质骨料（即轻集料或轻骨料）主要有天然轻骨料（如浮石、火山渣等），人造轻骨料（如膨胀珍珠岩、页岩陶粒、粘土陶粒等）和工业废料轻骨料（如粉煤灰陶粒、膨胀矿渣、炉渣、自燃煤矸石等）。天然轻骨料如浮石、火山渣等中的孔隙结构是熔融火山熔岩急冷后形成的。人造轻骨料通常使用回转窑法生产，选用适宜的原材料，通过料球制备、焙烧、冷却等步骤，使得制得的轻骨料内部形成一定的孔隙结构。轻集料是一种多孔材料，按照传统的轻集料孔结构学说，轻集料有一个致密的外壳，内部有无数微孔，孔与孔互不连通，成蜂窝状结构。而实际上轻骨料内部既有开口孔，又有闭口孔，不同种类轻集料的开口孔与闭口孔的比例、孔分布、孔隙率等各不相同，使得不同轻集料的性能有明显的差别。轻骨料依其粒径分为轻粗骨料及轻细骨料。轻细骨料又称轻砂，通常只在配制保温隔热用的全轻混凝土时才使用。一般的轻骨料混凝土只使用轻粗骨料，细骨料仍是用普通砂。因此，在研究轻骨料混凝土的制备前，特别是高强轻骨料混凝土的制备前首先应该对所使用的轻粗骨料进行相关性能的研究。轻粗骨料在不至于混淆的场合下一般简称为轻骨料。

轻骨料一般按照性能分为：超轻骨料、普通轻骨料和高强轻骨料。超轻骨料即保温（或结构保温）轻骨料混凝土用骨料；普通轻骨料即砌体结构用轻骨料；高强轻骨料即结构用轻骨料。

相对于普通混凝土而言，轻骨料混凝土主要具有结构效益好、抗震性能强、耐火性能佳、耐久性能好、经济性能优良等优点。在强度等级相同的情况下，轻骨料混凝土的表观密度比普通混凝土低 20%～40%，轻骨料混凝土的比强度大于普通混凝土，结构质量减轻；并且，使用轻骨料混凝土可以减小结构断面、提高结构高度、增大结构跨度，以及实现减少钢筋、预应力钢筋和结构钢材用量的目的；在结构断面相同的条件下，由于结构自重的减小，结构承载力得以提高。轻骨料混凝土由于密度小、质量轻、弹性模量低，使得结构承受动荷载的能力强，在地震荷载作用下所承受的地震力小，震动波的传递速度也比较慢；且结构的自震周期长，对冲击能量的吸收快，减震效果显著。轻骨料混凝土由于导热系数较低、热阻值大，在高温作用下，温度由表及里的传递速度将大大减慢，可保护钢筋。对于同一耐火等级的构件来说，轻骨料混凝土板的厚度可比普通混凝土减薄20%～30%。

轻骨料内部的大量孔隙还可改善骨料表面与水泥砂浆的界面粘结性能，并改善混凝土的物理力学变形协调能力。轻骨料与砂浆间的界面过渡区是影响混凝土材料耐久性的重要因素之一，由于轻骨料混凝土中界面过渡区密实，具有较好的界面粘结性能，因此，轻骨料混凝土具有比普通混凝土更好的抗渗性、抗冻性以及抵抗各种化学侵蚀的性能。由于轻骨料混凝土中轻骨料与砂浆组分弹性兼容性好，因此内部裂缝和应力相对较少。此外，轻骨料中无活性组分，可使得轻骨料混凝土无碱骨料反应之虞。在房屋建筑工程中，轻骨料混凝土是一种性能良好的墙体材料，与普通粘土砖相比，不仅强度高、整体性高，而且保温性能好。用它制作墙体，在同等的保温要求下，可使墙体厚度减少 40%以上，而墙体自重可减少一半以上。尽管轻骨料混凝土的单方造价比相同强度等级的普通混凝土要高，但由于其可以减轻结构自重、缩小结构断面、增加使用面积、减少钢材用量、降低基础造价，因而具有显著的综合经济效益[21,22]。

第三章 试验材料和试验方法

3.1 试验材料

本试验采用内蒙古集宁地区天然浮石作为试验用粗骨料，天然河砂作为细骨料，普通硅酸盐水泥作为主料，以当地廉价的粉煤灰、石灰石粉作为外加剂，来研究粉煤灰与石灰石粉单掺和复掺对水泥浆体流变性能及轻骨料混凝土性能的影响。针对天然浮石，尝试配制出高性能矿物轻骨料混凝土的配合比。

3.1.1 天然浮石的基本性能

天然浮石[23]是一种多孔、轻质的玻璃质酸性火山喷出岩，其成分相当于流纹岩。也可称之为火山岩，火山岩确切的说是熔融的岩浆随火山喷发冷凝而成的有密集气孔的玻璃质熔岩，其气孔体积占岩石体积的50%以上。浮石表面粗糙，颗粒容重为450kg/m³，松散容重为250kg/m³左右，天然浮石孔隙率为71.8%～81%，吸水率为50%～60%。因孔隙多、质量轻、容重小于1g/cm³，能浮于水面而得名。浮石的特点是质量轻、强度高、耐酸碱、耐腐蚀，且无污染、无放射性等，是理想的天然、绿色、环保的产品。在我国第四纪喷发的玄武熔岩及火山锥，除海南岛的北部和雷洲半岛有较大面积的分布外，绝大部分出露于我国的东北和内蒙古境内。本试验粗骨料选自内蒙古集宁浮石轻骨料，试验的浮石采用破碎机破碎至粒径约为2cm，并用22.5mm、9.5mm的筛子过筛，将大于22.5mm、小于9.5mm的筛除。按照《轻骨料混凝土技术规程》（JGJ51-2002）规定进行了堆积密度试验、表观密度试验、吸水率试验及化学成分试验。

（1）浮石的基本物理性质

浮石轻骨料的物理性能见表3-1，浮石轻骨料的化学组成见表3-2，从表中可以看出浮石轻骨料的主要成分是SiO_2，所以浮石的活性较高。

表 3-1 浮石的物理性能
Table 3-1 The physical properties of the pumice

物理性能	堆积密度	表观密度	吸水率/1h	筒压强度	压碎指标
浮石	692kg/m³	1586 kg/m³	15.6%	2.865Mpa	40.1%

表 3-2　浮石粗骨料的化学组成

Table 3-2　The chemical composition of pumice coarse aggregate

成分	SiO_2	Fe_2O_3	Al_2O_3	CaO	MgO	TiO_2	SO_3	K_2O	Na_2O	烧失量
%	51.9	14.56	11.90	8.90	6.60	2.10	0.13	1.68	2.0	1.95

（2）浮石的能谱分析

能谱分析是用来对材料微区成分元素种类与含量进行分析，并配合扫描电子显微镜与透射电子显微镜的使用。能谱分析的原理是在扫描电子显微镜对形态进行观察的同时，对扫描电子显微镜图像中的任意点或面用一束细小的电子束轰击，通过打击以后产生的一系列分析光谱，确定样品在该点的化学成分。

将浮石试样放在扫描电镜下进行环境扫描及能谱分析，可以得到浮石的微观结构和主要元素的含量。天然浮石的外貌特征及微观结构见图 3-1，能谱分析见图 3-2，元素成分含量见表 3-3。

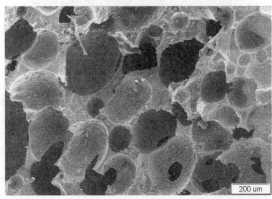

图 3-1　浮石轻骨料及其微观结构

Fig.3-1　Pumice lightweight aggregate and microstructure

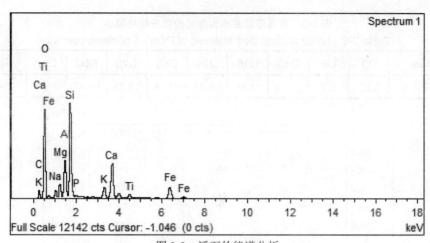

图 3-2 浮石的能谱分析
Fig.3-2 Energy spectrum analysis of Pumice

表 3-3 浮石的元素测定
Table 3-3 The cations and anions of the test soil

Element	C	O	Na	Mg	Al	Si	P	K	Ca	Ti	Fe	Totals
Weight%	9.68	50.83	1.44	2.06	4.93	13.21	0.32	2.04	7.69	1.12	6.68	100.00
Atomic%	15.55	61.33	1.21	1.63	3.53	9.08	0.20	1.01	3.70	0.45	2.31	100.00

3.1.2 水泥

本文采用内蒙古呼和浩特市的冀东 P.O42.5 普通硅酸盐水泥，其成分、性能指标见表 3-4、表 3-5；利用激光粒度分析仪测定水泥粒度分析，结果见表 3-6。图 3-3 给出水泥粒度分布图。

表 3-4 P.O42.5 硅酸盐水泥的主要成分表
Table 3-4 The main component of P.O42.5 portland cement

成分	SiO_2	Al_2O_3	CaO	MgO	SO_3	Fe_2O_3
含量/%	22.12	5.11	63.98	1.06	2.23	5.50

表 3-5 普通硅酸盐水泥性能指标
Table 3-5 Ordinary Portland cement performance indicators

检测项目	细度/%	初凝时间	终凝时间	安定性	烧失量/%	抗压强度/MPa		抗折强度/MPa	
						3d	28d	3d	28d
实测	1.2	2:15	2:55	合格	1.02	26.6	54.8	5.2	8.3

表 3-6　普通硅酸盐水泥激光粒度分析结果表

Table 3-6　Laser particle size analysis of P.O42.5 portland cement

D（µm）	D3	D6	D10	D16	D25	D50	D75	D90	D97	＞D97
累计含量	3.07	6.7	10.28	16.88	26.55	52.16	75.73	90.67	97.79	100

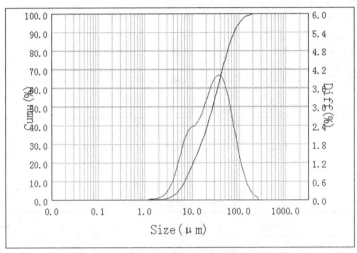

图 3-3　试验用硅酸盐水泥激光粒度分布图

Fig 3-3　Laser particle size distribution of portland cement used in the experiments

3.1.3　粉煤灰

粉煤灰是从煤燃烧后的烟气中收捕下来的细灰，是燃煤电厂排出的主要固体废物。本文采用呼和浩特市金桥热电厂Ⅰ级粉煤灰，其化学成分和物理性能指标分别见表 3-7 和表 3-8，粒度组成见表 3-9，粉煤灰的粒度分析见图 3-4[23,24]。

表 3-7　粉煤灰的化学组成

Table 3-7　The chemical composition of fly ash

成分	SiO_2	Al_2O_3	CaO	MgO	SO_3	Fe_2O_3	TiO_2	Na_2O+K_2O
W/%	51.93	16.11	6.95	2.02	1.59	5.10	1.78	2.05

表 3-8　粉煤灰的性能指标

Table 3-8　The performance index of fly ash

等级	细度（45µm）	烧失量	需水量百分比	二氧化硫含量
Ⅰ级	8.4%	2.9%	94%	0.80%

表 3-9　粉煤灰激光粒度分析表
Table 3-9　Laser particle size analysis of fly ash

D（μm）	D3	D6	D10	D16	D25	D75	D90	D97	＞D97
累计含量	3.24	6.17	10.84	16.96	26.24	78.02	92.16	97.77	100

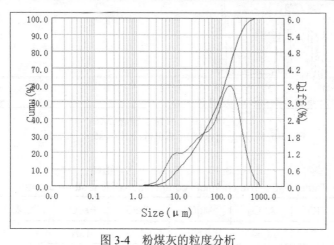

图 3-4　粉煤灰的粒度分析
Fig.3-4　The particle size analysis of the fly ash

3.1.4　石粉

本文选用了两种石粉，主要是粒度不同，一种石灰石粉由呼和浩特市哈拉沁石材厂提供，另一种由呼和浩特市大青山石粉厂提供，分别命名为石粉 1，石粉 2[26-30]。

石粉 1 的扫描电镜照片和能谱分析见图 3-5、图 3-6,石灰石粉主要构成元素为 Ca、O、Mg、C、Si、Al，石灰石粉 1 的化学组成见表 3-10。石粉 1 的粒度分析见图 3-7。

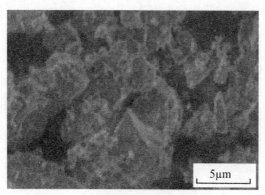

图 3-5　石灰石粉 1 及扫描电镜照片
Fig.3-5　Scanning electron microscope (SEM) photographs of limestone powder1

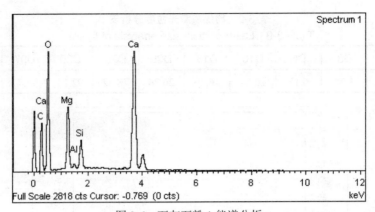

图 3-6　石灰石粉 1 能谱分析

Fig.3-6　Energy spectrum analysis of limestone powder 1

表 3-10　石灰石粉 1 化学组成

Table 3-10　The chemical composition of limestone powder1

组成	SiO_2	Al_2O_3	MgO	CaO	Fe_2O_3	比表面积/m^2Kg^{-1}
石灰石粉	1.74	1.54	0.52	94.28	1.01	916.6

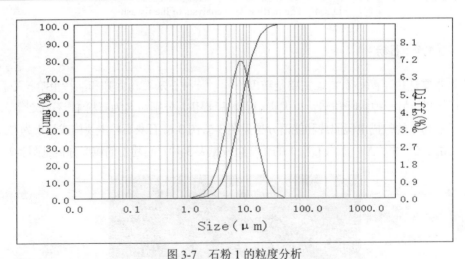

图 3-7　石粉 1 的粒度分析

Fig 3-7　The particle size analysis of the limestone powder 1

石粉 2 的扫描电镜照片和能谱分析见图 3-8、图 3-9，石灰石粉主要构成元素为 Ca、O、Mg、C、Si、Al，石灰石粉 2 的化学组成见表 3-11。石粉 2 的粒度分析见图 3-10。

图 3-8　石灰石粉 2 及扫描电镜照片

Fig 3-7　Scanning electron microscope (SEM) photographs of limestone powder 2

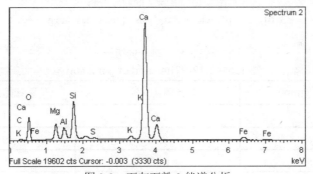

图 3-9　石灰石粉 2 能谱分析

Fig.3-9　Energy spectrum analysis of limestone powder 2

表 3-11　石灰石粉 2 的化学组成

Table 3-11　The chemical composition of limestone powder 2

成分	CaO	SiO$_2$	Al$_2$O$_3$	MgO	SO$_3$	Fe$_2$O$_3$	TiO$_2$	比表面积/m^{2}Kg^{-1}
W/%	88.08	4.35	2.5	2.85	0.22	1.05	0.25	624.5

3.1.5　细骨料

细骨料：天然河砂，细度模数 2.5，含泥量 2%，堆积密度 1465kg/m^3，表观密度 2650kg/m^3，颗粒级配良好；砂子的级配见表 3-12。

3.1.6　其他试验材料及基本性能

减水剂：为 RSD-8 型高效减水剂，以 β-萘酸钠甲醛高缩聚物为主要成分的高级减水剂，掺量为 3%，减水效率为 20%，对钢筋没有锈蚀作用。

水：普通自来水。

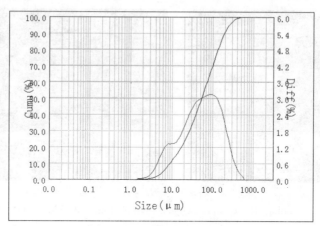

图 3-10　石粉 2 的粒度分析

Fig 3-10　The particle size analysis of the limestone powder 2

表 3-12　砂子的级配

Table 3-12　The sand of gradation

筛子孔径（mm）	分计筛余（%）	累计筛余（%）
4.75	1.56	1.56
2.36	8.32	9.88
1.18	14.23	24.11
0.6	29.69	53.8
0.3	32.08	85.88
0.15	12.86	98.24
<0.15	1.24	100

3.2　试样的制备及养护方法

3.2.1　水泥砂浆制备

本试验依据 JGJ/T 70-2009《建筑砂浆基本性能试验方法标准》进行。

（1）采用尺寸为 70.7mm×70.7mm×70.7mm 的带底试模，每组试件 3 个。

（2）应用黄油等密封材料涂抹试模的外接缝，试模内涂刷薄层机油或脱模剂。

（3）将拌制好的砂浆拌合物一次性装满砂浆试模，成型方法根据稠度而定：①当稠度≥50mm 时，采用人工振捣成型。即用捣棒均匀地由边缘向中心按螺旋方式均匀插捣 25 次，插捣过程中若砂浆沉落低于试模口，应随时添加砂浆，可用油灰刀插捣数次，并用手将试模一边抬高 5～10mm 各振动 5 次，使砂浆高出试模顶面 6～8mm。②当稠度＜50mm 时，采用振动台振实成型。即将拌合好的砂浆拌合物一次装满试模，放置到振动台上，振动时试模不得跳动，振动 5～10s 或持续到表面出浆为止，不得过振。

（4）待表面水分稍干后，将高出试模部分的砂浆沿试模顶面刮去并抹平。

3.2.2 轻骨料混凝土的制备

（1）试料的准备

试验的浮石采用破碎机破碎至粒径约为 2cm，并用 22.5mm、9.5mm 的筛子过筛，将大于 22.5mm、小于 9.5mm 的筛除[31]。

（2）试件的制备

轻骨料混凝土的搅拌工艺与普通混凝土的搅拌工艺有所不同，这是因为轻骨料吸水率较大，新拌混凝土中的水分将会被轻骨料所吸收，造成砂浆中水化反应所需要的水严重不足，这对轻骨料混凝土的性能将产生很大的影响。根据《轻骨料混凝土技术规程》（JGJ51-2002），轻骨料混凝土所采用的搅拌工艺有两种：即使用预湿处理的轻粗骨料和使用未预湿处理的轻粗骨料。

因为轻骨料孔隙率大，所以具有较大的吸水率，使得轻骨料混凝土的成型工艺有别于普通混凝土，所以对轻骨料混凝土的成型工艺不容忽略，见图 3-11。

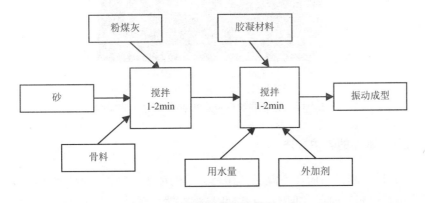

图 3-11　未预湿轻骨料的成型工艺

Fig 3-11　Molding process of not prewetted lightweight aggregate

因为预湿处理方法对轻骨料混凝土的用水量不容易确定，则会影响其强度。并且预湿后有部分水分存储在轻骨料内部将增加运输成本及容重，有时候甚至对轻骨料混凝土的抗冻耐久性能产生负面的作用[32]。所以本文采用未预湿处理的轻骨料自然状态法，正式搅拌前，先用同一配合比的少量水泥砂浆搅拌一次（称为"涮膛"），目的是防止混凝土正式搅拌时搅拌机（图 3-12（a））内壁粘附水泥砂浆而影响配合比，然后倒出水泥砂浆。

 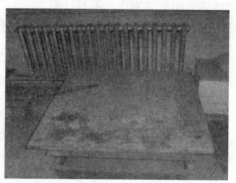

（a）混凝土搅拌机 （b）振动台

（c）混凝土试块养护箱

图 3-12 试件成型与养护仪器

Fig.3-12 Specimens molding and curing equipment

3.2.3 试件的养护方法

（1）试件制作后应在室温为（20±5）℃的环境下静置（24±2）h，当气温较低时，可适当延长时间，但不应超过两昼夜。然后对试件进行编号、拆模。

（2）试件拆模后应立即放入温度为（20±2）℃、相对湿度为 90%以上的标准养护箱（图 3-12（c））中养护。养护期间，试件彼此间隔不小于 10mm，混合砂浆试件上面应覆盖薄膜，以防有水滴在试件上。

3.3 试验内容

3.3.1 细度模数的测定

本试验采用 ZBSX-92A 标准摇筛机，根据 GB/T 14684-2011 建设用砂细度模数检测方法，用孔径为 4.75mm、2.35mm、1.25mm、0.315mm、0.16mm 方孔粒径筛，取料 500g，测试各筛累计筛余量分别为 A1、A2、A3、A4、A5，细度模数计算公式为：

$$细度模数=[(A1+A2+A3+A4+A5)-5A1]/(100-A1) \qquad (3-1)$$

式中：A1、A2、A3、A4、A5 分别为用孔径为 4.75mm、2.35mm、1.25mm、0.315mm、0.16mm 方孔粒径筛上累计筛余量（%）。

3.3.2 粒度分析

激光粒度分析仪（图 3-13）是利用水泥、粉煤灰、石灰石粉能使激光产生衍射和散射现象来测量粒度分布的。本试验采用 BT-2002 型激光粒度分布仪对粉煤灰、水泥和石灰石粉进行粒度分析，测定范围：1～2600μm。

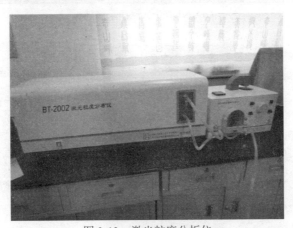

图 3-13　激光粒度分析仪
Fig 3-13　The laser particle size analyzer

首先向循环池中加 500～600ml 水，打开 BT-600 蠕动循环的"超声波定时器"，调到 3 分钟，进行分散，并且使得池中的水充满管路。然后打开超声波，反复停止、启动几次循环泵，排除气泡。最后将样品加入循环池，当测试浓度值达到 20～30 之间时停止加样，即可进行测试。

3.3.3 流动性能的测定

根据《水泥胶砂流动度测定方法》（GB/T 2419-2005）测定水泥胶砂流动度；根据《混凝土外加剂匀质性试验方法》（GB/T 8077-2012）测定水泥净浆流动度。

水泥净浆制备及流动度测定的主要实验仪器有：NJ-160 水泥净浆搅拌机、marsh 筒和微型坍落度筒，如图 3-14 所示。

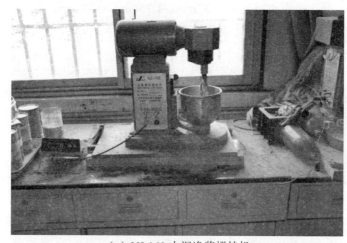

（a）NJ-160 水泥净浆搅拌机

（b）微型坍落度筒　　　　　　　　　　　　（c）marsh 筒

图 3-14　水泥净浆试验主要试验仪器

Fig.3-14　The main experimental instrument of cement paste test

水泥胶砂制备及流动度测定的主要实验仪器有：JJ-5 水泥胶砂搅拌机、NDL-3 水泥胶砂流动度测定仪（跳桌），如图 3-15 所示。

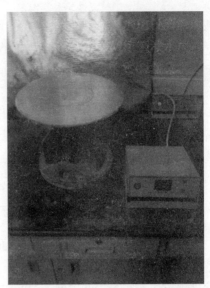

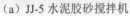
（a）JJ-5 水泥胶砂搅拌机　　　　　（b）NDL-3 水泥胶砂流动度测定仪

图 3-15　水泥胶砂试验主要试验仪器

Fig.3-15　The main experimental instrument of cement mortar test

3.3.4　和易性测定

（1）用湿布擦拭湿润坍落度筒的内壁及拌合钢板的表面（但无明水），并将坍落度筒放在测量用的拌合钢板上，用脚踩住两边踏脚板，使坍落度筒在装料时保持位置固定不得移动。

（2）用小铁铲将拌合好的混凝土拌和物分三层装入坍落度筒内，使捣实后每层高度为筒高的 1/3 左右。

（3）每装一层，用捣棒插捣 25 次，插捣应按螺旋形从筒边缘至中心，使插捣点在筒截面上均匀分布。插捣筒边混凝土时，捣棒可以稍稍倾斜。插捣底层时，捣棒应贯穿整个深度，插捣第二层和顶层时，捣棒应插透本层至下一层的表面；装顶层混凝土时，混凝土应灌到高出筒口，插捣过程中，若混凝土沉落到低于筒口，则应随时添加。顶层插捣完后，刮去多余的混凝土，并用镘刀抹平。

（4）清除坍落度筒边拌合钢板上的混凝土后，垂直平稳地提起坍落度筒。坍落度筒的提离过程应在 5~10s 内完成；从开始往坍落度筒中装第一层混凝土时起，到提坍落度筒的整个过程应不间断地进行，并应在 150s 内完成。

坍落度的测定：提起坍落度筒后，测量筒高与坍落后混凝土试体最高点之间的高度差，即为该混凝土拌合物的坍落度值。坍落度筒提离后，如混凝土发生崩坍或一边剪坏现象，则应重新取样另行测定。

粘聚性的评价：用捣棒在已坍落的混凝土锥体侧面轻轻敲打，此时如果锥体逐渐均匀下沉，则表明粘聚性良好；如果锥体突然倒坍、部分崩裂或发生石子离析，则表明粘聚性不好。

保水性：以混凝土拌合物稀浆析出的程度来评价。坍落度筒提起后，若有较多稀浆从底部析出，锥体部分的混凝土也因失浆而骨料外露，则表明该混凝土拌合物的保水性不好；若坍落度筒提起后无稀浆或仅有少量稀浆从底部析出，锥体混凝土含浆饱满，则表明保水性良好。

3.3.5 浮石混凝土干表观密度的测试

我国《轻骨料混凝土技术规程》（JGJ51-2002）中，干表观密度试验方法可采用整体试件烘干法和破碎试件烘干法。本文采用破碎试件烘干法，具体步骤如下：将试件破碎成粒径为 20～30mm 以下的小块；把 3 块试件的破碎试料混合均匀，取样 1kg 左右，然后将试样放入烘箱，在 105℃～110℃烘干至恒重，并按式（3-1）计算轻骨料混凝土的含水率：

$$W_c = \frac{m_1 - m_0}{m_0} \times 100\% \qquad (3-2)$$

式中：W_c —混凝土的含水率（%）；m_0 —烘干后试件质量（g）；m_1 —所取试件质量（g）。

最后按下式计算轻骨料混凝土的干表观密度：

$$\rho_d = \frac{\rho_n}{1 + W_c} \qquad (3-3)$$

式中：ρ_d —轻骨料混凝土的干表观密度（kg/m³）；ρ_n —自然含水状态下轻骨料混凝土的表观密度（kg/m³），可用公式 $\rho_n = \frac{m}{V}$ 计算，这是在做立方体抗压强度之前用立方体试件得到的结果，其中 m 为自然含水时混凝土的质量，V 为自然含水时混凝土试件的体积。

3.3.6 抗压强度的测试

将养护到一定龄期（为 3d、7d、14d、21d、28d）的混凝土试件从养护室内取出，用湿布覆盖；将试件表面与上下承压板面擦拭干净；将试件安放在压力试验机（图 3-16）下压板或垫板的中心位置上，试件的承压面应与成型时的顶面垂直，试件的中心应与试验机下压板中心对准；开动压力试验机，当上压板与试件接近时，调整球座，使接触均衡。试验过程中加荷应连续而均匀地进行；当试件接近破坏开始急剧变形时，应停止调整压力试验机油门，直至试件破坏。记录破坏荷载 F（N）。

混凝土立方体抗压强度，按式（3-4）计算：

$$f_{cc} = \frac{F}{A} \qquad\qquad (3-4)$$

式中：f_{cc}－混凝土立方体试件的抗压强度（MPa），计算结果精确至 0.1MPa；F－试件破坏时的荷载（N）；A－试件承压面积（mm^2）。

图 3-16　全自动压力试验机
Fig.3-16　Automatic pressure testing machine

3.3.7　抗折强度的测试

抗折强度试验采用 100mm×100mm×400mm 试件，将混凝土养护至 28d 后，将试件放在微机控制电液伺服万能试验机（图 3-17）上，在跨中 1/3 梁的受拉区内不得有表面直径超过 7mm 并深度超过 2mm 的孔洞。试件承压区及支承区接触线的不平度应为每 100mm 不超过 0.05mm，按照图 3-18 的要求调整支承架及压头的位置。试件破坏时如折断面位于两个集中荷载之间，抗折强度应按下式计算：

$$F_f = \frac{PL}{bh^2} \qquad\qquad (3-5)$$

式中：F_f－混凝土抗折强度（MPa）；P－破坏荷载（N）；L－支座间距即跨度（mm）；b－试件截面宽度（mm）；h－试件截面高度（mm）。

图 3-17　微机控制电液伺服万能试验机

Fig.3-17　Microcomputer controlled electro-hydraulic servo universal testing machine

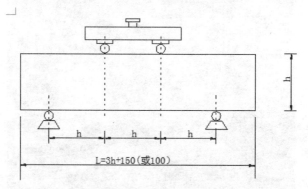

图 3-18　抗折试验示意图

Fig.3-18　Schematic diagram of the antiflex cracking strength test

3.3.8　劈裂抗拉强度的测试

将试件放在试验机下压板的中心位置，在上、下压板与试件之间垫以圆弧形垫条，应与成型时的顶面垂直。

混凝土劈裂抗拉强度应按下式计算：

$$F_{t,s} = \frac{2PL}{\pi A} = 0.637\frac{P}{A} \qquad (3\text{-}6)$$

式中：$F_{t,s}$ —混凝土劈裂抗拉强度（MPa）；P —破坏荷载（N）；A —试件劈裂面面积（mm^2）。

3.3.9　轴心抗压强度试验

混凝土轴心抗压强度试验应采用 150mm×150mm×300mm 棱柱体作为标准

试件，将试件从养护箱中取出后应及时进行试验。先将试件擦拭干净测量尺寸并
检查其外观，然后将试件直立放置在试验机的下压板上，试件的轴心应与压力机
下压板中心对准，进行轴心抗压强度的试验。计算公式如下：

$$F_{c,p} = \frac{P}{A}$$
(3-7)

式中：$F_{c,p}$－混凝土轴心抗压强度（MPa）；P－破坏荷载（N）；A－试件劈裂面
面积（mm²）。

3.3.10 应力应变曲线试验

为准确获得轻骨料混凝土的 $\sigma - \varepsilon$ 的应力应变曲线，试验中采用 YZW-3000
型微机控制压力试验机测定试件的轴向和纵向变形，试验前将试件两个受压面抛
光、磨平，加速度控制在 0.2～0.3MPa/s，以保证试件在加载过程中受力的连续性
和稳定性。为避免形成应力集中，减轻因端部疏松以及不平对试验结果影响，试
件在正式加载前均进行预加载，预加荷载取预估峰值荷载的 30%～40%，每个试
件重复加载 3 次，见图 3-19（试验机加载曲线）[27]。

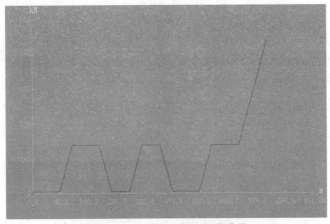

图 3-19 轻骨料混凝土加载曲线

Fig.3-19 The typical stress-strain curve of Lightweight Aggregate fiber concretet

试验采用 150mm×150mm×300mm 的棱柱体试件。所有的轻骨料混凝土试
件均采用机械搅拌、振动台振捣，试模成型，静置后拆模，并移至标准养护室养
护至 28d，选取表面平整度较好，没有明显的孔洞的试件，按照水工混凝土试验
规程（SL352-2006），进行弹性模量等试验。

由于轻骨料混凝土弹性模量低，泊松比大，其纵向压应变受横向拉应变的影

响较大，按照常规混凝土弹性模量的测试方法难以准确测出塑性混凝土的纵向变形。本试验轴向荷载由荷载传感器通过自动数据采集仪采集，纵向应变的测量标距为传感器感应距离，取 150mm 即试件全长的 1/2，将电子位移计卡座固定在试件上，见图 3-20。

图 3-20　电子位移计卡座安装图及电子位移计

Fig.3-20　The typical stress-strain curve of Lightweight Aggregate fiber concretet

3.3.11　扫描电镜试验

为了更好地建立宏观结构和微观结构之间的联系，通过浮石轻骨料混凝土的电镜扫描照片，更深入地探讨轻骨料混凝土内部界面之间的关系。试验仪器采用工大 SEM 电镜扫描仪，见图 3-21。选取轻骨料混凝土水泥浆体与矿物掺量的交界部分作为微观试件。

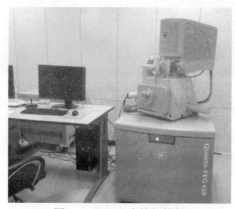

图 3-21　SEM 电镜扫描仪

Fig.3-21　SEM scan electron microscope

在电镜扫描之前，应先将试件在 60℃烘干箱下烘干至恒重。然后置于 SEM 的试样载物片上，涂布一定量的导电胶，并对微观试样进行表面喷气处理，最后置于扫描电镜下观察。试验所用试件制备如图 3-22 所示。

图 3-22   试样
Fig.3-22   Sample before spraying gold

3.3.12   轻骨料混凝土抗冻性试验

与南方相比，北方的冬季时间较长，所以许多水工建筑物因为长期经历冻融循环作用而遭受冻融破坏，最终失去结构的作用。因此，研究寒冷地区的抗冻性能是最重要且最直观的耐久性能指标[34,35]。另外，由于混凝土经过冻融循环后，冻融溶液通过混凝土的孔隙进入混凝土内部，因为"热胀冷缩"的原因，会使得孔隙变得更大，所以混凝土抗冻性能也能够间接地反应混凝土抗渗性能等其他耐久性能。

抗冻试验一般分为快冻法和慢冻法两种方法，本文采用"快冻法"进行抗冻性能试验，方法依据《普通混凝土长期性能和耐久性能试验方法》（GB/T 50082-2009）。抗冻试验采用的试件尺寸为 100mm×100mm×100mm 和 100mm×100mm×400mm，具体的试验步骤是：首先将试件在养护箱中养护至 28d 后，将试件浸泡在冻融溶液 4d，一般到试件重量不再增加的情况下为止；然后将试件放到冻融循环箱。冻融循环的原理见图 3-23，仪器见图 3-24；经过一定冻融次数后，对试件的质量、抗压强度及超声波（图 3-25）波速进行测验。

一般而言，轻骨料混凝土经过冻融循环后，试件的质量损失率和抗压强度损失率是衡量混凝土抗冻性能的重要指标。所以本试验在经历冻融循环 25、50,75、100 次后分别计算其质量损失率和抗压强度损失率。

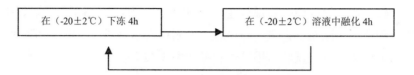

图 3-23　冻融试验机的冻融循环原理
Fig.3-23　Freeze-thaw test enginery principle of freeze-thaw cycles

（a）冻融试件箱　　　　　　　　　　（b）冻融试验箱内试件

（c）冻融试验机采集　　　　　　　（d）冻融试验机制冷压缩机

图 3-24　冻融试验机
Fig.3-24　Freeze-thaw test enginery

（1）试件冻融循环后的质量损失率

$$\Delta W = \frac{G_0 - G_N}{G_0} \times 100\%　　　　　（3\text{-}8）$$

式中：ΔW —N 次冻融循环后试件的质量损失率，%；G_0 —冻融循环试验前烘干试件的质量，kg；G_N —N 次冻融循环试验后烘干试件的质量，kg。

（2）试件冻融循环后的强度损失率

$$\Delta f = \frac{f_0 - f_N}{f_0} \times 100\%　　　　　（3\text{-}9）$$

式中：Δf —N 次冻融循环后试件强度损失率，%；f_0 —冻融循环试验前 28d 龄期的试件抗压强度，MPa；f_N —N 次冻融循环试验后试件的抗压强度，MPa。

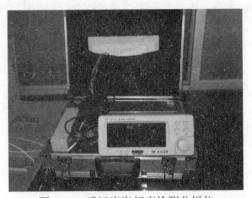

图 3-25　武汉岩海超声检测分析仪
Fig.3-25　WuHanYan sea ultrasonic testing analyzer

3.3.13　X 射线计算机断层成像技术（CT 扫描）

为了更精确地分析混凝土内部的变化情况，将 100mm×100mm×400mm 试件用切割机进行试件取芯；为了消除端部冻融不均的影响，试件两端切去 100mm×100mm×170mm，然后分别等量地切去试件的四个成型面 30mm×60mm×100mm，使得剩余试件尺寸约为 40mm×40mm×60mm，这样便于消除成型面与底面砂石分布不均的影响。

将试件放在 SIEMENS SOMATOM SenSetion64-CT 扫描仪（图 3-26）的人床上，在操作台上进行操作，对试件沿 40mm×60mm 界面进行 CT 扫描，扫描间隔为 5.0mm，扫描厚度为 0.2mm。

图 3-26　SIEMENS SOMATOM SenSetion64-CT 扫描仪
Fig.3-26　SIEMENS SOMATOM SenSetion64-CT scanner

　　由于 CT 图像数据量很大，且只能在 CT 操作电脑上进行浏览，所以利用简单的脱机工作方式实现了 CT 图像文件的格式转换。

　　超景深三维显微系统、核磁共振技术和低温核磁共振技术的原理及使用方法在第十三章、第十四章和第十六章讲解，这里不再赘述。

第四章　粉煤灰、石灰石粉对水泥净浆流动性能的影响

4.1　概述

评价水泥工作性能的一个重要指标就是水泥浆体的流变性高低。从流变学的角度来看，新拌水泥浆是介于弹性体、塑性体和粘性液体之间的材料，是一种高浓悬浮系统。有很多因素影响水泥浆的流变性能，主要有水泥的化学组成、水泥水化进程、水灰比、掺合料的颗粒形貌及颗粒级配、拌制方法、拌制时间以及外加剂品种、掺量等。新拌水泥浆体流动性能和工作能力可用宾汉姆流体方程中的流变参数来表征，通过测定新拌水泥浆体的粘度和屈服应力的变化来判断水泥浆体流变性能的优劣，也可以用来确定外加剂的最佳用量、检验外加剂的性能及与水泥的适应性，对水泥混凝土的配合比设计和混凝土化学外加剂的性能改进也有很大帮助。混凝土的流动性主要来自于水泥净浆，因此可以通过新拌水泥浆的流变性来推测其对混凝土工作性能的影响。

粉煤灰和石灰石粉单掺已取得大量成果，两者复掺也有一定的研究成果，刘数华、马烨红等人已有的研究表明，当石灰石粉与粉煤灰两者复掺其流动性得到改善，减少泌水率，强度也有一定的提高。在水泥净浆流变性能的检测中，由于水泥净浆流变仪价格较高，现有实验室很少具备，可以通过 marsh 筒和水泥净浆坍落度筒来判断水泥净浆的流变性能，这两种方法具有简单、快捷的特点，在实验室中广泛采用。marsh 筒和水泥净浆坍落度筒一个反映的是浆体的表观稠度，表观稠度可以一定程度地反映粘度，另一个反映的是浆体的屈服应力。本文通过marsh 筒和水泥净浆坍落度筒对以不同比例粉煤灰、石灰石粉复掺的水泥净浆体系流动性作出综合评价，通过分析粉煤灰、石灰石和水泥的粒径分布，水泥净浆流动度和 marsh 时间，得出粉煤灰和石灰石粉最优配比[35]。

4.1.1　粉煤灰对水泥净浆流动度影响机理

沈旦申[36]在 1981 年提出粉煤灰具有"形态效应""活性效应"和"微集料填充效应"。其中"形态效应"与"微集料填充效应"可有效地改善水泥浆体的流变能力。粉煤灰能改善水泥基材料和易性，减少用水量，这主要由于粉煤灰具有"形态

效应"。也有学者研究认为粉煤灰掺加到水泥浆体中可以改善水泥浆体的流变性，并且可以减少混凝土坍落度经时损失。粉煤灰的"活性效应"和"微集料填充效应"则改善混凝土后期强度和耐久性。由于粉煤灰颗粒较细，能填充于水化产物的孔结构中，使水化产物连接更加紧密，不仅可以置换出水化产物包裹的自由水，为水泥浆体的流动性做出贡献，也保证了混凝土后期强度，这就是粉煤灰的"微集料填充效应"。龙广成[37]等的研究认为矿物掺合料颗粒越小，其"微集料填充效应"越明显，所以Ⅰ级粉煤灰与Ⅱ级粉煤灰相比，可以更好地发挥其"填充效应"。

Wang[38]等人对粉煤灰三大效应研究发现，水泥浆体中的粉煤灰掺量增大时，水泥水化程度变高，而粉煤灰的"活性效应"却降低。粉煤灰的"活性效应"主要表现在当粉煤灰掺量小于胶凝材料质量的 60%时。M.J[39]认为粉煤灰早期活性较低，在混凝土 7d 龄期时几乎没有发生反应，而在 90d 龄期时的反应率也只有200k 左右，这说明粉煤灰的"活性效应"主要影响混凝土的后期强度，对水泥浆体早期流变性能影响不大。

4.1.2 石灰石粉对水泥净浆流动度影响机理

石灰石粉作为掺合料掺入混凝土中，将改善混凝土工作性能，包括改善新拌混凝土的流动性能，减少泌水率、和易性。一定颗粒分布的石灰石粉对水泥胶砂的流动性能有促进作用。

虽然石灰石粉对混凝土工作性能和胶砂流动性都有利，但石灰石粉掺入对净浆流动度不利。张大康的研究表明随着超细石灰石粉的掺入，水泥浆体标准稠度用水量将减少；超细石灰石粉掺入量在 4%以下时，对水泥浆体初凝、终凝时间没有明显影响；掺量超过 4%时，初凝、终凝时间近乎呈线性缓慢减少。因此认为石灰石粉掺入水泥中，细微颗粒填充于水泥颗粒堆积的空隙，排出水泥颗粒堆积间隙的水，从而降低标准稠度用水量，减少了凝结时间。何智海等人研究也认为石灰石粉掺量超过 10%时，浆体流动度随石灰石粉掺量增加而减小。

4.2 试验方案

分别测试粉煤灰、石灰石粉单掺与复掺时水泥浆体 marsh 时间和净浆流动度，比较这两种方法测试的结果，得出两种方法的优缺点及相关性。确定水胶比 0.25，净浆流动度法试验参考《混凝土外加剂匀质性试验方法》(GB/T 8077-2000)，marsh筒时间为称量 900g 水泥浆体，取水泥浆体流出 800g 的时间，marsh 筒与水泥净浆坍落度筒尺寸见图 4-1。

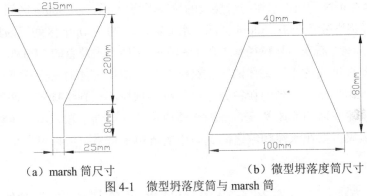

（a）marsh 筒尺寸　　　　　　　　（b）微型坍落度筒尺寸

图 4-1　微型坍落度筒与 marsh 筒

Fig.4-1　Mini slump cone and marsh tube

4.3　粉煤灰、石灰石粉与水泥粒度分析试验

本文采用 BT-2002 型激光粒度分布仪分别对水泥、粉煤灰和石灰石粉做粒径分析，数据处理结果见表 4-1，粒径分析柱状图见图 4-2。

表 4-1　水泥、粉煤灰和石灰石粉粒径分析/%

Table 4-1　Cement, fly ash and limestone powder particle size analysis /%

颗粒种类	粒径/μm						
	1~10	10~20	20~30	30~40	40~50	50~60	>60
水泥	9.00	13.94	18.64	14.16	9.63	8.96	25.67
粉煤灰	18.28	18.79	16.12	10.80	7.11	6.63	22.27
石灰石粉	71.35	25.00	3.27	0.38	0.00	0.00	0.00

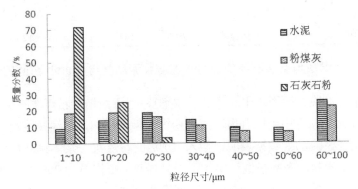

图 4-2　水泥、粉煤灰和石灰石粉粒径分布

Fig.4-2　Cement, fly ash and limestone particle size distribution

由图 4-2 可以看出：水泥与粉煤灰的粒径平均分布在 1～60μm 区间，而石灰石粉的粒径集中分布在 1～30μm 区间。水泥颗粒在 20～40μm 区间较为集中，占总量的 31.58%，石灰石粉粒径基本在 1～10μm 区间，占总重的 71.35%。掺合料不同比例复掺可改善水泥浆体的颗粒级配，也可增加浆体的密实程度，改善水泥浆体的工作性能。适当的粒径分布可使细小颗粒填充到粗颗粒之间的孔隙之中，提高水泥浆体的原始密度，增加浆体内聚性。当细小颗粒填入粗颗粒孔隙中时，将原来占据在水泥颗粒之间孔隙中的自由水挤出，所以可以增加浆体的流动性能。

4.4 粉煤灰、石灰石粉单掺对水泥净浆流变性的影响

固定水灰比（0.25）和外加剂掺量（胶凝材料 0.2%），掺合料分别等质量取代水泥 10%、20%、30%，其配合比和试验结果见表 4-2，单掺时不同掺量的粉煤灰、石灰石粉净浆流动度见图 4-3（a），单掺时不同掺量的粉煤灰、石灰石粉 marsh 时间见图 4-3（b）。

表 4-2　粉煤灰、石灰石粉单掺的净浆流动度和 marsh 时间
Table 4-2　Paste fluidity and Marsh time of single doped fly ash and limestone powder

水（g）	水泥 /g	粉煤灰 /g	石灰石粉 /g	减水剂 /g	容重 kg/m³	净浆流动度/cm	Marsh 时间/s	流动速率 g/s
250	1000	0	0	20	2082	23.5	11.33	66.39
250	900	100（10%）	0	20	2045	25.5	11.72	68.26
250	800	200（20%）	0	20	1973	35.8	10.47	79.44
250	700	300（30%）	0	20	1932	33.4	14.2	56.33
250	900	0	100（10%）	20	2085	28.4	11.56	69.21
250	800	0	200（20%）	20	2118	29.5	11.48	69.69
250	700	0	300（30%）	20	2141	30.5	12.44	64.31

4.4.1 粉煤灰与石灰石粉单掺对水泥净浆流动度与 marsh 时间的影响

本文水泥净浆试验固定水胶比和减水剂掺量，逐渐增加粉煤灰掺量从 10% 到 30%。从图 4-3（a）中可以看出，随着粉煤灰掺量增加，水泥净浆流动度先增加再减小。从净浆流动性数据表明：掺入 10% 的粉煤灰对浆体流动性的改善作用并不明显。随着粉煤灰掺量继续增加，当粉煤灰单掺掺量为 20% 时，水泥净浆流动度增加非常明显，相比于基准组，水泥净浆流动度提高 52%，marsh 时间减少 10%；当掺入 30% 粉煤灰时，流动度则呈下降趋势，相比于基准组，提高 42%，

这主要是由于粉煤灰这种掺合料的"形态效应"，即粉煤灰是由大小不等的球状玻璃体组成，其表面光滑致密，在混凝土拌合物中起润滑作用，同时粉煤灰颗粒粒径比水泥粒径小，粉煤灰微细粒径均匀分布在水泥粒径之中，阻止了水泥粒径粘聚，使滞留于水泥颗粒之间的部分拌合水释放出来，从而增加了水泥净浆流动度。由表4-2 可以看出，随着粉煤灰掺量增加到 30%时，水泥浆体的容重逐渐下降，浆体所能提供的破坏剪切应力的能力降低，粉煤灰粒径略细于水泥粒径，掺加的过多粉煤灰会使集料间的水泥浆膜的润滑作用下降，而且粉煤灰要比水泥轻，掺入过多粉煤灰会使得水泥浆体容重降低，从而提高体系内摩擦力，这使得粉煤灰掺量由 20%增加到 30%时浆体的表观粘度提高，流动度减小。由图 4-3（b）可以看出，随着粉煤灰掺量的增加，水泥净浆流动度与 marsh 时间呈现一定的负相关性。

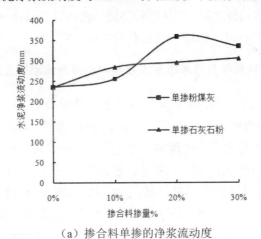

（a）掺合料单掺的净浆流动度

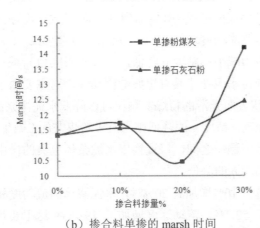

（b）掺合料单掺的 marsh 时间
图 4-3　掺合料单掺的净浆流动度和 marsh 时间的影响
Fig.4-3　Influence of admixture mixed with the cement paste fluidity and marsh time

石灰石粉掺量由 10%增加到 30%的水泥净浆流动度逐渐增加，并且呈线性增长，而 marsh 时间也在逐渐增加，水泥-石灰石粉体系的颗粒级配得到了改善，水泥水化时石灰石粉起到微晶核效应，降低了成核位垒，使水泥水化进程加快，使水泥浆体更加密实。这说明随着石灰石粉掺量的增加，浆体的剪切应力逐渐增大，表观稠度也在逐渐增加，其在新拌混凝土中起到作用相当于滚珠，这也是增加浆体流动度的主要原因。由表 4-2 可以看出当石灰石粉掺量由 10%增加到 30%时，水泥浆体的容重也在逐渐增加，浆体所能提供的破坏剪切应力的能力也在提高。石灰石粉作为掺合料，一方面石灰石粉粒径远远小于水泥颗粒粒径，在水泥浆体中起着非常明显的填充作用，石灰石粉颗粒置换出水化胶凝体系中的水，增加浆体的流动性，另一方面石粉的堆积密度大于水泥的堆积密度，在发挥填充作用的同时，也增加了固体颗粒之间、固体颗粒与液体之间以及液体分子之间的内摩擦，所以在提高流动度的同时，也增加了体系的表观粘度。

4.4.2 粉煤灰与石灰石粉单掺水泥净浆流动度与流动速度的关系

由宾汉姆流体公式，以净浆流动度 d 表征剪切应力 τ_0，以流动速度 v 表征水泥净浆粘度 η，γ 为剪应变速率。本文以水泥浆的扩展度 d 表征其剪切应力 τ_0，反映水泥浆流动的难易程度。d 越大，对应的 τ_0 越小，说明水泥浆越容易流动；反之，d 越小，对应的 τ_0 越大，说明水泥浆越难于流动。以水泥浆的流动速度 v 表征其粘度 η，反映水泥浆流动的快慢。v 越大，对应的 η 越小，说明水泥浆流动的越快；反之，v 越小，对应的 η 越大，说明水泥浆流动的越慢。

图4-4为粉煤灰掺量由0%增加到30%时的水泥净浆的流动速度和水泥净浆流动度，可以看出当粉煤灰掺量由 0%增加到 10%的时候水泥净浆的流动度和流动速度都有所增加，净浆流动度增加 8.5%，流动速度增加 2.8%，说明粉煤灰的加入使得混凝土屈服应力减小；粘度 η 降低，而且屈服应力 τ_0 减小的幅度比较大，说明粉煤灰的掺入使得水泥净浆具有更好的流动性，这主要由于粉煤灰所具有的"形态效应"，圆球状表面光滑的粉煤灰颗粒可以降低水泥净浆的屈服应力 τ_0，使得水泥净浆更容易流动。粘度 η 的降低则得益于粉煤灰的"微集料效应"，细微的粉煤灰颗粒填充于水泥颗粒之间，可置换出水泥浆体包裹的自由水，自由水的增多造成了水泥净浆粘度 η 的降低。

当粉煤灰的掺量由 10%增加到 20%时，水泥浆体的流动度和流动速度大幅度增加，流动度增加了 52.3%，流动速度增加了 19.7%，这主要是由于随着粉煤灰掺量的增加，大量的粉煤灰颗粒均匀分布在水泥浆体中，其"滚珠效应"大大降低了浆体的屈服应力 τ_0，使得浆体更容易流动，而流动速度的增加使粉煤灰颗粒更好地发挥了其"微集料效应",使得水泥净浆的粘度 η 增加。

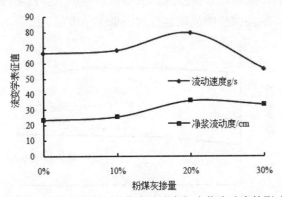

图 4-4　粉煤灰对水泥净浆流动速度与净浆流动度的影响

Fig.4-4　The influence of fly ash on the fluidity of cement paste flow velocity and paste

当粉煤灰的掺量增加到 30%的时候,水泥浆体的流动速度大幅度降低,净浆流动度低于粉煤灰掺量为 20%的流动度,但仍高于基准组,流动速度降低 15%,净浆流动度比基准组增加了 42%。净浆流动度随着粉煤灰掺量的增加而出现降低主要是由于粉煤灰比重要小于水泥的比重,掺入过多造成了水泥浆体比重的降低,这无疑增加了浆体本身所能提供的抵抗屈服应力 τ_0 的能力,而流动速度的大幅度降低也有此原因;另外在由浆体本身自重产生的抵抗剪切应力作用下,比重大的颗粒与比重小的颗粒之间会由此产生相对运动,增加内摩擦,从而影响水泥浆体的流动速度。本文所使用的粉煤灰的需水量比要高于水泥,掺入量过多也可能导致粉煤灰润湿从而导致自由水的减少,使得流动速度降低,流动速度的降低也说明了浆体粘度 η 的升高,由此可得出当粉煤灰掺量在 20%的时候,水泥净浆流动性最好,而当粉煤灰掺量在 30%的时候,水泥净浆拥有更好的粘聚性。

图 4-5 为石灰石粉掺量由 0%增加到 30%时的水泥净浆的流动速度和水泥净浆流动度,可以看出当石灰石粉的掺量从 0%增加到 30%时,水泥净浆流动度分别增加 20.8%、25.5%、29.8%,当石灰石粉掺量为 10%的时候,流动度增长比较快,但继续加入石灰石粉,水泥净浆流动度呈线性增长,这主要是由于石灰石粉细小颗粒填充于水泥颗粒之间,一方面置换出水化产物包裹的自由水,另一方面表面光滑的石灰石粉可以起到润滑作用,这都使得浆体的屈服应力 τ_0 降低,水泥浆体拥有更好的流动性。

石灰石粉掺量由 0%增加到 30%时的水泥净浆的流动速度则出现先增加后降低的现象,当石灰石粉掺量从 0%增加到 20%时,水泥净浆的流动速度分别增加了 4.2%、4.9%，而当石灰石粉的掺量为 30%时，水泥净浆的流动度降低 3.1%。由于石灰石粉表面不规则，过多掺入石灰石粉会增加浆体内摩擦，使得石灰石粉的掺量为 30%时，水泥浆体的流动速度反而低于基准组。

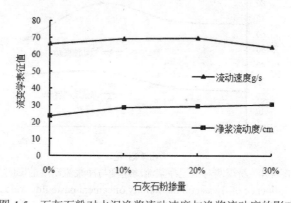

图 4-5　石灰石粉对水泥净浆流动速度与净浆流动度的影响

Fig.4-5　The influence of limestone powder on the fluidity of cement paste flow velocity and paste

4.5　粉煤灰与石灰石粉复掺对水泥净浆流动度的影响

4.5.1　粉煤灰与石灰石粉复掺对水泥净浆流动度与 marsh 时间的影响

粉煤灰和石灰石粉不同比例掺量时的净浆流动度及 marsh 时间见图 4-6，A 组掺量为胶凝材料的 20%，B 组掺量为胶凝材料的 30%，其具体配合比见表 4-3。

表 4-3　粉煤灰和石灰石粉复掺配合比及净浆流动度与 marsh 时间

Table 4-3　Paste fluidity and Marsh time of Complex fly ash and limestone powder

组别	水（g）	水泥（g）	粉煤灰（g）	石灰石粉（g）	减水剂（g）	容重（g/cm³）	净浆流动度（cm）	Marsh时间（s）	流动速率（g/s）
A1	250	800	200（20%）	0	20	1.973	35.8	10.47	24.78
A2	250	800	150（15%）	50（5%）	20	2.017	30.5	11.26	22.53
A3	250	800	100（10%）	100（10%）	20	2.088	35.1	9.14	26.82
A4	250	800	50（5%）	150（15%）	20	2.104	29.3	10.63	22.90
A5	250	800	0	200（20%）	20	2.118	29.5	11.48	21.06
B1	250	700	300（30%）	0	20	1.932	33.4	14.2	18.65
B2	250	700	200（20%）	100（10%）	20	2.002	30.8	11.16	22.92

续表

组别	水（g）	水泥（g）	粉煤灰（g）	石灰石粉（g）	减水剂（g）	容重（g/cm³）	净浆流动度（cm）	Marsh 时间（s）	流动速率（g/s）
B3	250	700	150（15%）	150（15%）	20	2.013	32.4	11.8	21.56
B4	250	700	100（10%）	200（20%）	20	2.047	30.7	11.91	21.01
B5	250	700	0	300（30%）	20	2.141	30.5	12.44	19.22

图 4-6 为胶凝材料掺量为 20%、30%时，粉煤灰与石灰石粉不同比例的水泥净浆流动度和 marsh 时间，由 1 组到 5 组，粉煤灰比重逐渐降低，石灰石粉比重逐渐增加。A 组为粉煤灰与石灰石粉复掺总量占胶凝材料质量的 20%，由图 4-6（a）可以看出，A 组掺合料掺量为胶凝材料 20%时的水泥净浆流动度的变化趋势比 B 组掺合料掺量 30%的变化趋势要明显，这说明在 A 组当掺合料掺量为 20%时，粉煤灰与石灰石粉不同的比例掺加，对水泥浆体的屈服应力的影响比较大，随着粉煤灰掺量由 20%降低到 0%时，净浆流动度呈现 W 型，即降低→升高→再降低的过程，marsh 时间与流动度呈负相关性，与单掺粉煤灰类似。这说明两者在不同比例时，对浆体流动性能发挥着不同的作用。第 2 组数据结合单掺粉煤灰的结果说明粉煤灰从 20%降低时，其滚珠效应作用降低，使得浆体流动度也下降，marsh 时间也在增加，然而掺加 5%的石灰石粉，由于掺量较小，其置换水化胶凝体系中水的微集料效应不明显，但一定程度上增加了体系的黏聚度，所以使得浆体流动度呈下降趋势，marsh 时间增加，表观稠度增大。第 3 组随着石灰石粉掺量的增加浆体流动度呈明显的增加趋势，说明此时粉煤灰的滚珠效应和石灰石粉的微集料效应充分发挥作用，使得浆体具有良好的流动性，在流动性提高的同时，降低了浆体的表观稠度，从而提高了浆体的流动性。第 4 组粉煤灰掺量为 5%、石灰石粉掺量为 15%时，浆体流动度降低，区服剪应力减小，表观稠度增加。两者复掺流动度增加是由于石灰石粉与粉煤灰都对胶砂流动度有利，两者复掺出现了一定的"叠加效应"。

B 组为粉煤灰与石灰石粉复掺总量占胶凝材料质量的 30%，由图 4-6（b）可以看出，流动度变化趋势与 A 组相同，但变化程度要小得多。当石灰石粉掺量为 10%的时候，表观稠度下降幅度较大，浆体流动度减小幅度较低，说明这种比例的掺量，充分发挥了石灰石粉的微集料效应，而且对浆体内摩擦力影响较小。第 3 组随着石灰石粉的增加表观稠度逐渐增加，说明此时石灰石粉对浆体内摩擦力影响逐渐增大，粉煤灰掺量为 15%，浆体流动度也在增加，说明这种比例的掺量有利于提高浆体的工作性能。

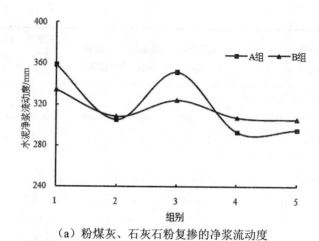

（a）粉煤灰、石灰石粉复掺的净浆流动度

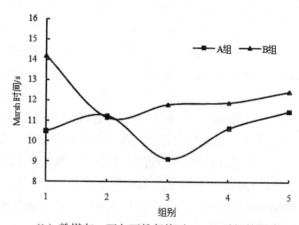

（b）粉煤灰、石灰石粉复掺对 marsh 时间的影响

图 4-6　粉煤灰、石灰石粉复掺的净浆流动度和 marsh 时间的影响

Fig.4-6　Effects of fly ash, lime stone admixture of cement paste fluidity and marsh time

4.5.2　粉煤灰与石灰石粉复掺对水泥净浆度与流动速度的影响

粉煤灰和石灰石粉复掺时的净浆流动度及流动速度，A 组为粉煤灰与石灰石粉复掺总量占胶凝材料质量的 20%，B 组为粉煤灰与石灰石粉复掺总量占胶凝材料质量的 30%。试验结果如图 4-7、图 4-8 所示。图 4-7 为 A 组水泥净浆流动度与流动速度的关系，图 4-8 为 B 组水泥净浆流动度与流动速度的关系；

图 4-7 从 A1 到 A5 是粉煤灰掺量分别为 20%、15%、10%、5%、0%，复掺比例逐渐降低的过程，可以看出水泥净浆流动度与流动速度的变化曲线相似，单流动速度的变化趋势更明显，当两者复掺比例相同时，即粉煤灰与石灰石粉的掺

量都为 10%时，浆体的流动速度最大、净浆流动度也最大，说明此时浆体的流动性能最好，而 A2 组当粉煤灰掺量为 15%，石灰石粉掺量为 5%时浆体流动度与流动速度最低，此时浆体级配不理想，粉煤灰与石灰石粉没有充分发挥其改善流变性的作用，致使浆体流变性能差。净浆流动度变化曲线趋势较流动速度变化曲线平缓说明掺合料复掺对净浆流动速度即浆体粘度的影响更大。

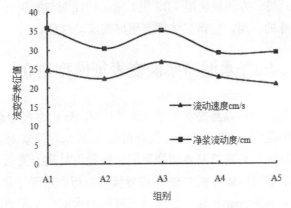

图 4-7　A 组水泥净浆流动度和流动速度

Fig.4-7　The cement paste fluidity and flow velocity of group A

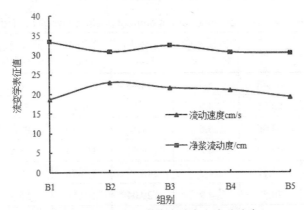

图 4-8　B 组水泥净浆流动度和流动速度

Fig.4-8　The cement paste fluidity and flow velocity of group B

图 4-8 从 B1 到 B5 是粉煤灰掺量分别为 30%、20%、15%、10%、0%，复掺比例逐渐降低的过程，可以看出当掺合料为 30%时，石灰石粉的掺入使得净浆流动速度均有所提升，当粉煤灰掺量为 20%、石灰石粉掺量为 10%时，流动速度最大，而随着石灰石粉的继续掺入，流动速度逐渐降低。水泥净浆流动度变化趋势

比掺合料掺量为20%时的净浆流动度变化趋势更平缓,说明掺合料掺量为30%时,粉煤灰与石灰石粉复掺比例不同也对改变水泥净浆屈服应力的作用不大。图 4-8 说明掺合料掺量为30%时,粉煤灰与石灰石粉不同比例复掺对水泥净浆粘度影响较大,对屈服应力影响不大,这主要是由于不同比例复掺,一方面改善级配,良好的颗粒级配可使浆体在流动时内摩擦尽量减小,级配不好则增加浆体流动时颗粒之间的内摩擦;另一方面最优组(B2组)则是粉煤灰与石灰石粉充分发挥了各自改善浆体流变性的作用,使得浆体拥有更好的流动性能。

4.6 水泥净浆流变表征模型建立

通过微型坍落度筒可以测得水泥净浆流动度 d、3s 内水泥净浆流动速度 V_1,水泥自重提供的剪应力 τ,以及 marsh 筒测得的 3s 内水泥净浆流动速度 V_2,因为通过 marsh 筒直接测得的速度是水泥净浆流出质量与时间的关系,所以要通过流出质量与 marsh 下端圆柱体体积来对 V_2 进行换算以得到水泥净浆流动速度 V_3,这样可以更直观地来判断 marsh 筒、微型坍落度筒的水泥净浆流动速度的关系,水泥净浆流变模型相关数据见表 4-4。

表 4-4 水泥净浆流变模型相关数据

Table 4-4 The relevant data of cement paste rheological model

	流动度 d（cm）	P_0（pa）	流动速度 V_1（cm/s）	压强 P_1（pa）	压强 P_2（pa）	流动速度 V_2（cm/s）	流动速度 V_3（cm/s）
A1	35.8	62.73	5.5	114.48	290.43	76.4	24.78
A2	30.5	88.35	4.9	134.72	296.82	71.0	22.53
A3	35.1	69.06	5.5	121.16	312.39	87.5	26.82
A4	29.3	99.87	4.8	144.01	312.53	75.3	22.90
A5	29.5	99.17	4.7	148.59	313.76	69.7	21.06
B1	33.4	70.57	4.9	129.04	279.59	56.3	18.65
B2	30.8	85.99	4.9	133.71	294.41	71.7	22.92
B3	32.4	78.14	5	131.24	295.50	67.8	21.56
B4	30.7	88.50	4.8	140.12	301.16	67.2	21.01
B5	30.5	93.78	4.7	150.21	316.57	64.3	19.22

以净浆流动静止时水泥净浆重力 G 与水泥净浆面积比值 P_0 表征剪切应力 τ_0,以微型坍落度筒试验中 3s 内浆体单位面积承受的压强 P_1,3s 内水泥净浆平均流

动速度 V_1，以 marsh 筒试验中筒底部浆体单位面积压强 P_2，浆体流动速度 V_3 分别表征宾汉姆模型中的 τ 和剪切速率 γ。假设水泥净浆质地均匀，不考虑惯性作用以及水泥净浆与试验仪器黏结力，以试验数据 P_0、P_1、P_2、V_1、V_2 表征宾汉姆模型，则有：

$$\begin{cases} p = p_0 + \eta \cdot v & \text{当} p \geqslant p_0 \\ v = 0 & \text{当} p < p_0 \end{cases} \tag{4-1}$$

式中：P_1 为 G_1 与 S_1 的比值，G_1 为微型坍落度筒中水泥净浆的重力，S_1 为水泥浆体自流 3s 时水泥浆体面积，P_2 为 marsh 筒试验中水泥净浆流出 3s 时，剩余水泥净浆对 marsh 筒底部压强，由式 4-1 可得出表征浆体粘度的系数 η，由表 4-4 中各参数计算得 η_1、η_2，见表 4-5。

表 4-5　各组分粘度表征系数

Table 4-5　The viscosity coefficient of each component characterization

	A1	A2	A3	A4	A5	B1	B2	B3	B4	B5
η_1	9.41	9.46	9.47	9.19	10.52	11.93	9.74	10.62	10.75	12.01
η_2	9.19	9.25	9.07	9.29	10.19	11.21	9.09	10.08	10.12	11.59

由表 4-5 可以看出这两种试验方法所得的粘度表征系数相似、变化趋势相同，可以认为式（4-1）中的粘度表征系数为水泥浆体颗粒间内摩擦，即水泥浆体作为黏性液体本身克服变形的能力。表 4-5 中所求得的 η_2 要比 η_1 小，这是因为 marsh 筒试验方法所受惯性力的影响要比微型坍落度筒大，这就使得 marsh 筒测得的水泥净浆流动速度 V_3 受浆体自重和惯性力共同影响，所以测得的流动速度较大，这样得到的粘度表征系数就相对较小。

式（4-1）所用的表征方法考虑了水泥净浆容重对水泥浆体流变性能的影响，这比直接用水泥净浆坍落扩展度表征水泥浆体屈服应力 τ_0 要更科学，用计算得出的水泥浆体粘度表征系数比直接用水泥浆体流动速度表征水泥净浆粘度也要更有依据。

宾汉姆流体模型中的屈服应力 τ_0 和塑性粘度 η 不能精确的计算，只有通过仪器设备给定特定的剪切速率 γ，测得剪切应力 τ 来求得，在工程施工中这种方法很不方便，所以需要一种更科学、更有依据的方法来判断水泥浆体的流动能力。本文这种表征方法只能定性地分析水泥浆体的流变能力，既简单又方便，可广泛地应用于工程施工中。

4.7　小结

（1）掺合料粒径分布对水泥浆体工作性影响较大，合理的颗粒级配可以有效地改善水泥浆体的工作性。本文中使用的石灰石粉颗粒粒径要比粉煤灰颗粒粒径更小，在掺合料掺量为胶凝材料 20%、30%不同比例复掺时，水泥净浆流动速度受颗粒级配影响较大。

（2）掺入粉煤灰可以改善混凝土和易性，粉煤灰粒径略细于水泥粒径时，单掺粉煤灰掺量为20%时，流动性能最好，当掺量为30%时，流动性能略有降低，而浆体粘度却明显增大，水泥净浆拥有更好的和易性，净浆流动度与 marsh 时间呈负相关性。

（3）单掺石灰石粉可以提高水泥浆体流动性，随着石灰石粉的掺入，水泥净浆流动度线性增长，marsh 时间先降低再升高，流动速度在掺量为 20%时最大，在掺量为 30%时降低，粘度增加，综合考虑剪切应力和表观稠度，单掺石灰石粉30%时，浆体工作性能最好。

（4）当粉煤灰与石灰石粉总掺量为胶凝材料的20%时，浆体流动度和 marsh 时间变化非常明显，随粉煤灰复掺比例的降低，流动速度呈 W 型分布，粉煤灰和石灰石粉的掺量都为 10%的时候，浆体流动性能最好，水泥净浆流动度与 marsh 时间呈负相关性。

（5）掺合料掺量在 30%时，粉煤灰与石灰石粉不同比例对水泥净浆流动度影响不大，主要影响水泥净浆流动速度；浆体的流动度和 marsh 时间在石灰石粉掺量为 10%时明显降低，在粉煤灰掺量为 20%，石灰石粉掺量为 10%时，浆体工作性能最好。

（6）通过检测水泥净浆流动度、水泥净浆流动速度和 marsh 时间，可以综合评价水泥净浆的工作性，也可用来判别外加剂与水泥适应性，具有简单、方便的优点。

（7）可用式 4-1 的方法来表征宾汉姆流体模型，这比旋转粘度计要更简单、更方便，也比以扩展度表征屈服应力，以流动速度表征粘度的方法更科学、更有依据，但这种表征方法也有一定的局限性，即保证水泥浆体能够在自重作用下流动，而且水灰比也不宜过大，水灰比过大时，marsh 筒测得的流动速度受惯性影响也较大，试验数据误差较大。如水泥净浆加入减水剂，建议水灰比 0.25，若不加减水剂，建议水灰比 0.3。

第五章 粉煤灰、石灰石粉对水泥胶砂工作性能的影响

5.1 概述

砂浆在组成和结构上，可以看作是水泥净浆与混凝土的过渡物，它与水泥净浆的区别在于有无细骨料，而与混凝土的区别在于有无粗骨料。新拌混凝土近似于宾汉姆流变体，新拌混凝土的流变性能主要通过屈服应力和塑性粘度来确定。所以，应考虑是否能用较容易得到的砂浆的屈服应力和塑性粘度来反映新拌混凝土的相应值。用新拌砂浆的流变参数反映新拌混凝土的流变性是可行的，砂浆试验既经济有效又快捷方便[40]。

混凝土的工作性由拌合物的流变性能所决定，而拌合物的组成很大程度上也影响着流变性能。拌合物流变性能的变化表征它应力应变的行为。混凝土拌合物是一种复杂多相的混合物，在粗骨料的作用下，其应力应变行为很难准确测得。砂浆与混凝土在结构和组成上都非常接近，可看作是一种细集料混凝土，因此可以通过研究相对容易测定的砂浆流变性能来反映混凝土的流变性能。

5.2 试验设计

本试验设计主要思路为分别测试粉煤灰、石灰石粉两种掺合料对水泥胶砂流动度和一小时内胶砂流动度的经时损失，分别掺入胶凝材料质量的10%、20%、30%的粉煤灰与石灰石粉，取水胶比0.49，外加剂按胶凝材料质量的2%掺入；采用JJ-5行星式水泥胶砂搅拌机制备水泥胶砂，水泥胶砂流动度采用NDL-3水泥胶砂流动度测定仪测定，试验方法参考《水泥胶砂流动度测定方法》（GB/T 2419-2005），需水量比试验方法参考《用于水泥和混凝土中的粉煤灰》（GB1596/2005）。表 5-1为本试验设计配合比，图 5-1为本试验所用测定水泥胶砂流动度的试验仪器设备——NDL-3水泥胶砂流动度测定仪。A组为单掺粉煤灰，A1、A2、A3分别为单掺掺量为胶凝材料质量的10%、20%、30%，B组为单掺石灰石粉，B1、B2、B3分别为单掺掺量为胶凝材料质量的10%、20%、30%。表 5-2为单掺粉煤灰与石灰石粉胶砂流动度，图 5-2为单掺粉煤灰与石灰石粉胶砂流动度结果分析。

表 5-1　水泥胶砂配合比

Table 5-1　The mix proportion of cement mortar

组别		用水量（g）	水泥（g）	掺合料（g）	砂子（g）	外加剂（g）
基准组		208	531	0	1253.6	10.6
A	A1	208	478	53	1253.6	10.6
	A2	208	425	106	1253.6	10.6
	A3	208	372	160	1253.6	10.6
B	B1	208	478	53	1253.6	10.6
	B2	208	425	106	1253.6	10.6
	B3	208	372	160	1253.6	10.6

图 5-1　NDL-3 水泥胶砂流动度测定仪

Fig.5-1　The NDL-3 apparatus of fluidity of cement mortar

表 5-2　单掺粉煤灰与石灰石粉胶砂流动度/mm

Table.5-2　Mixed with fly ash and limestone mortar fluidity

掺合料	单掺掺量（占胶凝材料质量分数）			
	0%	10%	20%	30%
粉煤灰	185	220	235	250
石灰石粉	185	242	250	260

由图 5-2 可以看出，随着粉煤灰和石灰石粉的掺入水泥胶砂流动度大幅度增加，胶砂流动度随着粉煤灰和石灰石粉的掺入呈线性增长。随着粉煤灰掺量由 10%

升到 30%，水泥胶砂流动度分别增加 6.8%和 13.6%，随着石灰石粉掺量由 10%升
到 30%，水泥胶砂流动度分别增加 3.3%和 7.4%。两者同比例单掺时，掺石灰石
粉的胶砂流动度要优于掺粉煤灰的胶砂流动度，但随着掺量的增加，单掺粉煤灰
的胶砂流动度上升的幅度较大，这说明粉煤灰可更好地改善水泥胶砂的流动度，
单掺粉煤灰对胶砂流动度的改善更明显。

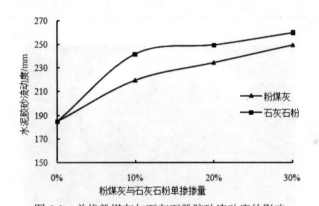

图 5-2 单掺粉煤灰与石灰石粉胶砂流动度的影响

Fig.5-2　Mixed with fly ash and limestone mortar fluidity effect

5.3 粉煤灰、石灰石粉单掺对水泥胶砂流动度经时损失的影响

5.3.1 单掺粉煤灰对水泥胶砂流动度经时损失的影响

表 5-3 为水泥胶砂流动度一小时内经时损失试验结果，图 5-3（a）为单掺粉煤灰
掺量为 20%的试验照片，图 5-3（b）为粉煤灰单掺对胶砂流动度经时损失的影响。

表 5-3 水泥胶砂流动度经时损失试验结果

Table 5-3　Cement mortar fluidity loss test results

组别		胶砂流动度经时损失/mm			
		0min	20min	40min	60min
基准组		185	173	162	145
A	A1	220	195	191	185
	A2	235	230	215	206
	A3	250	240	225	211

续表

组别		胶砂流动度经时损失/mm			
		0min	20min	40min	60min
B	B1	242	220	211	202
	B2	250	238	226	213
	B3	260	259	255	244

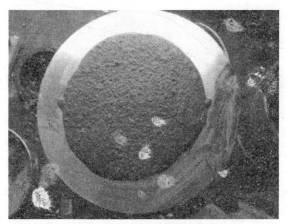

（a）水泥胶砂试验照片

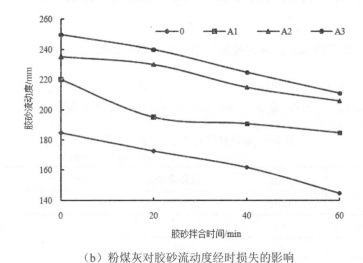

（b）粉煤灰对胶砂流动度经时损失的影响

图 5-3　单掺粉煤灰水泥胶砂试验照片及对胶砂流动度经时损失的影响

Fig.5-3　Fly ash cement mortar test photos and influence on mortar fluidity loss

由图 5-3（a）可以看出，水泥胶砂搅拌较为均匀，经跳桌 25 次跳动后，水泥胶砂无泌水现象，说明胶砂黏聚性较好。图 5-3（b）为基准组和单掺粉煤灰 10%、20%、30%一小时内水泥胶砂经时损失；可以看出掺入粉煤灰后，水泥胶砂初始流动度要高于基准组，而且水泥胶砂流动度损失程度较基准组要低，说明粉煤灰有降低水泥胶砂流动度经时损失的作用；A1 组在前 20min 内水泥胶砂流动度急剧降低，降低了 11.3%，而在 40min、60min 时胶砂流动度损失程度较低，分别降低了 13.2%和 17.7%，这说明 A1 组水泥胶砂流动度经时损失主要集中在前 20min 内；A2 组在前 20min 胶砂流动度经时损失较小，只降低了 2%，而在 40min 和 60min 时分别降低了 8.6%和 12.3%，说明掺加 20%粉煤灰在前 20min "保坍性"较好；A3 组胶砂流动度经时损失在各时间段都较为均匀，在 20min、40min 和 60min 时分别降低了 4%、10%和 15.6%；A1、A2、A3 组在一小时内胶砂流动度经时损失分别为 17.7%、12.3%和 15.5%。这说明掺加 20%粉煤灰的 A2 组经时损失程度最低；粉煤灰对水泥胶砂流动度的改善主要是因为粉煤灰呈圆球状，掺入胶砂中可减小内摩擦阻力，从而起到减水作用；另一方面粉煤灰的细度比水泥大，由比水泥细得多的微集料组成合理的微集料间断级配，改善了水泥基材的孔结构，原来水泥空隙中的水被粉煤灰置换出来为流动性作贡献，即粉煤灰的"滚珠效应"和"微集料效应"均有助于提高胶砂的流动度；而不同掺量对水泥胶砂流动度经时损失影响的时间段也不相同，主要原因有以下几方面：延缓作用，粉煤灰的掺入延缓了水泥初期水化，这样对流动度影响较大的水化产物絮凝结构也相对较少；吸附作用，粉煤灰比表面积比水泥要大，这样保持了水泥胶砂中减水剂浓度以达到控制砂浆流变性能；颗粒级配作用，矿物掺合料的掺入改善了浆体的颗粒级配，降低减水剂的吸附量。

5.3.2　单掺石灰石粉对水泥胶砂流动度经时损失的影响

根据表 5-3 水泥胶砂流动度一小时内经时损失试验结果，图 5-4（a）为单掺石灰石粉掺量为 20%的试验照片，图 5-4（b）为石灰石粉单掺对胶砂流动度经时损失的影响。

由图 5-4（a）可以看出胶砂工作性能较好，有良好的流动性和黏聚性，无泌水现象；由图 5-4（b）为基准组和单掺石灰石粉 10%、20%、30%一小时内水泥胶砂经时损失可以看出掺入石灰石粉后，水泥胶砂初始流动度要远远高于基准组，而且水泥胶砂流动度损失程度较基准组要低。随着石灰石粉掺量的增加，水泥胶砂流动度呈上升的趋势，B1 组胶砂流动度经时损失在 20min 时最大，达到 9.1%，在 40min、60min 时经时损失趋势减缓，分别为 12.8%和 16.5%；B2 组胶砂流动度经时损失在 20min、40min、60min 时基本呈线性，分别为 4.8%、9.6%和 14.8%；B3 组经时损失程度最低，在 20min、40min、60min 时，分别为 0.3%、1.9%和 6.5%；随着石灰石粉掺量的增加，水泥胶砂流动度经时损失程度逐渐降低，

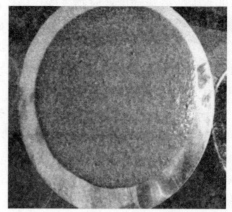

（a）水泥胶砂试验照片

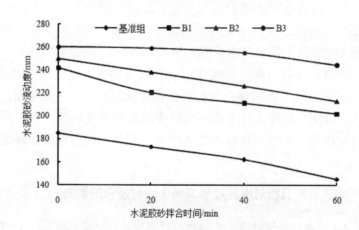

（b）石灰石粉对流动度经时损失的影响

图 5-4　单掺石灰石粉水泥胶砂试验照片及对胶砂流动度经时损失的影响

Fig.5-4　Single limestone powder admixture of cement mortar test photos and influence on mortar fluidity loss

这说明石灰石粉可使水泥胶砂拥有更好的"保坍性"，B3 组胶砂的初始流动度和经时损失程度都比 B1、B2 组要好，这说明 B3 组胶砂拥有更好的工作性能。

由于石粉的填充作用可将水泥空隙中的水置换出来，粒子之间的间隔水层加厚。因此，砂浆的流动性增大，需水量降低，流变性增加，和易性得到改善。B1

组石灰石粉填充于水泥空隙中将填充水置换出来使流动度增加，这主要集中在拌合物前 20min 内，胶砂体系的粘稠度增加，使流动度损失增加，而其滚珠作用不明显。B2、B3 组的优良流动性能更说明了这种滚珠的物理效果不会随时间延长而减弱。

5.4　粉煤灰、石灰石粉复掺对水泥胶砂流动度及经时损失的影响

粉煤灰及石灰石粉复掺配合比见表 5-4，粉煤灰和石灰石粉不同比例掺量时的净浆流动度及经时损失的影响见表 5-5，A 组石灰石粉的掺量为胶凝材料总质量的 5%，B 组石灰石粉的掺量为胶凝材料总质量的 10%，0、1、2、3、4 分别为粉煤灰掺量是胶凝材料质量的 0%、5%、10%、15%、20%。

表 5-4　粉煤灰及石灰石粉复掺配合比
Table 5-4　Fly ash and limestone admixture mix

组别		用水量（g）	水泥（g）	石粉（g）	粉煤灰（g）	砂子（g）	外加剂（g）	容重 Kg/m³
基准组		208	531	0	0	1253.6	10.6	2214
A	A1	208	478	26.5	26.5	1253.6	10.6	2257
	A2	208	451.4	26.5	53.1	1253.6	10.6	2248
	A3	208	424.8	26.5	79.7	1253.6	10.6	2234
	A4	208	298.3	26.5	106.2	1253.6	10.6	2218
B	B1	208	451.4	53	26.6	1253.6	10.6	2289
	B2	208	424.8	53	53.2	1253.6	10.6	2276
	B3	208	398.3	53	79.7	1253.6	10.6	2264
	B4	208	371.7	53	106.3	1253.6	10.6	2243

图 5-5 为石灰石粉掺量为 5%、10%，粉煤灰掺量分别为 0%、5%、10%、15%、20%的水泥胶砂初始流动度，可以看出当石灰石粉掺量固定，随着粉煤灰掺量的增加，水泥胶砂初始流动度不断增加。当石灰石粉掺量固定为 5%时，粉煤灰掺量为 5%、10%、15%、20%时，相较于不掺粉煤灰的水泥胶砂初始流动度分别增加6.5%、9.3%、15.4%、21.4%，总体增长趋势呈线性增长，但当粉煤灰掺量为 10%时，水泥胶砂初始流动度趋势较低；当石灰石粉掺量固定为 10%时，粉煤灰掺量

为 5%、10%、15%、20%时，水泥胶砂初始流动度都有较大幅度的增加，相较于不掺粉煤灰的水泥胶砂初始流动度分别增加 3.3%、11.2%、7.4%、3.7%，总体增长趋势为先增长后降低，在粉煤灰掺量为 10%时，水泥胶砂流动度最大，此种配比水泥胶砂流变性能最好。这主要是由于石灰石粉与粉煤灰复掺可以更好地利用二者改善水泥胶砂流动度的作用。二者都具有"填充作用"和"微集料效应"，二者比表面积大于水泥颗粒的比表面积，固定石灰石粉的掺量，增加粉煤灰的掺量，可以更好地发挥其"滚珠作用"，相较于水泥净浆其掺入量的增加对水泥浆体比重的影响较小，所以掺量的增加使水泥胶砂流动度并未减小，这是粉煤灰和石灰石粉复掺对水泥净浆流动度与水泥胶砂流动度影响的区别。

表 5-5　复掺粉煤灰和石灰石粉对水泥胶砂流动度及经时损失影响

Table 5-5　The compound of fly ash and limestone powder on cement paste fluidity loss

组别		水泥胶砂初始流动度及经时损失			
		0min	20min	40min	60min
A	A0	215	202	193	178
	A1	229	211	198	184
	A2	235	221	209	200
	A3	248	236	223	215
	A4	261	249	234	226
B	B0	242	220	211	202
	B1	250	237	224	212
	B2	269	251	242	228
	B3	260	248	235	225
	B4	251	242	232	224

图 5-6 为固定石灰石粉掺量为 5%，分别掺入粉煤灰 0%、5%、10%、15%、20%的水泥胶砂流动度一小时内经时损失，可以看出石灰石粉与粉煤灰复掺的水泥胶砂流动度经时损失在一小时内基本呈线性。当固定石灰石粉比例，随着粉煤灰掺量的增加，胶砂流动度经时损失程度逐渐降低，在每 20min 内二者复掺的水泥胶砂流动度经时损失基本都在 4%～6%内。而 A0 组在 40～60min 内降低的程度最大，达到水泥胶砂初始流动度的 6.9%，A2、A3、A4 组在 40～60min 内损失程度最低，分别为水泥胶砂初始流动度的 3.8%、3.2%、3.1%，说明粉煤灰与石灰石粉复掺可以有效地降低水泥胶砂流动度经时损失，这主要由于石灰石粉和粉煤灰的"吸附作用"。因为粉煤灰与石灰石粉粒径要小于水泥粒径，在发挥"填充效

应"和"微集料效应"的同时，吸附了大量的减水剂，减缓了水化反应的速度，而随着水化反应的进行粉煤灰与石灰石粉释放吸附的减水剂，使得减水剂持续发挥作用，这对于需要运输时间的商品混凝土来说，有着非常重要的意义。

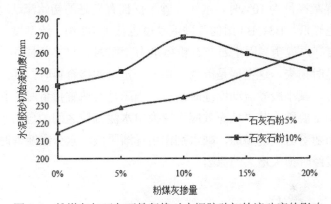

图 5-5　粉煤灰与石灰石粉复掺对水泥胶砂初始流动度的影响
Fig.5-5　Fly ash and limestone admixture on the degree of influence the flow of initial cement mortar

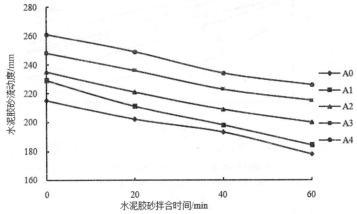

图 5-6　粉煤灰与石灰石粉（固定掺量 5%）复掺对水泥胶砂流动度经时损失的影响
Fig.5-6　Fly ash and limestone powder (fixed content 5%) effect of
compound admixture on cement mortar fluidity loss

图 5-7 为固定石灰石粉掺量为 10%，分别掺入粉煤灰 0%、5%、10%、15%、20%的水泥胶砂流动度一小时内经时损失，可以看出石灰石粉与粉煤灰复掺的水泥胶砂流动度经时损失在一小时内基本呈线性趋势，A0 组在 0～20min 内胶砂流动度损失程度最大，达到水泥胶砂初始流动度的 9%；而 B1 组在 20min、40min、60min 时经时损失分别为 5.2%、10.4% 和 15.2%；随着粉煤灰掺量的继续增加，

B2、B3 与 B4 组水泥胶砂流动度经时损失情况则明显不同，当粉煤灰掺量为 10%时，B2 组胶砂流动度损失程度较低，分别为 3.1%、6.6%和 11.9%，要低于 B3 组的 4.6%、9.6%、13.4%和 B4 组的 3.6%、7.5%和 10.8%。这说明当石灰石粉掺量为 10%、粉煤灰掺量为 10%时，水泥胶砂不仅拥有良好的初始流动度，而且流动度经时损失也较低，B3、B4 组的胶砂流动度也低于 B2 组，流动度经时损失情况也比 B2 组要好，说明当固定石灰石粉掺量为 10%时，过多的掺入粉煤灰会减小胶砂流动度经时损失。这主要是因为当掺入一定量的掺合料时，其"吸附作用"可以充分发挥，减小胶砂流动度经时损失，当超过其适宜掺量时，其对胶砂初始流动度的影响主要因为其"填充效应"置换出水泥颗粒之间的自由水，增加了初始流动度，而随着时间的增加，减水剂作用逐渐降低，水分也随着时间挥发，是造成其流动度经时损失增大的原因。

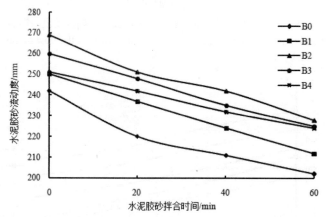

图 5-7　粉煤灰与石灰石粉（固定掺量 10%）复掺对水泥胶砂流动度经时损失的影响

Fig.5-7　Fly ash and limestone powder (fixed content 10%) effect of compound admixture on cement mortar fluidity loss

5.5　小结

（1）粉煤灰与石灰石粉都具有滚珠效应和微集料效应，微集料效应在加入到拌合物后即发挥作用，受其掺量影响，而滚珠效应不会随时间增加而减弱。

（2）单掺粉煤灰时，随着粉煤灰掺量的增加，水泥胶砂初始流动度也随之增加，而水泥胶砂流动度经时损失情况在粉煤灰单掺 20%时，损失最低，"保坍性"最好。

（3）单掺石灰石粉时，随着掺量的增加胶砂流动度也随之增大，其增长趋势呈线性增长，流动度经时损失逐渐变小，说明石灰石粉对水泥胶砂有良好的"保坍作用"。

（4）石灰石粉与粉煤灰复掺时，固定石灰石粉的掺量，水泥胶砂初始流动度随着粉煤灰掺量的增加而逐渐增大，说明石灰石粉与粉煤灰复掺可以充分发挥各自改善胶砂流变性能的作用，并产生"叠加效应"。

（5）固定石灰石粉掺量为5%时，随着粉煤灰掺量的增加，水泥胶砂流动度经时损失基本呈线性分布；固定石灰石粉掺量为10%时，当粉煤灰掺量为10%，水泥胶砂不仅拥有较好的初始流动度，而且流动度经时损失情况也较小，此比例复掺，水泥胶砂流变性最佳。

第六章　浮石混凝土基本力学性能试验研究

6.1　概述

浮石混凝土的抗压及抗拉强度是影响浮石混凝土结构构件的重要指标，准确确定浮石混凝土各龄期强度指标的换算关系，不仅有助于浮石混凝土力学性能的研究分析，在工程中也具有重要的应用价值[41,42]。国内外研究人员对普通混凝土抗压强度和劈裂抗拉强度的相关性进行了大量研究[43]，而关于浮石混凝土的抗压强度和劈裂抗拉强度的相关性研究却鲜见报道，以往基于普通混凝土得到的强度指标换算关系并不适用于浮石混凝土的强度换算。为此，本章通过配制不同强度等级浮石混凝土，进行立方体抗压强度和劈裂抗拉强度试验，分析其破坏形态；基于力学性能试验数据，通过统计回归，建立浮石混凝土立方体抗压强度和劈裂抗拉强度之间的换算关系；根据不同灰水比浮石混凝土立方体抗压强度试验结果，建立浮石混凝土抗压强度计算公式。

6.2　试验设计和配合比

本次试验按照《轻骨料混凝土技术规程》（JGJ51-2002）和《普通混凝土力学性能试验方法标准》（GB/T 50081-2002）进行设计，立方体抗压强度和劈裂抗拉强度试件均采用 100mm×100mm×100mm 立方体试件。试件浇注、脱模后，放入标准养护箱中养护至测试龄期进行试验。各强度等级浮石混凝土的配合比见表6-1。

表 6-1　各强度等级浮石混凝土配合比

Table 6-1　Mix proportion of pumice concrete with different strength grades

强度等级	水泥	浮石	砂子	水	引气减水剂
C20	320	610	793	150	7.2
C30	420	570	760	180	8.4
C40	450	565	730	180	9

6.3 试验现象与破坏形态分析

图 6-1 所示为立方体抗压强度试验试件破坏形态。

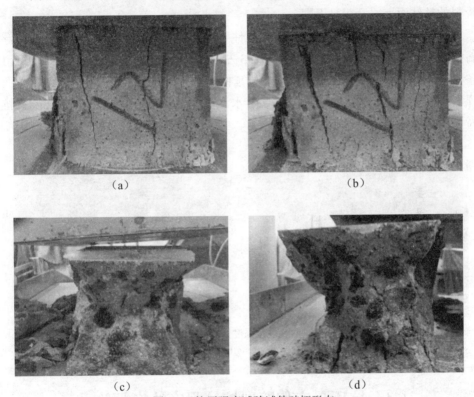

(a)   (b)

(c)   (d)

图 6-1   抗压强度试验试件破坏形态

Fig.6-1   Compressive strength test specimen damage form

由试验现象可知：在立方体抗压强度试验中，浮石混凝土试件所受荷载到峰值点附近时，产生由初始裂缝发展起来的可见裂缝，并被新的贯穿裂缝分割直至形成主要贯通裂缝，见图 6-1（a）。过峰值点后，内部裂缝继续扩展，随着应变增加，最终形成断裂面，见图 6-1（b）。与普通混凝土不同，浮石自身强度较低，断裂面扩展几乎不受轻骨料阻碍，受压破坏时产生的断裂面贯穿浮石骨料，表现出较强的脆性特征[41]。从图 6-1（a）、（b）中可以看到，试件破坏时出现斜剪切裂缝，中部变形较两端大，有明显外鼓趋势。这是由于在立方体抗压试验中，试件承压面与加载垫板产生的摩擦力能约束试件承压面的横向变形，而试件中部横向变形约束较小，膨胀变形较大，随着荷载的增加，中部浮石混凝土向外膨胀，剥落，产生图 6-1（c）、（d）所示的两个正倒相接四角的破坏形态。图 6-1（c）、（d）所示为剥离剥落层以后的破坏形态，可以看到，轻骨料混凝土的受压破坏面比较平整，而且在图 6-1（d）的左上角处清楚地看到浮石破裂，断裂面穿过浮石粗骨料，呈纵向劈裂状破坏，这与普通混凝土的破裂面绕开粗骨料而在水泥砂浆和粗骨料的粘结面上展开明显不同。

图 6-2 所示为劈裂抗拉强度试验试件破坏形态。在劈裂抗拉强度试验中，浮石混凝土试件所受荷载到达峰值荷载 2/3 左右时，可以清楚看到沿试件中部出现 1 条竖向裂缝，且逐步从中间向两端发展延伸成贯通裂缝，随后突然劈裂，劈裂面浮石都发生破裂，基本没有发现沿浮石-水泥石界面破坏，这与普通混凝土劈裂抗拉强度试验试件破坏形态有显著差异。

（a）　　　　　　　　　　　　　　（b）

图 6-2　劈裂抗拉强度试验试件破坏形态

Fig.6-2　Splitting tensile strength test specimen damage form

6.4　抗压强度和劈裂抗拉强度的换算关系

表 6-2 给出浮石混凝土立方体抗压强度与劈裂抗拉强度试验结果。由表可知：C20 浮石混凝土劈裂抗拉强度与抗压强度之比约为 5.5%～5.8%；C30 浮石混凝土约为 5.2%～5.4%；C40 浮石混凝土约为 4.7%～4.9%。这与不少学者提出的低强度普通混凝土劈裂抗拉强度与抗压强度之比约为 10%～11%，中强度约为 8%～9% 有明显区别。

图 6-3 给出浮石混凝土立方体抗压强度与劈裂抗拉强度关系。由图可知：各强度等级浮石混凝土立方体抗压强度增加时，劈裂抗拉强度也随其增加，但拉压比随抗压强度增大而减小。部分试验结果有偏差，可能是由试验误差而产生。

表 6-2　浮石混凝土强度指标试验结果
Table 6-2　Pumice concrete strength index test results

强度等级	龄期/d	抗压强度	劈裂抗拉强度	拉压比
C20	3d	13.6	0.79	0.058
	7d	16.8	0.92	0.055
	14d	17.7	1.01	0.057
	28d	23.0	1.28	0.056
	60d	26.5	1.47	0.055
C30	3d	18.3	0.98	0.054
	7d	22.8	1.21	0.053
	14d	25.7	1.37	0.053
	28d	30.2	1.57	0.052
	60d	33.9	1.77	0.052
C40	3d	26.4	1.29	0.049
	7d	31.9	1.53	0.048
	14d	37.9	1.79	0.047
	28d	41.2	1.96	0.048
	60d	44.5	2.11	0.047

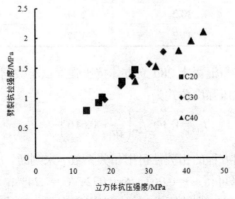

图 6-3　浮石混凝土立方体抗压强度与劈裂抗拉强度关系
Fig.6-3　The relationship of pumice concrete cube compressive strength and splitting tensile strength

利用表 6-2 试验数据，对 C40 以下浮石混凝土 60d 龄期内的劈裂抗拉强度和立方体抗压强度试验值利用最小二乘法进行回归分析，得到经验公式：

$$f_{ts(t)} = 0.0918 f_{cu(t)}^{0.8264} \qquad (6-1)$$

式中：t —龄期，d；$f_{ts(t)}$ —龄期 t 的劈裂抗拉强度，MPa；$f_{cu(t)}$ —龄期 t 的立方体抗压强度，MPa；式（6-1）相关系数为 0.993。

将表 6-2 立方体抗压强度代入式（6-1），得到相应的劈裂抗拉强度计算值，将计算值与实测值进行比较，得出回归方程的离散系数为 3.59%。综上可知：利用公式（6-1），可由所测浮石混凝土的早期抗压强度预测其相应的劈裂抗拉强度，为工程实际和研究应用提供参考。

6.5 浮石混凝土抗压强度计算公式

根据保罗米公式：

$$f_{cu} = Af_{ce}\left(\frac{C}{W} - B\right) \tag{6-2}$$

式中，f_{cu} —浮石混凝土 28d 龄期的抗压强度，MPa，见表 6-3；f_{ce} —水泥 28d 的实测强度，MPa；$\frac{C}{W}$ —灰水比，见表 6-3；A、B 分别为与骨料相关的回归系数。

表 6-3 不同灰水比浮石混凝土 28d 抗压强度

Table 6-3 The 28d compressive strength of pumice concrete with different cement water ratio

灰水比	28d 抗压强度（MPa）	灰水比	28d 抗压强度（MPa）
2.13	23.0	2.78	43.7
2.33	30.2	2.94	45.5
2.50	41.2	3.57	52.9

对不同灰水比浮石混凝土 28d 立方体抗压强度试验数据进行回归分析，得到浮石混凝土立方体抗压强度公式为：

$$f_{cu} = 0.346 f_{ce}\left(\frac{C}{W} - 0.616\right) \tag{6-3}$$

实测数据和回归方程的相关性可用相关系数 r 来判断，r 越接近 1，就说明相关性越好[44]。经计算可得：$r=0.963$；$S=0.072$；$C_v=7.24\%$；可见，该回归方程完全满足 $r \geqslant 0.85$，$C_v \leqslant 10\%$[6]的要求，能够在工程实际中应用。

6.6 小结

（1）浮石混凝土的受力破坏与普通混凝土不同，破裂面贯穿浮石骨料，表现出较强的脆性特征。

（2）各强度等级浮石混凝土的拉压比明显低于普通混凝土，且随抗压强度增大而减小。

（3）C40 以下浮石混凝土 60d 龄期内的劈裂抗拉强度和立方体抗压强度的换算关系可采用本文推荐的式（6-1）表述。

（4）浮石混凝土立方体抗压强度计算公式可采用式（6-3），为工程应用提供参考。

第七章 粉煤灰对轻骨料混凝土性能影响的试验研究

7.1 试验概况

随着内蒙古煤矿业迅速发展,火力发电厂在内蒙古的发展如雨后春笋,虽然带动了当地的经济发展,但是粉煤灰的大量排出,对当地的污染越来越严重,这与我国推行的可持续发展道路不符。国内外对粉煤灰处理后大部分用在普通混凝土中,将粉煤灰替代部分水泥,并且在实际工程中大量应用,带来了巨大的经济效益和社会效益。内蒙古地区蕴含着大量的天然浮石,而现在天然轻骨料主要应用于道路工程、水工建筑物等,但因为天然轻骨料混凝土在当地应用的时间比较短,对其应用技术不是很完善。能否直接利用粉煤灰对普通混凝土影响的结果而直接应用,还是未知数,所以应根据浮石的特点进行试验考察。本章利用内蒙古集宁地区的天然浮石和火力发电厂的粉煤灰,探讨粉煤灰对轻骨料混凝土的影响,不仅有效地利用当地资源,而且为内蒙古其他地区的浮石利用提供一个参考依据[24,25]。

7.2 试验设计

粉煤灰轻骨料混凝土按照表 7-1 的配合比及材料用量进行配置,共 6 组,每组试件 12 块。根据试验标准规范,对不同掺量的粉煤灰轻骨料混凝土在各个龄期的抗压强度进行测定,结果见表 7-2;并通过"慢冻法"冻融循环试验,经过 25 次、50 次、75 次、100 次冻融循环后,各个组的抗压强度测定,试验结果见表 7-3。

表 7-1 粉煤灰轻骨料混凝土配合比

Table 7-1 Fly ash lightweight aggregate concrete proportions   unit:kg/m³

组别	水泥	水	轻骨料	砂子	粉煤灰	减水剂
QA	500	180	634	690	0	15
FA	425	180	634	690	75	15
FB	400	180	634	690	100	15
FC	350	180	634	690	150	15
FD	275	180	634	690	225	15
FE	200	180	634	690	300	15

表 7-2　轻骨料混凝土试验结果

Table 7-2　Text result for lightweight aggregate fiber concretet

组别	3d	7d	14d	21d	28d	90d
QA（0%）	28.66	32	34.34	36.74	45.68	46.23
FA（15%）	25.89	30.03	32.42	35.89	44.63	47.16
FB（20%）	30.51	32.42	35.89	44	46.78	52.95
FC（30%）	23.04	27.16	31.05	34.79	43.79	45.89
FD（45%）	19.16	22.94	28.5	33.65	39.05	42.37
FE（60%）	17.28	21.84	26.74	29.05	32.11	33.47

表 7-3　冻融后轻骨料混凝土的抗压强度

Table 7-3　Lightweight aggregate concrete compressive strength after freezing and thawing

组别	0 次	25 次	50 次	75 次	100 次
QA（0%）	45.68	35.43	33.34	31.74	30.68
FA（15%）	44.63	42.68	40.05	38.16	35.35
FB（20%）	46.78	44.63	42.37	40.32	38.74
FC（30%）	43.79	37.05	36.11	35.05	32.01
FD（45%）	39.05	32.63	30.11	28.58	25.26
FE（60%）	32.11	28.32	26.53	24.25	20

7.3　粉煤灰对轻骨料混凝土抗压强度的影响

7.3.1　粉煤灰轻骨料混凝土抗压强度

从图 7-1 所示轻骨料混凝土的抗压强度与龄期的关系曲线中可以观察到，随着养护龄期的增加，轻骨料混凝土强度发育总体呈现增加的趋势，且粉煤灰掺量在 0%～20%之间时，轻骨料混凝土的强度增大，在前期发育比较小，后期发育增长幅度比较大，总体增长大致呈现对数关系。粉煤灰掺量在 30%～60%之间时，随着龄期的增加，轻骨料混凝土增长较平缓，趋于二次多项式关系。粉煤灰掺量在 15%～20%时，后期轻骨料混凝土强度增长幅度较大，原因在于粉煤灰水化时间比较长，一般在 14 天左右；粉煤灰掺量超过 20%后，后期轻骨料混凝土的强度增长幅度不高。

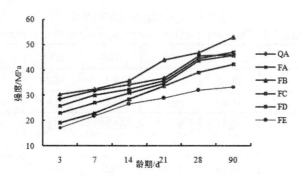

图 7-1   轻骨料混凝土的抗压强度与龄期的关系
Fig.7-1   The relationship between the compressive strength and the age of the
lightweight aggregate concrete

总体分析：不同掺量的粉煤灰在轻骨料混凝土中所起的作用不同，其抗压强度增长规律也不相同。当粉煤灰掺量在0%～20%时，尤其在掺量15%、20%，早期强度与不掺粉煤灰的轻骨料混凝土强度相差不大，因为粉煤灰取代部分水泥，降低了水泥的浓度，减缓了前期水泥水化强度。由于粉煤灰水化反应一般在14天左右，即与水泥的水化产物CH产生二次水化反应，使得混凝土水化过程均衡、平稳，并且粉煤灰可以将轻骨料混凝土中的轻骨料包裹住，粉煤灰中活性成分反应生成的水化硅酸钙C-S-H凝胶，能够填塞轻骨料的孔隙，从而增强轻骨料混凝土的密实度，使得后期强度增长较大。随着粉煤灰掺量和龄期的增加，轻骨料混凝土的抗压强度的发育趋于对数关系。

当粉煤灰掺量大于20%时，本试验为30%～60%，随着掺量的增加，轻骨料混凝土的抗压强度反而降低。这是由于粉煤灰掺量过大，超过了轻骨料混凝土的包裹量，在二次水化作用后，多余的粉煤灰颗粒形成一层界面覆盖在浆体周围，造成混凝土内部产生多层界面，使得内部稳定性变差，直接影响了混凝土的强度，造成掺量与强度成反比，并且使得后期抗压强度增长相对15%～20%掺量的较小，强度发育比较平缓，呈现非线性的二次多项式。

7.3.2   粉煤灰轻骨料混凝土回归分析

本节是根据表 7-2 的结果及图 7-1 的曲线，利用数学模型进行简单的回归分析，得出简单的拟合方程。

从上面分析可以看出，粉煤灰掺量≤20%时，回归曲线接近对数关系；掺量＞20%时，回归曲线接近二次方程。拟合的方程如下：

粉煤灰掺量为0%、15%、20%的方程为：

$$f_n = A \ln d + B \qquad\qquad (7\text{-}1)$$

粉煤灰掺量为30%、45%、60%的方程为：

$$f_n = -Cd^2 + Dd + E \qquad\qquad (7\text{-}2)$$

式中：f_n—N 天龄期的轻骨料混凝土的抗压强度，MPa；d—养护龄期；R—相关系数；A，B，C，D，E—系数（见表 7-4）。

表 7-4　系数表
Table 7-4　The coefficient sheet

组别	A	B	R
QA（0%）	5.7035	21.533	0.924
FA（15%）	6.753	17.365	0.946
FB（20%）	7.2724	20.353	0.962

组别	C	D	E	R
FC（30%）	0.0078	0.9949	19.737	0.984
FD（45%）	0.0083	1.0377	15.951	0.999
FE（60%）	0.0064	0.7695	16.071	0.992

7.4　粉煤灰对轻骨料混凝土抗冻性能的影响

7.4.1　粉煤灰轻骨料混凝土抗冻性能

从图 7-2 中可以看到，试件随着冻融循环次数的增加，轻骨料混凝土的抗压强度都呈现递减趋势。其中粉煤灰掺量 20%的抗压强度损失率最小；粉煤灰掺量≤20%时，抗压强度减小幅度较小，主要原因是粉煤灰水化作用和填充作用使得轻骨料混凝土密实度增加，孔隙率降低；粉煤灰掺量大于 20%的抗压强度降低得较大，主要是因为大量的粉煤灰颗粒形成多层界面造成内部稳定性差，所以一经冻融，破坏速度肯定加快。

根据图 7-3 所示，QA、FA、FB、FC、FD、FE 的强度损失率分别为 32.8%、20.8%、17.2%、26.9%、35.3%、37.7%，其中粉煤灰掺量 20%的损失率最小。当粉煤灰掺量在 15%～20%时，损失率随着掺量的增加而减小，并且比未掺粉煤灰的混凝土强度损失率小；当掺量大于 30%后，随着掺量的增加，损失率逐渐增大，并且强度损失高于未掺粉煤灰的混凝土。由于轻骨料本身的强度不大，过多的粉煤灰会造成混凝土稳定性更差，从而使轻骨料混凝土的抗拉强度更小，更加不足以抵抗冻融的膨胀力。

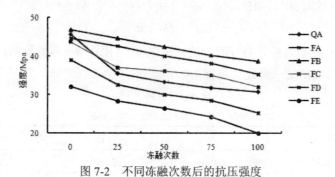

图 7-2　不同冻融次数后的抗压强度

Fig.7-2　The compressive strength after a number of different freeze-thaw

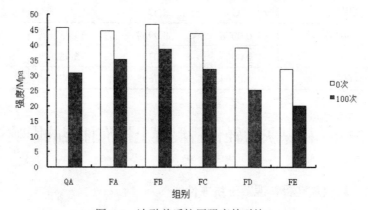

图 7-3　冻融前后抗压强度的对比

Fig.7-3　The comparison of compressive strength before and after freezing and thawing

总体分析：由于在负温度的条件下，水会结成冰造成体积膨胀，会产生一定的膨胀力，这与轻骨料混凝土在反复冻融后强度降低的特征相似。即轻骨料混凝土中的内部孔隙和毛细孔道中的水结成冰产生体积膨胀，当这种膨胀力超过混凝土的抗拉强度时，混凝土中会产生微细的裂缝，在反复的冻融作用下，混凝土中内部的微细裂缝越来越多，并逐渐扩大，从而造成混凝土强度降低，并且混凝土表面产生剥落。掺入不同量的粉煤灰对轻骨料混凝土的抗冻性能会有不同的影响，当掺入 15%～30%时，在反复冻融后混凝土的强度大于不掺粉煤灰的强度，可以分两方面解释：①在混凝土中用粉煤灰部分代替水泥，能吸收水泥水化生成的氢氧化钙从而改善界面结构，使之不致因浸析而扩大冰冻产生的过多裂缝；②粉煤灰的二次水化作用产生的填充效应，可以使截留空气量和泌水量减少，改善混凝土的孔结构，降低混凝土的孔隙率，从而增加了密实度。当粉煤灰掺量超过 30% 时，粉煤灰代替水泥的量增加，粉煤灰过多使得混凝土产生多层界面造成稳定性较差，再加上轻骨料自身强度也不高，经过多次冻融后，混凝土孔隙逐渐增多，裂缝逐渐扩大，密实度越来越低，所以混凝土的强度随着掺量的增加而减少。

7.4.2　轻骨料混凝土 100 次冻融前后的应力-应变关系曲线

混凝土的应力-应变曲线一般可以分为两段：上升段和下降段。根据本文的试验过程中所采集的数据，以及之前的研究者对轻骨料混凝土应力-应变曲线的拟合，可以利用过镇海的分段式方程表达：

$$\begin{cases} y = a_1 x + (3 - 2a_1)x^2 + (a_1 - 2)x^3, x \leqslant 1 \\ y = \dfrac{x}{a_2 (x-1)^2 + x}, x \geqslant 1 \end{cases} \qquad (7\text{-}3)$$

式中：$x = \dfrac{\varepsilon}{\varepsilon_p}$，$y = \dfrac{\sigma}{f_p}$，$a_1$—初始弹性模量与峰值时割线模量的比值；$a_2$—塑性参数；$\varepsilon$—任何一点的应变；$\varepsilon_p$—峰值时的应变；$f_p$—峰值应力；$\sigma$—加载过程中任何一点的应力。

图 7-4 和图 7-5 所示为冻融前后的轻骨料混凝土应力-应变曲线，从图中可以看出，冻融前后的应力-应变曲线相似，两个曲线都可以分为上升段和下降段，冻融前的上升段接近直线，冻融后的曲线由于内部破坏，所以上升段较平缓，当应力达到峰值时，冻融前后的曲线的斜率都减小为零，冻融后的应力的峰值有所降低；随后曲线下降，冻融前的下降段比较陡，冻融后由于内部破坏严重，下降段变得比较缓。当冻融前后的应力值为峰值的 20% 时，曲线都趋于水平线。

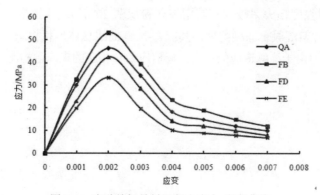

图 7-4　冻融前轻骨料混凝土应力-应变曲线

Fig.7-4　The stress-strain curve of lightweight aggregate concrete before freeze-thaw

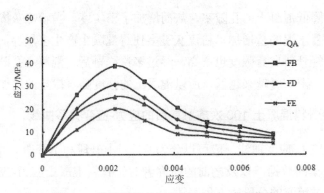

图 7-5　冻融后轻骨料混凝土应力-应变曲线

Fig.7-5　The stress-strain curve of lightweight aggregate concrete after freeze-thaw

　　当粉煤灰掺量≤20%时，应力应变曲线的上升段斜率变大，下降段斜率较陡，这是由于在养护期间掺入一定量的粉煤灰发生水化反应，可以一定程度增加轻骨料混凝土的弹性模量的原因。

7.5　小结

　　（1）对于内蒙古集宁地区的天然浮石，当粉煤灰的掺量≤20%时，轻骨料混凝土的抗压强度随着粉煤灰掺量的增加而呈现增加趋势；当掺量＞20%时，轻骨料混凝土的抗压强度随着掺量的增加反而减小。粉煤灰的最佳掺量为20%。

　　（2）粉煤灰对轻骨料混凝土的早期发育影响小，对后期发育的影响较大，主要是因为粉煤灰的二次水化作用是在 14 天之后。

　　（3）经过冻融循环后，粉煤灰掺量≤20%时，强度损失率降低较小；掺量大于20%时，则强度损失率较大。其中掺入粉煤灰 20%为最佳掺量。

　　（4）轻骨料混凝土冻融前后，其应力-应变曲线总体形状相似，可以利用分段式方程表达。但由于冻融造成的损失，峰值应力与相应的未冻融相比明显减小。

第八章 石粉替代砂子的轻骨料混凝土力学性能研究

8.1 概况及试验结果

本章采用内掺 0%、10%、20%、30%、40% 和 50% 的石灰石粉代替等量砂子来配制浮石混凝土，研究不同掺量的石灰石粉对轻骨料混凝土工作性能、抗压强度和劈裂抗拉强度的影响，并借助扫描电镜观察分析石灰石粉对轻骨料混凝土性能的影响[29]。

石灰石粉：由呼和浩特市哈拉沁石材厂提供，其化学成分如表 8-1 所示。采用 BT-2002 型激光粒度分布仪分析，分析结果如图 8-1 所示。图 8-1 中，横坐标为石灰石粉的颗粒粒径大小，纵坐标为累积所占的百分比。从图中可以看出，1~30μm 颗粒约占 30%，30~50μm 颗粒约占 20%，50~200μm 颗粒约占 50%。

表 8-1 石灰石粉化学成分/%
Tab 8-1 The chemical composition of limestone powder

CaO	SiO$_2$	Al$_2$O$_3$	MgO	Fe$_2$O$_3$	SO$_3$	K$_2$O	Na$_2$O	Loss
52.48	3.53	0.76	0.87	0.42	0.13	0.12	0.05	41.64

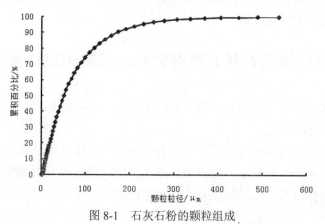

图 8-1 石灰石粉的颗粒组成

Fig.8-1 Particles composed of limestone powder

根据《普通混凝土力学性能试验方法标准》（GB/T 50081-2002），设计实验配合比为，水泥:浮石:砂子:水=450:530:780:180，引气减水剂掺量为胶凝材料质量的 2%，水灰比为 0.4。石粉内掺，分别替代 0%、10%、20%、30%、40% 和 50% 的砂子，编号依次为 ZA、ZB、ZC、ZD、ZE、ZF，分别测定 3d、7d、14d、28d、60d、90d、120d 的抗压强度和 7d、14d、28d、60d 的劈裂抗拉强度，试样尺寸均为 100mm×100mm×100mm 的立方体。配置混凝土时先将骨料和石粉加入搅拌，然后徐徐加入水和减水剂，继续搅拌 2～3min，将拌合物装入试模，在振捣台上振实。

8.2　不同掺量的石灰石粉对轻骨料混凝土工作性能的影响

混凝土搅拌完成后，各组轻骨料混凝土坍落度结果如表 8-2 所示。

表 8-2　各组轻骨料混凝土的坍落度

Table 8-2　The slump of each lightweight aggregate concrete group

石灰石粉含量/%	0	10	20	30	40	50
坍落度/mm	180	195	220	190	140	100

由表 8-2 可以看出，加入少量的石灰石粉可以适当提高轻骨料混凝土的坍落度。这是因为石灰石粉的粒径较小，优化了级配，进一步完善孔隙的填充，使得孔隙率减少，孔隙内的水量降低，自由水增加，浆体流动性增强，坍落度变大。但是，当石灰石粉的含量较大时，石灰石粉颗粒多棱角，表面粗糙的缺点暴露出来，导致总比表面积增大，增加了用水量，而且由于石灰石粉黏结力较大，促使轻骨料混凝土的坍落度降低。

8.3　不同掺量的石灰石粉对轻骨料混凝土抗压强度的影响

不同石灰石粉掺量与轻骨料混凝土抗压强度关系如图 8-2 所示。

由图 8-2 可以看出：

（1）随着石灰石粉掺量的增加，轻骨料混凝土抗压强度呈现先下降后增长的趋势。虽然加入石灰石粉后，轻骨料混凝土早期的强度并不如基准组，但在 28d 时，石灰石粉掺量为 30% 的试块基本达到基准组的强度。在加入石灰石粉的 5 组混凝土试块中，当石灰石粉掺量为 30% 时，各个龄期的轻骨料混凝土抗压强度最高，因此石灰石粉掺量为 30% 的组是最优组。

（2）掺入石灰石粉替代砂子后，轻骨料混凝土的早期强度下降，而未掺入石灰石粉的基准组在 60d 后强度增长缓慢，掺石灰石粉的混凝土强度仍有较大幅度的增长，A 组试块 90d 的强度比 60d 的强度提高了 0.7%，120d 的强度比 90d 的强度提高了 3.4%，而 D 组试块 90d 的强度比 60d 的强度提高了 12%，120d 的强度比 90d 的强度提高了 6.4%，甚至在 120d 时强度已经超过了基准组，说明石灰石粉代替砂子对轻骨料混凝土的后期强度有贡献。

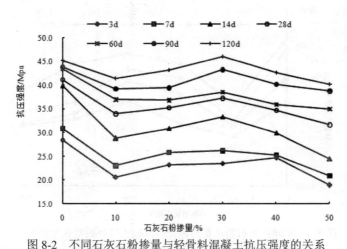

图 8-2 不同石灰石粉掺量与轻骨料混凝土抗压强度的关系
Fig 8-2 Relationship between different limestone content and lightweight aggregate concrete compressive strength

（3）对比各个龄期的试验结果曲线，可发现掺入 50%石灰石粉的轻骨料混凝土强度下降很明显，在 28d 时强度仅为基准组的 76.9%，虽然后期石灰石粉对轻骨料混凝土的强度有所贡献，但是 120d 时掺入石灰石粉混凝土的抗压强度只是基准组混凝土的 88.7%，说明过多的石灰石粉对轻骨料混凝土的强度影响很大。

（4）在石灰石粉掺量为 10%、20%、40%和 50%时，120d 时混凝土的强度很接近，而且明显低于其他两组，说明石粉过多或过少对轻骨料混凝土强度的削弱作用很明显。

8.4 不同掺量的石灰石粉对轻骨料混凝土劈裂抗拉强度的影响

不同石灰石粉掺量与轻骨料混凝土劈裂抗拉强度的关系见图 8-3。

从图 8-3 可以看到，轻骨料混凝土劈裂抗拉强度的变化趋势与其抗压强度的变化趋势相类似。

由于石灰石粉替代了部分砂子，砂子的用量减少，基准组的轻骨料混凝土劈裂抗压强度较高，而加入石灰石粉的各组轻骨料混凝土劈裂抗压强度较低，较基准组均有不同程度的下降。但当石灰石粉掺量为 30%时，28d 的轻骨料混凝土劈裂抗压强度为基准组的 93.3%，60d 的轻骨料混凝土劈裂抗压强度为基准组的 95.1%，已经很接近基准组。

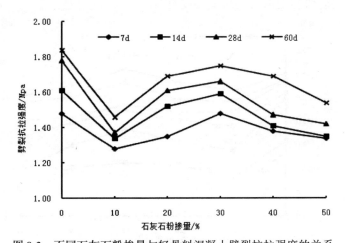

图 8-3　不同石灰石粉掺量与轻骨料混凝土劈裂抗拉强度的关系

Fig 8-3　The relationship between different limestone content and splitting tensile strength of lightweight aggregate concrete

出现上述试验结果的主要原因在于：混凝土可以视为连续的颗粒堆积体系，各集料之间的间隙都有不同粒径的颗粒来填充，在水化反应前期，浮石-水泥石界面过渡区不是那么密实，而且对于轻骨料，由于孔洞较多，砂子填充的作用更加明显，因此基准组轻骨料混凝土的劈裂抗压强度较高。随着水化反应的不断进行，轻骨料混凝土内部结构更加完善，裂缝及孔洞更小，使粒径更小的石灰石粉的填充作用得到体现。而加入过多的石灰石粉时，浮石混凝土内部较粗的砂子含量大幅度减少，级配不均匀，致使结构有大量孔隙，不够紧密。研究表明，加入石灰石粉后，水泥石的水化产物发生了明显的变化，$CaCO_3$ 与含铝相生成碳铝酸盐（$C_3A \cdot CaCO_3 \cdot 11H_2O$），这种物质为六方板状结晶[46]，在后期，这种复合物具有一定胶凝能力，可以与其他水化产物相互搭接[47]；而且由于石灰石粉具有晶核效应，使 $Ca(OH)_2$ 晶体生长在其表面，晶体的尺寸变小，使水泥石结构逐渐密实。

8.5　微观结构分析

从上面的试验结果可以看出，石灰石粉掺量为 30%时，轻骨料混凝土的抗压强度在后期发展良好，超过了基准组。为了更系统深入地研究石灰石粉在轻骨料混凝土中所起的作用，笔者从石灰石粉混凝土的微观结构进行分析，对基准组 ZA 组和掺加 30% 石灰石粉的 ZD 组进行 28d 和 90d 电镜扫描试验，电镜扫描图（SEM）如图 8-4 和图 8-5 所示。

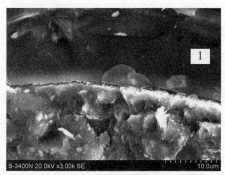 

（a）ZA 组 28d 内部微观结构　　　　（b）ZD 组 28d 内部微观结构

图 8-4　ZA 和 ZD 组混凝土 28d SEM 图

Fig.8-4　The concrete SEM of ZA and ZD on 28 days

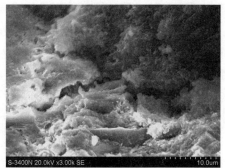 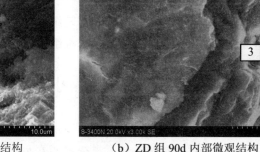

（a）ZA 组 90d 内部微观结构　　　　（b）ZD 组 90d 内部微观结构

图 8-5　ZA 和 ZD 组混凝土 90d SEM 图

Fig.8-5　The concrete SEM of ZA and ZD on 90 days

从图 8-4（a）中可以看出，在水泥水化的过程中，许多白色絮状物质附着于浮石-水泥石界面处（图中的"1"），可以清晰地看到有裂缝和孔洞存在，但水化产物彼此连接并不紧密，整体结构较为松散。图 8-4（b）中加入了石灰石粉。石灰石粉在混凝土中除具有一定活性作用外，还起到填充作用，产生晶核效应。水泥水化可以生成钙矾石（AFt），但由于其中有大量的 $CaCO_3$ 会阻止钙矾石向单硫型水化硫铝酸钙（AFm）的转变，因此 $CaCO_3$ 的存在间接地稳定了钙矾石。另外，由于石灰石粉的颗粒粒径较小，可以填充于水化产物孔隙间，因而有利于提高混凝土内部的密实度。

石灰石粉是否具有活性与其颗粒粒度的大小有很大关系。袁航等[48]指出，石灰石粉加速水化效应主要由其颗粒大小决定，细颗粒越多，其加速水化效应越明显。本试验使用的石灰石粉颗粒并不是超细石灰石粉，因此活性较差，对水泥水化反应没有明显的加速作用。

对比图 8-4（a）和图 8-4（b）的电镜图，加入石灰石粉后，浮石和水泥石界面处有一簇表面并不光滑的白色球状物质（图中的"2"），整体形状与它上方的白色堆积物并不相同，这有利于周围的水化产物和细颗粒的依附，提高黏聚力，有助于在后期发展中使更多体积较小的产物聚集在一起，提高轻骨料混凝土的后期强度。而在 ZA 组中，没有发现这种形态的物质。对这种物质的具体成分有待进一步研究。

对比图 8-5（a）和图 8-5（b）的电镜图，水化产物及形态差别很大，随着龄期的增长，ZA 组的白色絮状水化产物较 28d 更多，大量的水化产物充斥在混凝土内部，但可以清晰地看到还有部分裂缝没有被填充密实。而在 ZD 组中可以看到"3"处水化产物以叠片状为主，相对于 ZA 组有一定的层次性。国内外的许多研究认为，这种叠片状的物质是后期生成的新物质——碱式碳酸钙[49]，而且碱式碳酸钙微晶体会随着龄期增加变得更完善[50]。此外，由于混凝土中的水泥并没有被替代，水化产物没有减少，只是增加了较细的石灰石粉颗粒填充在混凝土中，因此轻骨料混凝土的后期强度并不低于基准组。

8.6 小结

（1）轻骨料混凝土内掺石灰石粉，随着石灰石粉的增加，轻骨料混凝土的抗压强度呈现先增加后降低的趋势，最优组的石灰石粉掺量为 30%。

（2）用石灰石粉等量代替砂子后，轻骨料混凝土后期强度仍有很大增长，甚至在 120d 时 ZD 组的强度已经超过了 ZA 组，说明石灰石粉对轻骨料混凝土后期强度有贡献。

（3）掺入石灰石粉后的轻骨料混凝土劈裂抗拉强度的变化趋势与其抗压强度的变化趋势类似，都是先增加后减小，30%的石灰石粉掺量仍是最优掺量。

（4）当石灰石粉的粒径较大时，石灰石粉的活性较低，对轻骨料混凝土的前期强度作用较小，后期水化产物多以皱褶状或叠片状为主。掺入较细的石灰石粉可以填充混凝土内部孔隙，使轻骨料混凝土强度提高。

第九章　石粉替代水泥的轻骨料

混凝土力学性能研究

9.1　概况及试验结果

石灰石粉的微观颗粒形貌和粒径分布见图 9-1、图 9-2。由图 9-1 可知：石灰石粉呈无规则几何结构，棱角明显，表面致密光滑，拥有一定级配。由图 9-2 可知：石灰石粉粒径基本都小于 15μm，其中 1~10μm 颗粒占 77.13%；水泥粒径集中分布在 5~80μm 之间，10μm 以下颗粒仅占 16.88%[30]。

图 9-1　石灰石粉的 SEM 照片

Fig.9-1　Scanning electron microscope (SEM) photographs of limestone powder

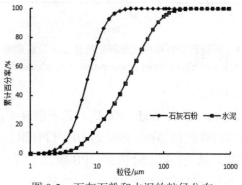

图 9-2　石灰石粉和水泥的粒径分布

Fig.9-2　Particle size distributions of limestone powder and cement

9.2 试验设计和配合比

本次试验按照《普通混凝土力学性能试验方法标准》（GB/T 50081-2002）进行设计，抗压强度和劈裂抗拉强度试件均采用 100mm×100mm×100mm 立方体试件。试件脱模后，放入标准养护箱中养护至测试龄期进行试验。试验采用 LC30 的浮石混凝土作为基准组，基准组混凝土配合比为：m（水泥):m（水):m（砂):m（浮石）=450:180:730:530，引气减水剂掺量为胶凝材料质量的 2%。石灰石粉采用内掺，分别替代水泥质量的 0%、10%、20%、30%、40%，对应的试件编号为 PA、PB、PC、PD、PE。

9.3 石灰石粉掺量对浮石混凝土抗压强度的影响

不同石灰石粉掺量浮石混凝土抗压强度与龄期的关系见图 9-3，不同龄期浮石混凝土抗压强度与石灰石粉掺量的关系见图 9-4。

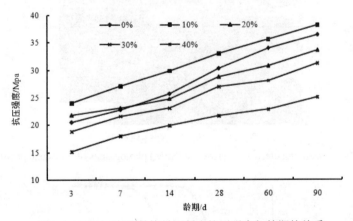

图 9-3 不同石灰石粉掺量混凝土抗压强度与龄期的关系

Fig.9-3 Relationship between compressive strength and different age

由图 9-3 和图 9-4 可知：

（1）在 3d、7d、14d、28d、60d、90d 时，浮石混凝土抗压强度随石灰石粉掺量增加均呈现先提高后降低的趋势，掺量为 10%（PB 组）时强度最高，随后逐渐降低，且降低幅度越来越大。以 28d 为例：PB 组较 PA 组（基准组）强度提高 9.0%，PC、PD、PE 组分别降低 4.8%、10.8%、28.3%。

（2）石灰石粉能显著加快浮石混凝土早期水化速率，以 PA 和 PB 组为例：

PA 组 3d、7d、14d 强度分别为 28d 的 67.7%、75.4%和 84.9%；PB 组 3d、7d、14d 强度分别为 28d 的 73.0%、82.1%和 90.6%；其余组（PC、PD 和 PE 组）早期水化速率也均高于基准组。

（3）PB 组较 PA 组混凝土强度提高幅度随龄期的增长呈现出先增加后降低最终趋于平稳的趋势。在 3d、7d、14d、28d、60d、90d 时 PB 组相较于基准组（PA 组）提高了 17.5%、18.7%、16.3%、9.0%、4.9%、4.7%。

（4）PC 组抗压强度 3d 和 7d 时高于基准组，强度分别提高 6.5%和 1.1%；14d、28d、60d 和 90d 时低于基准组，强度分别降低 3.4%、4.8%、9.4%和 7.8%。

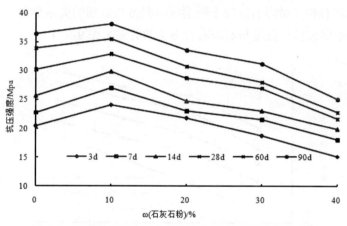

图 9-4　不同龄期混凝土抗压强度与石灰石粉掺量的关系
Fig.9-4　Relationship between compressive strength and dosage

出现以上四种结果的主要原因在于：当石灰石粉掺量为 10%（PB 组）时，在水化早期，石灰石粉发挥晶核效应[51]，有效加速 C_3S 矿物的水化，使 $Ca(OH)_2$ 晶体和 C-S-H 凝胶的成核析晶速率加快；加入石灰石粉后，大量石灰石粉微晶核均匀分散在水泥石中，为水化反应的进行提供充裕空间，使水化产物分布得到优化，水泥石结构更为均匀致密；由于大部分石灰石粉粒径小于水泥，石灰石粉微细颗粒填充在水泥颗粒和浮石-水泥石界面的空隙之间，改善了胶凝材料的级配和混凝土孔结构，提高了水泥石基体和浮石-水泥石界面过渡区的密实度，从而使浮石混凝土早期强度有所提高；PB 组在水化后期，石灰石粉参与水化反应生成新物相[52,53]，新物相与其他水化产物相互胶结在一起，使水泥石结构更为密实，有效弥补水泥含量降低造成的强度损失，从而使后期强度有所提高。当石灰石粉掺量为 20%时，在水化早期，石灰石粉的填充效应和加速效应弥补了水泥含量降低造成的混凝土强度损失，使抗压强度在 3d 和 7d 时有所提高；随着龄期增长，加速效应逐渐减弱，水泥含量降低的缺陷逐渐暴露，填充效应和加速效应无法弥补水泥含量降低引起的强度损失，导致 14d 以后强度较基准组降低。当石灰石粉掺量超过 20%时，石灰石粉的填充效应和活性效应无法弥补水泥含量大幅度降低造成的混凝土强度损失，并且导致骨料和胶凝材料级配不合理，从而表现出随掺量增加强度逐渐降低的趋势；且随着水泥含量大幅度降低，石灰石粉的填充效应和活性效应越来越不显著，从而使混凝土强度降低幅度越来越大。

9.4　石灰石粉掺量对浮石混凝土劈裂抗拉强度的影响

不同石灰石粉掺量浮石混凝土劈裂抗拉强度与龄期的关系见图 9-5，不同龄期浮石混凝土劈裂抗拉强度与石灰石粉掺量的关系见图 9-6。

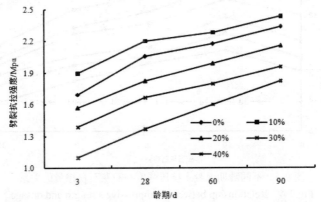

图 9-5　不同石灰石粉掺量混凝土劈裂抗拉强度与龄期的关系

Fig.9-5　Relationship between Splitting tensile strength and different age

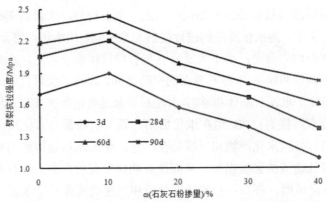

图 9-6　不同龄期混凝土劈裂抗拉强度与石灰石粉掺量的关系

Fig.9-6　Relationship between Splitting tensile strength and dosage

由图 9-5 和图 9-6 可知：石灰石粉掺量对浮石混凝土劈裂抗拉强度的影响与其对抗压强度的影响类似。当石灰石粉掺量为 10% 时，混凝土 3d、28d、60d、90d 劈裂抗拉强度分别比基准组提高 12.0%、7.2%、4.9%、4.2%，与抗压强度相比水化早期各龄期增长幅度较低，后期增长幅度大致相同。这表明：石灰石粉对浮石混凝土早期抗压强度的贡献要比早期劈裂抗拉强度大，而后期贡献基本相同。

9.5　掺石灰石粉浮石混凝土微观结构分析

为深入研究石灰石粉对浮石混凝土力学性能的影响机理，对未掺石灰石粉（PA 组）与内掺 10% 石灰石粉（PB 组）的浮石混凝土试件养护至 28d 进行电镜扫描试验，结果如图 9-7、图 9-8 所示。

（a）PA 组浮石-水泥石界面微观结构　　　　（b）PA 组浮石-水泥石界面区水化产物
（a）Microstructure of gravel-cement for Group PA　（b）Hydrate of pumice-cement in ITZ for Group PA
图 9-7　PA 浮石-水泥石界面 SEM 照片
Fig.9-7　SEM Photograph of pumice-cement for Group PA

由图 9-7 可以看到：PA 组浮石与水泥石界面区有明显裂纹，界面结构疏松；界面区水化产物呈絮状，水化产物尺寸较大，胶粒状 C-S-H 凝胶和片层状 Ca(OH)$_2$ 晶体在局部聚集，分布不均，毛细裂缝和孔洞较多；由图 9-8 可以看到：PB 组水泥石与浮石结合较为紧密，浮石-水泥石界面区无明显缺陷；水化产物分布均匀致密，可以清晰看到针状 AFt 与 C-S-H 凝胶交错在一起，形成立体框架结构；水泥石表面仅有少量孔洞存在，且孔洞内长满针状 AFt。由此证明：石灰石粉可改变水化产物的尺寸和空间分布，使晶粒变细，取向程度降低，避免水化产物局部富集生长为大晶体，水泥石缺陷明显减少；石灰石粉有效填充在浮石-水泥石界面区空隙中，使界面区水泥石致密均匀；另外，石灰石粉可促使水泥石生成大量针状

AFt，针状 AFt 与 C-S-H 凝胶交错在一起，形成立体框架结构，改善浮石-水泥石界面过渡区结构。

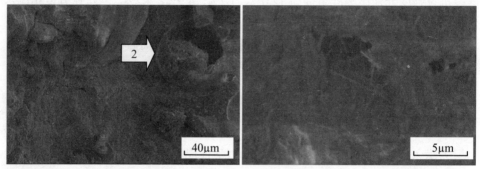

（a）PB 组浮石-水泥石界面微观结构　　（b）PB 组浮石-水泥石界面区水化产物
（a）Microstructure of gravel-cement for Group PB　（b）Hydrate of pumice-cement in ITZ for Group PB
图 9-8　PB 浮石-水泥石界面 SEM 照片
Fig.9-8　SEM Photograph of pumice-cement for Group PB

由图 9-7（a）中"1"处可以看到 PA 组界面区浮石孔洞中有少量填充物，这主要是由于浮石特殊的微孔结构及吸水返水性能[54]，使水泥浆渗入浮石内部并在浮石微孔内部进行水化、凝胶生长、硬化。由图 9-8（a）中"2"处可以看到 PB 组界面区浮石孔洞中有大量填充物，且填充物密实均匀，这主要是由于石灰石粉等量取代水泥后，水灰比增大，另外，微细石粉填充在水泥颗粒之间，使颗粒间空隙减小，孔隙水量降低，自由水量增加，浮石微孔外部水压力增强，而浮石在水灰比和水压力大的水泥浆中吸水能力更强，开始返水的时间较迟，大量水泥浆渗入浮石内部并在浮石微孔内部进行水化、凝胶生长、硬化，最终形成相互嵌入、致密的界面区域结构，提高浮石混凝土的界面强度。

为进一步研究石灰石粉对浮石混凝土后期力学性能的影响，对内掺 10%石灰石粉的浮石混凝土试件养护至 90d 进行电镜扫描试验，结果如图 9-9 所示。由图 9-9（a）可以看到：石灰石粉表面不再光滑，腐蚀严重，说明石灰石粉在后期参与水化反应[55]。对图 9-9（b）中"1"部位进行能谱（EDS）分析（图 9-10），结果表明该处为石灰石粉。由图 9-9（b）可以看到：石灰石粉表面局部有片层状晶体与针状 AFt 交织搭接在一起，石灰石粉周围水化产物致密均匀。陆平、陆树标[49]在以石灰石粉作为掺合料的试验中发现这种片层状新生成相为碱式碳酸钙，该相在界面区的存在有利于界面结构的改善，使大部分 $Ca(OH)_2$ 晶体在石灰石粉周围均匀细化生长，避免了水化产物在浮石-水泥石界面过渡区的局部聚集生长，有利于浮石-水泥石界面牢固黏结。

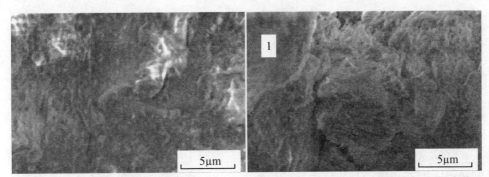

（a）PB 组 90d 石粉 SEM 照片　　　　（b）PB 组 90d 浮石-水泥石界面区水化产物
（a）Scanning electron microscope (SEM)　（b）Hydrate of pumice-cement in ITZ for Group PB of
photographs after 90d　　　　　limestone powder for Group PB after 90d

图 9-9　PB 浮石-水泥石界面 SEM 照片

Fig.9-9　SEM Photograph of pumice-cement for Group PB

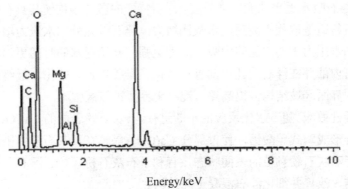

图 9-10　石灰石粉 EDS 分析

Fig.9-10　Energy dispersive spectrometer analysis of limestone powder

9.6　石粉石粉对浮石混凝土作用机理和规律分析

通过研究石灰石粉掺量对浮石混凝土抗压强度和劈裂抗拉强度的影响，并借助扫描电镜观察分析混凝土微观结构，可以表明，石灰石粉对浮石混凝土的作用机理和规律主要体现在以下几点：

（1）加速效应。石灰石粉可充当 $Ca(OH)_2$ 和 C-S-H 的成核基体，降低成核位垒，加速水化反应，主要表现为：当 C_3S 开始水化时，释放出大量 Ca^{2+} 离子，根据吸附理论，当 Ca^{2+} 离子迁移到 $CaCO_3$ 表面时，首先发生 $CaCO_3$ 对 Ca^{2+} 离子的物理吸附作用，这种吸附必然导致 C_3S 周围的 Ca^{2+} 离子浓度降低，从而使 C_3S

水化加速；而 $CaCO_3$ 对 Ca^{2+} 离子的吸附作用必然导致 $CaCO_3$ 附近 $Ca(OH)_2$ 晶体和 C-S-H 凝胶优先析晶，成核速率加快。

（2）晶核效应。加入石灰石粉后，大量石灰石粉微晶核均匀分散在水泥石中，为水化反应的进行提供充裕空间，改善水化产物的尺寸和空间分布，使 $Ca(OH)_2$ 晶体和 AFt 均匀交织形成立体框架结构，水泥石结构更为均匀致密，浮石混凝土趋向于均匀连续的整体结构，显著改善浮石-水泥石界面过渡区结构。

（3）微集料填充效应。石灰石粉在浮石混凝土中的填充效应主要表现为石灰石粉对水泥石和界面过渡区中孔隙的填充作用，减小孔隙率和孔径直径，改善孔结构。加入石灰石粉后，由于石灰石粉的粒径很小，能与水泥熟料形成良好的级配，石灰石粉微细颗粒填充在水泥颗粒和浮石-水泥石界面的空隙之间，改善了胶凝材料的级配和混凝土孔结构，提高了水泥石基体和浮石-水泥石界面过渡区的密实度。

（4）浮石吸水返水性能增强效应。浮石特殊的微孔结构使其具有吸水返水性能，石灰石粉适量取代水泥后，水灰比增大，浮石微孔外部水压力增强，而浮石在水灰比和水压力大的水泥浆中吸水能力更强，开始返水的时间更迟，大量水泥浆渗入浮石内部并在浮石微孔内部进行水化、凝胶生长、硬化，最终形成相互嵌入、致密的界面区域结构，提高浮石混凝土界面过渡区强度。

（5）活性效应。随着水化反应的不断进行，石灰石粉表面的 $CaCO_3$ 与 $Ca(OH)_2$ 晶体相结合形成碱式碳酸钙，使大部分 $Ca(OH)_2$ 晶体在石灰石粉周围均匀细化生长，改善了石灰石粉颗粒的表面状态，有利于石灰石粉颗粒、浮石和水化产物间的牢固黏结，改善并细化浮石混凝土孔结构。

综合上述分析可知，石灰石粉在浮石混凝土中的作用机理主要包括：加速效应、晶核效应、微集料填充效应、浮石吸水返水性能增强效应和活性效应。在水化早期以加速效应、晶核效应、微集料填充效应和浮石吸水返水性能增强效应为主，而在水化后期则以活性效应和填充效应为主。

9.7　小结

（1）内掺 10%石灰石粉可显著提高浮石混凝土抗压强度，在 3d、7d、14d、28d、60d、90d 时分别提高 17.5%、18.7%、16.3%、9.0%、4.9%、4.7%，强度提高幅度随龄期增长呈现出先增加后降低最终趋于平稳的趋势。

（2）内掺 20%石灰石粉时仅 3d 和 7d 抗压强度有所提高，分别提高 6.5%和 1.1%；当石灰石粉掺量超过 20%后，浮石混凝土各龄期抗压强度均明显下降，且随掺量增加下降幅度越来越大。

（3）石灰石粉掺量对浮石混凝土劈裂抗拉强度的影响与其对抗压强度的影响类似。石灰石粉对浮石混凝土早期抗压强度的贡献要比劈裂抗拉强度大，而后期贡献基本相同。

（4）借助于浮石特有的微孔结构，内掺10%石灰石粉可有效增强浮石吸水返水性能，形成致密均匀的浮石-水泥石界面过渡区结构。

（5）石灰石粉在浮石混凝土中的作用机理主要包括：加速效应、晶核效应、微集料填充效应、浮石吸水返水性能增强效应和活性效应。活性效应主要发生在水化后期，石灰石粉表面的$CaCO_3$与$Ca(OH)_2$晶体相结合形成片层状碱式碳酸钙。

第十章 应力损伤轻骨料混凝土抗冻融性能试验研究

10.1 概述

轻骨料混凝土因具有轻质高强、耐久性好、综合技术经济效益好等特点，在国外建筑与水利工程领域已得到广泛应用[56,57]。混凝土结构物在服役期间可能由于意外撞击、地震等荷载作用而引起不同程度的应力损伤，内部微裂纹的存在会严重影响其抗冻融性能，缩短使用寿命。近年来，我国地震等自然灾害频发，根据灾变后混凝土结构物内部受损伤程度，预测其抗冻融性能并对受损部位进行加固处理，可延长抗冻使用寿命，减少经济损失。因此，研究应力损伤轻骨料混凝土的抗冻融性能，对灾变后轻骨料混凝土结构物的耐久性评估、寿命预测以及加固维修等具有重要的指导意义。Wenting Li 等[58]用残余应变表征混凝土受损程度，研究弯曲荷载对混凝土抗冻性能的影响，指出双荷载作用下受冻混凝土应变比未受冻状态下高。陈有亮等[59]对含宏观裂纹混凝土冻融的力学性能进行研究，得出在评价混凝土的抗冻融性能时，必须考虑到结构现有的损伤。慕儒等[60]对外荷载和冻融循环双因素作用下混凝土的损伤演变规律进行研究，指出双因素耦合作用下混凝土的劣化速率明显快于冻融循环单一因素作用下混凝土的劣化进程。本章以相对动弹性模量和质量变化率为评价指标，并借助扫描电镜分析冻融前后混凝土微结构特征，研究具有初始应力损伤的轻骨料混凝土的抗冻融性能，阐明应力损伤对轻骨料混凝土抗冻融性能的影响机理，建立包含应力损伤和冻融损伤的轻骨料混凝土力学损伤演化方程[61]。

10.2 试验设计

试验采用 40mm×40mm×160mm 轻骨料混凝土棱柱体试件，配合比为：m（水泥）:m（水）:m（砂）:m（浮石）:m（引气减水剂）=450:180:730:530:9。标准条件下养护至 28d 后，用磨抛机将试件棱角进行打磨，防止加载过程中产生应力集中，取其中 3 块测其棱柱体抗压强度以获得预制应力损伤时的荷载控制指标，其平均值为26.8MPa（未修正尺寸效应）。加载前，利用超声波检测仪获得试件初始波速，以便进行损伤度划分。根据损伤力学相关理论[62]，可根据式（10-1）利用超声波波速定义损伤度。利用万能试验机对试件进行纵、横向反复加载以预制初始应力损伤，荷载控制范围不超过棱柱体抗压强度的70%，每隔2~3个加载过程测试试件波速，通过调整加载次数和荷载大小使试件的损伤度分别为 0、0.05、0.12、0.19 和 0.27，各组试件均为 3 块，试件容许误差为±0.01。

$$D^{(1)} = 1 - \frac{v_n^2}{v_0^2} \qquad (10-1)$$

式中：$D^{(1)}$ 为试件在冻融循环前气干状态下的损伤度；v_0、v_n 分别为试件预制损伤前、后气干状态下的波速，km/s。

冻融循环试验按照《普通混凝土长期性能和耐久性能试验方法标准》（GB/T 50082-2009）中"快冻法"进行。试验开始前将各组试件置于 15~20℃的清水中浸泡 4d，测定其湿润状态下的初始波速和质量；然后放入快速冻融试验机内进行冻融循环试验，每隔 25 次冻融循环后测试其湿润状态下的超声波波速和质量。当相对动弹性模量下降至 60%或质量损失率达 5%时，可视轻骨料混凝土已破坏。

10.3　试验结果与分析

10.3.1　相对动弹性模量

相对动弹性模量可反映混凝土内部微裂纹展开状况，其变化规律可表征轻骨料混凝土冻融损伤程度。图 10-1 为各损伤度下轻骨料混凝土试件相对动弹性模量随冻融循环次数变化的关系曲线。由图可知：各损伤度下轻骨料混凝土的相对动弹性模量随冻融循环次数增加均呈降低趋势。冻融循环次数相同时，损伤度越大的轻骨料混凝土其相对动弹性模量越小；损伤度为 0.05 的轻骨料混凝土相对动弹性模量下降速率与基准组（损伤度为 0）轻骨料混凝土相比略有下降；损伤度为0.12、0.19 和 0.27 的轻骨料混凝土相对动弹性模量下降速率明显高于基准组及损伤度为 0.05 的轻骨料混凝土，且随损伤度增加下降速率明显提高；150 次冻融循环时，损伤度为 0.27 的应力损伤轻骨料混凝土相对动弹性模量仅为 56.3%，冻融损伤严重。由此可知：初始应力损伤会加速轻骨料混凝土冻融损伤的发展，当损伤度为 0.05 时，轻骨料混凝土抗冻融性能较基准组略有下降，基本可忽略应力损伤对轻骨料混凝土抗冻融性能的影响；当损伤度大于 0.05 时，轻骨料混凝土抗冻融性能明显劣化，冻融损伤程度显著提高。

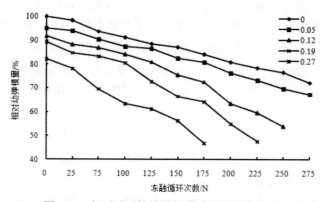

图 10-1　相对动弹性模量与冻融循环次数的关系

Fig.10-1　Relationship between relative dynamic modulus of elasticity and number of freeze-thaw cycles

10.3.2　质量损失率及破坏形态

质量损失率可从一定程度上表征初始应力损伤对轻骨料混凝土抗冻融性能的影响。图 10-2 为各损伤度下轻骨料混凝土质量损失率与冻融循环次数的关系。由图可知：各损伤度下轻骨料混凝土在 75 次冻融循环前试件质量均略有增加，原因在于：浮石轻骨料具有特殊的微孔结构，孔隙率大，根据 Powers T.C.的静水压力理论[60]，在正负温交替循环的环境下，负温时浮石微孔中部分孔溶液结冰膨胀迫使未结冰孔溶液向孔外迁移，从而将浮石微孔内空气排出，正温时外部水溶液趁机进入微孔，循环往复，浮石微孔内的空气逐渐被水溶液替代，从而使轻骨料混凝土质量有所增加。与基准组轻骨料混凝土类似，具有初始应力损伤的轻骨料混凝土在 175 次冻融循环前其质量减小缓慢；175 次后损伤度为 0.12、0.19 和 0.27 的轻骨料混凝土质量减小速率明显加快，且相同冻融循环次数下，损伤度越大的轻骨料混凝土质量损失越严重。与图 10-1 对比，在冻融循环进行到 225 次时，损伤度为 0.12、0.19 和 0.27 的轻骨料混凝土的质量变化率均不超过 5%，而此时损伤度为 0.12 和 0.19 的轻骨料混凝土的相对动弹性模量为 59.6%和 47.4%，已降至 60%以下，损伤度为 0.27 的轻骨料混凝土的相对动弹性模量因出现严重裂纹而无法测出。由此可知，对于应力损伤轻骨料混凝土抗冻融性能而言，质量变化率在一定程度上并不是试件破坏的控制因素。

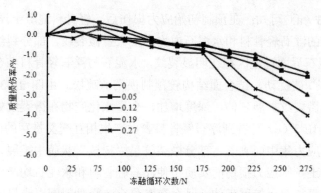

图 10-2　质量损失率与冻融循环次数的关系

Fig.10-2　Relationship between mass loss rate and number of freeze-thaw cycles

10.3.3　微结构特征分析

图 10-3 为预制损伤后损伤度为 0.27 的轻骨料混凝土利用 QUANTA FEG650 型场发射环境扫描电子显微镜拍摄的电镜照片。

（a）浮石-水泥石界面区微观形貌

（b）水泥石微观形貌

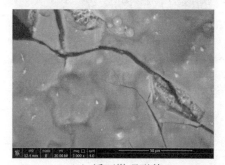

（c）浮石微观形貌

图 10-3　损伤度为 0.27 的轻骨料混凝土 SEM 照片

Fig.10-3　SEM photos of lightweight aggregate concrete with damage degree of 0.27

由图 10-3（a）可知：在预制初始应力损伤后，轻骨料混凝土浮石-水泥石界面过渡区两侧的浮石轻骨料和水泥石内均产生大量微裂纹，部分裂纹相互交错贯穿；浮石-水泥石界面过渡区存在明显裂纹，水泥石与浮石轻骨料结合面处形成的"嵌套"结构[88]被扰动，结合面结构较预制损伤前疏松。由图 10-3（b）可清晰看到水泥石中微裂纹扩展延伸，深度增加，少量水化产物在微裂纹处从水泥石基体上剥落。图 10-3（c）可看到浮石轻骨料表面产生相互交叉贯穿的微裂纹，裂纹交汇处浮石因应力集中而剥落，部分微裂纹呈"树枝"状萌生扩展。由此可知：对轻骨料混凝土预制应力损伤的实质是使浮石轻骨料和水泥石均产生微裂纹，内部微裂纹随反复加载而扩展延伸，甚至交叉贯穿，轻骨料混凝土界面结构被扰动导致疏松开裂，从而引起宏观性能的劣化。

为进一步研究应力损伤轻骨料混凝土抗冻融性能，揭示其机理，有必要对其冻融后内部微观结构进行分析。图 10-4、图 10-5、图 10-6 分别为损伤度为 0、0.12、0.27 的轻骨料混凝土 275 次冻融循环后的 SEM 照片。

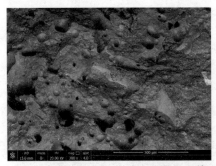

（a）浮石-水泥石界面过渡区微观形貌　　　　　　（b）水泥石微观形貌

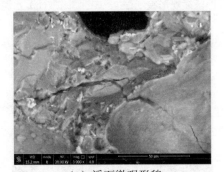

（c）浮石微观形貌

图 10-4　损伤度为 0 的轻骨料混凝土冻融后的 SEM 照片

Fig.10-4　SEM photos of lightweight aggregate concrete with damage degree of 0 after freeze-thaw cycles

（a）浮石-水泥石界面过渡区微观形貌　　　　（b）水泥石微观形貌

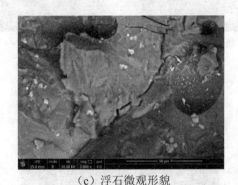

（c）浮石微观形貌

图 10-5　损伤度为 0.12 的轻骨料混凝土冻融后的 SEM 照片

Fig.10-5　SEM photos of lightweight aggregate concrete with damage degree of 0.12 after freeze-thaw cycles

在无初始应力损伤时（图 10-4），轻骨料混凝土经 275 次冻融循环后在浮石-水泥石界面过渡区仅产生少量尺寸较小的微裂纹，裂纹分布均匀分散且不交叉贯穿，水泥石与浮石轻骨料仍相互"嵌套"形成整体结构；水化产物之间结合较为紧密，结构密实，仅微裂纹周围的水化产物呈轻微絮状，少量水化产物从水泥石基体剥落，剥落物在基体上均匀分布；浮石轻骨料表面也产生微裂纹，裂纹会贯穿浮石微孔，浮石表面几乎无剥落。随着初始应力损伤增加至 0.12（图 10-5），浮石-水泥石界面过渡区微裂纹较基准组明显增多，尺寸增大，裂纹在局部集中且相互交叉贯穿，浮石-水泥石结合面有明显裂纹但不相互贯通，"嵌套"结构局部被扰动；水化产物之间结合较为疏松，呈轻微絮状，有较多水化产物在裂缝处从水泥石基体上剥落；浮石轻骨料表面裂纹相互贯穿并呈"树枝"状萌生扩展，裂缝交汇处浮石表面剥落严重。当初始应力损伤达到 0.27 时（图 10-6），浮石-水泥石界面过渡区微裂纹密集分布且相互交叉贯穿，浮石-水泥石结合面裂纹完全贯通，"嵌套"结构被破坏；水泥石区域的微裂纹宽度和深度显著增加，水化产物之间结合疏松，呈明显絮状；浮石轻骨料表面微裂纹呈"沟壑"状，裂缝交汇处浮石表面剥落严重，剥落物酥碎。

（a）浮石-水泥石界面过渡区微观形貌　　　　（b）水泥石微观形貌

（c）浮石微观形貌

图 10-6　损伤度为 0.27 的轻骨料混凝土冻融后的 SEM 照片

Fig.10-6　SEM photos of lightweight aggregate concrete with damage degree of 0.27 after freeze-thaw cycles

10.3.4　冻融损伤机理分析

混凝土的冻融损伤是由混凝土孔溶液冻结，在混凝土内部产生内应力直接作用于孔结构产生的，导致混凝土内部产生不可逆的微裂纹损伤。外荷载反复作用会使轻骨料混凝土产生大量初始微裂纹，内部微孔隙和界面结构遭到一定程度破坏，即产生初始应力损伤。在冻融循环条件下，内应力反复作用于轻骨料混凝土，使轻骨料混凝土内部初始微裂纹不断扩展、累积，新微裂纹不断萌生，新旧裂纹互相交叉贯穿，局部内应力集中导致轻骨料混凝土在浮石轻骨料和水泥石表面均发生剥落，从而加速轻骨料混凝土冻融损伤演化进程。综上所述，轻骨料混凝土的抗冻融性能随着初始应力损伤的增加而明显劣化，具体表现为：在冻融循环过程中，随着损伤度的增加，轻骨料混凝土的内部微裂纹发育数量显著增加，裂纹尺寸增大，沿宽度和深度延伸，并在延伸过程中萌生出新裂纹，新旧裂纹相互交错贯通，最终导致轻骨料混凝土表面剥落，"嵌套"结构被破坏，最终表现为相对动弹性模量和质量损失率随损伤度增加而增加。

10.3.5 冻融损伤演化过程分析

Powers T.C.的静水压力理论[63]认为，混凝土在冻融循环作用下内部产生的静水压力是三向均匀的拉应力。轻骨料混凝土作为一种不均匀的脆性材料，在三向均匀拉应力的作用下，最终破坏发生在最薄弱截面，与单向拉伸破坏类似。因此，可用单向拉伸模型近似模拟应力损伤轻骨料混凝土在内部静水压力作用下的冻融损伤情况[64]。由于轻骨料混凝土的受冻损害一般在内部均匀产生，不产生单向受拉那样的局部化损伤和主裂缝，故将 Loland 混凝土单向受拉损伤演化模型[65]进行修正，去除损伤局部化部分，修正后的 Loland 模型[66]如下：

$$D = D_\sigma + C\varepsilon^\beta \qquad (10-2)$$

其中：$\beta = \dfrac{\lambda - \dfrac{E_t}{E_0}}{1 - D_\sigma - \lambda}$，$C = \dfrac{1 - D_\sigma - \lambda}{\varepsilon_t^\beta}$，$\lambda = \dfrac{\sigma_t}{E_0 \cdot \varepsilon_t}$，$\sigma_t = \sigma\big|_{\varepsilon=\varepsilon_t}$

式中：D_σ—轻骨料混凝土在湿润状态下的初始应力损伤；ε_t—轻骨料混凝土在发生损伤局部化之前的最大应变，取应力为抗拉强度80%时的应变；E_0、E_t—轻骨料混凝土的初始弹性模量和应变为ε_t时的切线模量。

将式（10-2）两边对时间 t 求导，然后再在一个冻融循环周期内对其进行积分，最后分别对冻融循环次数 n 和 D 积分并经过简化处理，得经过 n 次冻融后混凝土的力学损伤为：

$$D_n^{(2)} = 1 - \left[(1-D_\sigma)^a - bn\right]^{\frac{1}{a}} \qquad (10-3)$$

式中：$D_n^{(2)}$—力学损伤变量，代表轻骨料混凝土经历 n 次冻融循环后的损伤度；a、b—待定回归系数。

为描述应力损伤轻骨料混凝土冻融损伤演变进程，特定义[95]：

$$D_n^{(2)} = 1 - E_{rd,n} \qquad (10-4)$$

式中：E_{rd}—试件冻融后的相对动弹性模量，代表试件的残余性能，即未损伤部分，$D_n^{(2)}$ 和 $E_{rd,n}$ 之和代表轻骨料混凝土的本体性能。

综上，可对 $D_n^{(2)}$ 采用式（10-3）利用 MATLAB 进行回归分析，拟合出的冻融损伤演化方程如式（10-5）所示，相关系数 R^2 为：0.937。

$$D_n^{(2)} = 1 - \left[(1 - D_\sigma)^{2.509} - 0.0022n \right]^{\frac{1}{2.509}} \qquad （10\text{-}5）$$

应力损伤轻骨料混凝土冻融过程中的力学损伤由初始应力损伤和冻融损伤两部分构成[85]，结合式（10-5）可得：

$$D_n^f = (1 - D_\sigma) - \left[(1 - D_\sigma)^{2.509} - 0.0022n \right]^{\frac{1}{2.509}} \qquad （10\text{-}6）$$

式中：D_n^f——轻骨料混凝土经历 n 次冻融循环后的冻融损伤。由式（10-6）可知，初始应力损伤 D_σ 的存在加速了轻骨料混凝土冻融损伤 D_n^f，且 D_σ 值越大，冻融损伤越严重，这与前述试验结果一致。

利用 MATLAB 绘制冻融损伤演化方程（式（10-5））图像，并与试验数值进行比较，结果见图 10-7。由图可知，各组混凝土试件的力学损伤变量拟合值与试验数据之间的平均绝对误差均小于 0.03，平均相对误差均低于 11%，试验数据与拟合值吻合较好，可为灾变后轻骨料混凝土的抗冻融性能预测及维护加固提供理论依据。

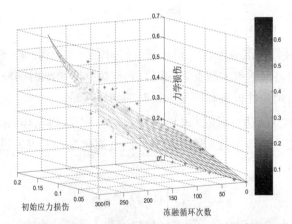

图 10-7　轻骨料混凝土力学损伤变量拟合值与试验数据的对比

Fig.10-7　The comparison between the fitted values and experimental results of mechanical damage variance of lightweight aggregate concrete

10.4　小结

（1）初始应力损伤会加速轻骨料混凝土冻融损伤的发展。当损伤度为 0.05 时，轻骨料混凝土抗冻融性能较基准组略有下降，基本可忽略应力损伤对轻骨料混凝土抗冻融性能的影响；当损伤度大于 0.05 时，轻骨料混凝土抗冻融性能明显劣化，冻融损伤程度显著提高。

（2）预制应力损伤的实质是使轻骨料混凝土内部产生初始微裂纹，初始微裂纹随冻融循环而扩展延伸并萌生发展出新裂纹，新旧裂纹相互交叉贯穿，导致浮石轻骨料和水泥石表层剥落，水泥石与浮石轻骨料结合面处形成的"嵌套"结构被扰动甚至破坏，混凝土整体结构疏松，从而引起宏观性能的劣化。

（3）通过对轻骨料混凝土冻融损伤演化过程的分析，以 Loland 混凝土损伤模型为基础建立包含初始应力损伤和冻融损伤的力学损伤演化方程，方程拟合值和试验值吻合良好，可为灾变后轻骨料混凝土的抗冻融性能预测及维护加固提供理论依据。

第十一章　石粉和粉煤灰双掺对轻骨料混凝土力学性能的影响研究

天然浮石是一种多孔玻璃质火山喷出岩,内蒙古地区可利用的火山资源丰富,分布广泛,蕴藏着大量的天然浮石,使得天然轻骨料原料丰富。与普通混凝土相比,轻骨料混凝土抗冻性较好,在北方严寒地区可以应用[41],尤其是在常年处于水中的桥梁墩台中得到广泛应用。随着施工工艺的不断改进,连续不间断的施工技术已很成熟,泵送混凝土的需求量愈来愈大。但是由于轻骨料孔隙率大、吸水率高、饱和性太大,满足不了泵送混凝土高坍落度的要求,对在工程中的应用带来了一定的阻力。石粉和粉煤灰具有填充和包裹作用,可以一定程度上减小轻骨料的孔隙率,从而改善其和易性及抗压强度,对工程上的应用带来了一定的参考价值和意义。

国内外对石粉的研究,大部分是在普通混凝土中掺入石粉代替细集料,由于轻骨料的应用时间比较短,所以有关石粉和粉煤灰双掺对轻骨料混凝土的力学性能研究尚且不足。本文以石粉代替部分河砂,研究不同掺量石粉和20%粉煤灰对轻骨料混凝土的和易性、抗压强度、抗折强度和轴心抗压强度的影响,并从微观角度进行分析[27,45]。

11.1　概况及试验结果

试验设计见第三章内容。本次试验采用 LC40 强度等级,粉煤灰掺量为 20%的轻骨料混凝土作为基准混凝土,石粉掺量分别为 0%、10%、20%、30%、40%、50%(砂的质量分数),对应试件标号为 PO、PA、PB、PC、PD、PE。轻骨料混凝土的配合比见表 11-1。

按照试验标准,对轻骨料混凝土 3d、7d、14d、21d、28d 不同龄期的立方体抗压强度进行测定,并养护至 28d,对试件进行抗折强度测定以及棱柱体抗压强度测定 (f_c),试验结果见表 11-2。

表 11-1 石粉轻骨料混凝土配合比

Table 11-1 Powder lightweight aggregate concrete proportions　　　unit：kg/m³

组别	水泥	水	轻骨料	砂子	粉煤灰	石粉	减水剂
PO	400	180	634	690	100	0	15
PA	400	180	634	621	100	69	15
PB	400	180	634	552	100	138	15
PC	400	180	634	483	100	207	15
PD	400	180	634	414	100	276	15
PE	400	180	634	345	100	345	15

表 11-2 双掺石粉、粉煤灰轻骨料混凝土试验结果

Table 11-2 Double doped powder, fly ash lightweight aggregate concrete test results

编号	3d	7d	14d	21d	28d	抗折强度	f_c
PO（0%）	30.51	32.42	35.89	44	46.78	4.56	37.6
PA（10%）	31.16	37.27	39.05	44.12	46.95	5.27	38.8
PB（20%）	31.58	37.49	40.24	44.72	48.8	5.45	39.2
PC（30%）	34.95	38.32	44.97	46.33	51.49	5.70	43.95
PD（40%）	31.79	35.87	41.47	44.34	49.95	5.10	41.2
PE（50%）	24.36	30.9	33.2	41.23	46.77	4.75	39.19

图 11-1 和图 11-2 为浮石轻骨料混凝土在做完立方体抗压试验后取样，并结合能谱分析（Energy Dispersive X-ray Analysis，EDXA），进行成分扫描得到的各主要元素的面分布图。

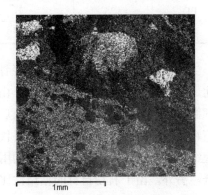

图 11-1　Ca 元素面分布图　　　　图 11-2　Si 元素面分布图
Fig.11-1　Images of Ca elements distribution　　Fig.11-2　Images of Si elements distribution

11.2　石粉对轻骨料混凝土基本力学性能试验研究（含早期）

11.2.1　石粉对轻骨料混凝土和易性能的影响

由表 11-3 所示石粉轻骨料混凝土的和易性可见，随着石粉掺量的增大，轻骨料混凝土的坍落度呈现先增大后减小的趋势。当石粉掺量由 10%增加到 30%，轻骨料混凝土的坍落度分别增加了 55mm，70mm，50mm。在轻骨料中掺入一定量的石粉（本试验为≤30%），试验材料在搅拌机中搅拌的过程中，石粉粒径较小，起到了滚珠的作用，且砂子有部分被石粉代替，则砂子之间的摩擦力减小了，改善了轻骨料混凝土的和易性。进一步完善了孔隙之间的填充，并且使得石粉、水泥和粉煤灰三相之间更容易形成填充效应，同时可以改善轻骨料混凝土的孔隙特征，改善浆体-集料截面结构，使其孔隙减少，则孔隙内的水量降低，自由水增加，所以拌和物浆体流动性变大，坍落度增加。

表 11-3　石粉轻骨料混凝土的和易性
Table 11-3　Powder light aggregate concrete workability

编号	坍落度/mm	和易性		
		黏聚性	离析情况	泌水性
PO	185	差	严重	严重
PA	240	一般	轻微	轻微
PB	255	好	无	无
PC	235	好	无	无
PD	125	好	无	无
PE	85	好	无	无

当石粉掺量为 40%，50%时，轻骨料混凝土的坍落度明显降低，与未掺石粉相比，分别降低了 60mm，100mm。由于石粉颗粒多棱角、表面粗糙，并且颗粒内部微裂缝较多，当过多的石粉掺入后，石粉的以上缺点将显露出来。同时，因为石粉比表面积高于河砂，较大的替代率增加混凝土中粉状颗粒含量，这些都将增大细集料的总比表面积，从而增加用水量，导致轻骨料混凝土的坍落度大幅度降低。另外，由于石粉自身的粘结性比较大，过多石粉的掺入增加了轻骨料混凝土拌合物的黏聚性，致使轻骨料混凝土的坍落度降低，从而使得混凝土没有发生离析泌水现象。

11.2.2　石粉对轻骨料混凝土抗压强度的影响

分析图 11-3 所示不同掺量石粉的抗压强度与龄期关系，从这六条曲线的发展趋势中可以得到：随着养护龄期的增加，混凝土的抗压强度发育总体呈现线性增加的趋势。随着石粉的掺入，轻骨料混凝土的强度均得到了一定程度的提高，并且石粉掺量 30%的抗压强度始终保持最大值，但增加的幅度比较小，相对提高约14.55%，18.20%，25.30%，5.30%，10.10%。当石粉掺量低于 30%时，随着石粉的增加，抗压强度随之增加。这是因为石粉颗粒不仅可以填充轻骨料孔隙，也可以填充轻骨料-水泥石界面的空隙，从而提高轻骨料混凝土的密实度，使结构致密，改善了混凝土的强度。当石粉掺量大于 30%时，抗压强度则有所降低，这是由于石粉颗粒粒径相比河砂小，过多的石粉掺入，则细集料中粗颗粒的含量相对偏少，使得轻骨料混凝土的级配不合理、细骨料作用减弱，从而减弱了轻骨料混凝土的骨架支撑作用，造成抗压强度降低。

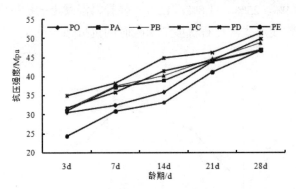

图 11-3　不同掺量石粉的抗压强度与龄期关系

Fig.11-3　Different proportion of compressive strength and the relationship between ages

根据图 11-4 所示石粉掺量与轻骨料混凝土抗压强度的关系分析，轻骨料混凝土在 3d、7d、28d 各个龄期的发育趋势基本相同，都是随着石粉掺量的增加呈现抛物线的形式，先增加后减小。随着石粉的掺入，轻骨料混凝土的早期强度增长幅度较大，3d 抗压强度增长幅度最为显著，其次是 7d 抗压强度，增加幅度相对平缓。在不同龄期可明显看到石粉掺量大于 30%时，轻骨料混凝土立方体抗压强度呈现下降趋势。从试验结果及图 11-3 中可以看到，石粉的掺入对轻骨料混凝土的早期力学性能影响最大，可以有效提高其早期力学性能，主要原因可以归纳为：石粉的掺入可以加速 C_3S 的水化作用[49]。轻骨料混凝土强度大小主要是由水泥石的强度决定的，而 C_3S 又是水泥石强度的主要决定因素。所以石粉的掺入可以提高轻骨料混凝土的早期力学性能。

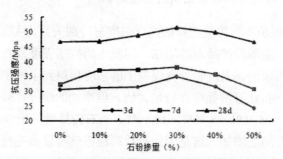

图 11-4　石粉掺量与抗压强度的关系

Fig.11-4　Limestone mixed quantity and compressive strength of the relationship

11.2.3　石粉对轻骨料混凝土抗折强度的影响

根据图 11-5 所示，掺入石粉试件的抗折强度相对未掺石粉的抗折强度分别提高了 15.5%，19.4%，25%，11.8%，4.2%。轻骨料混凝土的抗折强度随着石粉掺量的增加呈现抛物线形式，且石粉掺量 30%时的抗折强度最大，与抗压强度的影响规律基本一致。

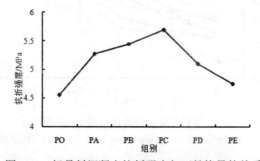

图 11-5　轻骨料混凝土抗折强度与石粉掺量的关系

Fig.11-5　The relationship between lightweight aggregate concrete flexural strength and the dosage of limestone powder

轻骨料混凝土抗折并非只沿骨料与水泥砂浆界面破坏，在试验过程中可以明显地看到断裂面处轻骨料呈 90°左右的剪切破坏。这与普通混凝土不同，轻骨料混凝土抗折破坏是先将水泥石破坏，当水泥石不足以承担压力后，由于轻骨料本身的强度较低，所以在外界压力作用下，骨料也被剪切破坏。当石粉掺量小于 30%时，由于石粉对骨料与水泥石的改善，随着石粉掺量的增加，轻骨料混凝土的抗折强度也增加；但是当石粉掺量大于 30%时，过多的石粉反而降低了水泥石的强度和轻骨料与水泥砂浆过渡区的黏结性能，从而降低了轻骨料混凝土的抗折强度。

11.2.4 石粉对轻骨料混凝土轴心抗压强度的影响

由于棱柱体比立方体试件能更好地反映混凝土柱体的实际抗压能力，因此，f_c 是结构混凝土最基本的强度指标。图 11-6 中石粉轻骨料混凝土的 f_c 与 f_{cu} 基本相同，都是随着掺量的增加呈现先增加后减小趋势。同时可以发现，两者之间有一定的线性关系。在掺量小于 30% 时，$f_c/f_{cu}(\alpha)$ 为 0.84～0.86 之间；掺量大于 30% 时，α 稍微降低，在 0.80～0.82 之间。总体都比普通混凝土（0.76）高，主要是因为轻骨料的孔隙率大，材质疏脆并且强度较低，所以在轴向荷载作用下，轻骨料混凝土横向较易变形，变形量比普通混凝土大，说明轻骨料混凝土的横向约束比普通混凝土的弱，具体表现为轴心抗压强度的数值与立方体抗压强度的数值相差不多，则轻骨料混凝土的 f_c/f_{cu} 值较普通混凝土略大[41]。其原因最终应该源于轻骨料本身的物理性质。但由于石粉的掺入使得轻骨料孔隙得到一定的改善，并且石粉起到了骨料的粘结作用，使得横向约束作用略增大，从而造成了 α 减小。

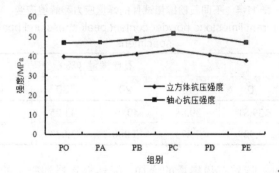

图 11-6　轻骨料混凝土 f_c、f_{cu} 与石粉掺量的关系

Fig.11-6　The relationship between lightweight aggregate concrete f_c、f_{cu} and the dosage of limestone powder

11.3　石粉轻骨料混凝土应力应变-本构关系

11.3.1　应力-应变曲线

通过试验测试试件的轴向荷载和轴向变形，根据公式（11-1）计算出轻骨料混凝土的应力-应变全曲线，如图 11-7 所示。根据各组的应力-应变曲线可以得出

各自的峰值应力和峰值应变，具体见表 11-4。

$$\sigma = \frac{N}{A}; \quad \varepsilon = \frac{\Delta L}{L} \tag{11-1}$$

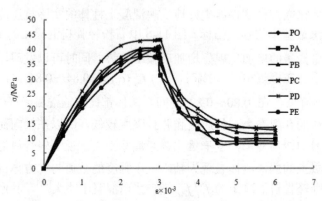

图 11-7　不同石粉掺量轻骨料混凝土的应力-应变曲线

Fig.11-7　Different limestone powder content of lightweight aggregate concrete stress-strain curve

表 11-4　不同石粉掺量试件的峰值应力和峰值应变

Table 11-4　Different limestone powder content peak stress and peak strain of the specimens

项	石粉掺量（%）					
	0	10	20	30	40	50
应力峰值/Mpa	39.81	39.88	40.99	43.25	40.46	37.65
应变峰值×10³	2.929	2.873	3.000	3.023	3	2.962

　　由表 11-4 可见，随着石粉掺量的增加，天然轻骨料混凝土的棱柱体抗压强度总体上有略为增大的趋势；只是在 40%和 50%掺量时，石粉的增加使得天然轻骨料混凝土的强度有减小的趋势，出现这种情况与石粉及混凝土内部机理有关，由于石粉在破碎过程中造成颗粒多棱角、表面粗糙，使得其吸水率较大。本次试验各组试件水胶比是相同的，用水量是相同的，在混凝土的搅拌过程中，由于掺入的石粉吸水率比较大，随着掺量的增加，试件的吸水性相应增大，且吸水过程比较快，在轻骨料混凝土硬化之前就吸收水分，相当于降低了水胶比。实际上，水胶比降低会导致混凝土强度增大[67]，从这个角度上分析，随着石粉掺量的增加，天然浮石轻骨料混凝土的强度会有所提高。但过多的石粉掺入会影响水泥胶凝体与骨料之间的黏结力，从而降低两者之间的黏结性能，同时过多的石粉掺入会造成混凝土内部的微裂缝增多，使得在受力过程中，内部裂缝扩展较大，造成轻骨

料混凝土的强度降低。从黏结性能和内部裂缝扩展角度两方面分析，随着石粉掺量的增大，石粉轻骨料混凝土的强度应降低。对于用水量相同的石粉天然轻骨料混凝土，有利和不利因素相互同时作用于混凝土，当有利大于不利因素时，强度表现为增大，当有利小于不利因素时，强度表现为降低。当两者作用效果相当时，强度变化不大。

相对于 PO 组，不同石粉掺量试件的峰值应力值对应的峰值应变值呈现先减小后增大的趋势。当石粉掺量为 10%时，石粉天然轻骨料混凝土的峰值应变值稍低于未掺石粉的天然轻骨料混凝土。这与石粉的掺量有直接的关系，因为石粉的粒径小于砂子，石粉的掺入增大了胶凝材料的含量，而随着胶凝材料的增大，试件的峰值应变有所增大[97]，所以随着石粉替代率的增大，峰值应变有所增大。但是石粉本身的缺陷，造成轻骨料混凝土的内部裂缝相对增多，在破坏过程中加速混凝土的破坏，导致峰值应变减小。有利的一面和不利的一面同时在轻骨料混凝土中作用，当有利的一面起主要作用时，表现为峰值应变增大；当不利的一面起主要作用时，表现为峰值应变减小。从本次试验来看，石粉掺量 10%时，不利的一面起主要作用，石粉掺量≥20%时，有利的一面占优势。

11.3.2　无量纲化应力-应变全过程曲线

将试验测得的应力-应变曲线的横坐标以 $\varepsilon/\varepsilon_c$（$\varepsilon_c$ 为应力峰值对应的应变）表示，纵坐标以 σ/σ_c 表示（σ_c 为应力峰值），即得出无量纲化应力-应变曲线，如图 11-8 所示。

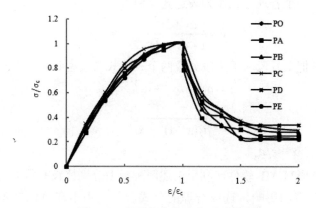

图 11-8　无量纲化的应力-应变曲线
Fig.11-8　Dimensionless stress-strain curve

从图 11-8 中可以看出，不同石粉掺量的轻骨料混凝土应力-应变曲线形状大致相同，都是由上升段和下降段组成。与 PO 组相比，石粉天然轻骨料混凝土的应力-应变曲线形状相似，都有弹性阶段、弹塑性阶段、峰值点、下降阶段、反弯点。在上升阶段，各组的曲线基本一致，峰值点的应变值也相差不大。但是在下降阶段，石粉掺量 10%及 50%，下降曲线相对 PO 组比较陡，说明掺入石粉会使轻骨料混凝土内部存在较大的损伤缺陷。

从图 11-8 中可以看出，随着石粉掺量的增加，曲线上升段的斜率呈现先增大后减小的趋势，表明弹性模量先增大后减小。这是由于适量的石粉可以适当提高水泥石基体应变的能力，过多的石粉掺入则会起到抑制作用。因为强度的大小是决定下降段形状的最重要因素[98]，随着石粉掺量的增加，天然轻骨料混凝土的强度变化幅度不是太大，所以在下降段的速率相差不太明显。

11.3.3　石粉轻骨料混凝的本构方程

从图 11-8 无量纲化应力-应变曲线中可以看出，轻骨料混凝土的应力-应变曲线与普通混凝土的形状基本一致。普通混凝土的应力-应变曲线的表达式相对比较成熟，并且提出了多种方程公式表达：文献[68]提出多项式作为表达式，文献[69]提出指数式作为表达式，文献[70]提出三角函数作为表达式，文献[71]提出有理分式作为表达式。这些表达式中对于应力-应变曲线，有的是给出一个统一公式，有的是分段给出两个表达式。其中以过镇海[72]给出的分段表达式较简单且适用性较大。轻骨料混凝土的应力-应变曲线跟普通混凝土的表达式基本相似，国内外对轻骨料混凝土应力-应变曲线的描述，基本上也是分成两类情况[27]。

第一类是以一个有理分式作为表达式（模型Ⅰ）：

$$y = \frac{ax + bx^2}{1 + cx + dx^2} \qquad (11-2)$$

第二类则是把上升段和下降段分成两个表达式（模型Ⅱ）：

$$y = a_1 x + bx^2 + cx^3 \qquad (11-3)$$

$$y = \frac{x}{a_2(x-1)^2 + x} \qquad (11-4)$$

式中：$y = \sigma/\sigma_c$，$x = \varepsilon/\varepsilon_c$。

本文采用 MATLAB 软件，利用上述两种模型分别比较石粉对天然浮石轻骨料混凝土本构关系的影响，选取合理的公式表示。由于在 MATLAB 软件中，resnorm 越小，表示拟合精度越高。先对所有组进行曲线拟合对比，得出的结果见表 11-5，可以看出对于本试验，模型Ⅰ更能精确地表达其应力应变全曲线。对各个石粉掺量的天然轻骨料混凝土进行曲线拟合，拟合后的各个系数见表 11-6。

表 11-5　模型 I 和模型 II 的对比
Table 11-5　The contrast of model I and model II

	模型 I	模型 I 拟合上升段	模型 I 拟合下降段	模型 II 拟合上升段	模型 II 拟合下降段
resnorm 值	0.8139	0.0230	0.1311	0.0223	0.9652

表 11-6　各组运用模型 I 得到的系数
Table 11-6　The coefficient of each group using mode I

	a	B	c	d	resnorm 值
PO	0.9270	-0.3617	-1.8094	1.5255	0.1188
PA	0.9579	-0.3333	-1.8588	1.6797	0.1467
PB	1.1018	-0.3501	-1.7123	1.6653	0.1155
PC	1.3222	-0.4274	-1.5441	1.6208	0.0679
PD	1.1853	-0.3420	-1.6043	1.6268	0.0980
PE	0.9620	-0.3976	-1.7038	1.3936	0.1084

11.4　石粉轻骨料微观结构形态分析

轻骨料混凝土的微观结构特征是反映其力学性能的直接因素。因此探讨微观结构特点有助于分析石粉颗粒对轻骨料混凝土的作用机理，本文对 PO、PA、PB、PC、PD、PE 组进行了扫描电镜（SEM）分析试验。

从图 11-9（PO 组 28 天 SEM 照片）未掺石粉的 SEM 照片可以看出，在 28d 龄期时，颗粒表面和周围有水化产物，但是颗粒仍清晰可见，砂颗粒周围有明显的孔隙，所以颗粒之间的黏结力相对较小，结构整体相对比较松散。

图 11-9　PO 组 28 天 SEM 照片
Table 11-9　PO group 28 days of SEM

从图 11-10（PA 组 28 天 SEM 照片）掺入 10%石粉的 SEM 照片可以看出，相对于图 11-9（未掺石粉），基本上没有颗粒，并且与未掺石粉的 SEM 照片对比，可以看出混凝土的结构变得较为密实，颗粒之间的孔隙基本已被大的胶凝物质填充，改善了水泥石之间的过渡界面，对强度的提高有积极作用，这也与前面的强度结果试验相符合。

图 11-10　PA 组 28 天 SEM 照片

Table 11-10　PA group 28 days of SEM

从图 11-11（PB 组 28 天 SEM 照片）石粉掺量 20%的 SEM 照片分析，可以观察到生成的胶凝材料相比 PA 组更加密实，生成的数量更多，更加完善了水泥石的过渡界面。与 PA 组相比，SEM 照片上显示与力学的基本性能相符。

图 11-11　PB 组 28 天 SEM 照片

Table 11-11　PB group 28 days of SEM

从图 11-12（PC 组 28 天 SEM 照片）石粉掺量 30%的 SEM 照片分析，可以明显地看出混凝土的结构更为密实，颗粒之间的孔隙基本已被胶凝物质充填。水泥石的水化产物生成板状结晶，并且成为牢固连生的结晶聚集体，改善了水泥石之间的过渡界面；并且大量的结晶体成为密集的毡状堆积物，从而提高了黏结强度，有利于界面的黏结，对过渡区也有增强作用。这与前面的强度试验相符合，即掺入一定量石粉的轻骨料混凝土强度有所增加。

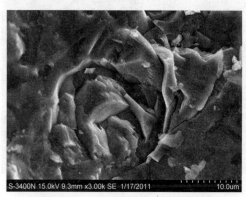

图 11-12　PC 组 28 天 SEM 照片
Table 11-12　PC group 28 days of SEM

从图 11-13（PD 组 28 天 SEM 照片）石粉掺量 40% 的 SEM 照片分析，可以观察到仍然有胶凝材料生成，但是有少量的颗粒及少量的纤维状水化产物生成，对轻骨料混凝土的强度起到反面作用，所以强度有所降低。石粉掺量超过 30% 后，对强度开始有负面的作用。相对 PC 组的 SEM 照片，颗粒及纤维状水化产物生成的较多，负面作用更大，强度降低的更多。

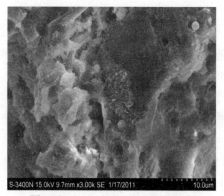

图 11-13　PD 组 28 天 SEM 照片
Table 11-13　PD group 28 days of SEM

从图 11-14（PE 组 28 天 SEM 照片）石粉掺量 50% 的 SEM 照片分析，可以看到混凝土结构密实度下降，虽然生成了胶凝物，但并没有将颗粒之间的孔隙填满，仍然存在比较多的孔隙，孔隙率相对有所升高，对轻骨料混凝土的强度有负作用。并且还可以看到颗粒之间有大量的纤维状水化产物，但是在轻骨料混凝土中乱向分布密度过大，形成了空间网络"空包"形式，所以对强度起到负效应。

图 11-14　PE 组 28 天 SEM 照片
Table 11-14　PE group 28 days of SEM

因此从微观结构角度出发，石粉掺量≤30%时，石粉的 SEM 照片上显示生成的胶凝材料随着石粉掺量的增加而增加，且颗粒之间的孔隙也逐渐缩小，这与前面的力学性能一致。石粉掺量过高时，生成的纤维状水化物增多，使得混凝土内部密实度降低，所以其力学性能也减小了，这也与前面的试验结果相符。

11.5　小结

（1）当石粉掺量小于 30%时，轻骨料混凝土的坍落度明显增大。石粉掺量大于30%时，坍落度随着石粉的增加而减少，大量的石粉可以改善轻骨料混凝土的黏聚性、保水性和泌水性，但是坍落度明显降低。

（2）石粉对轻骨料混凝土的早期抗压强度有较大的影响。石粉掺入 30%时，抗压强度始终保持为最大值，当掺量小于 30%，抗压强度随着掺量增加而增加；当掺量大于 30%时，抗压强度随着掺量增加而减小。

（3）石粉对轻骨料混凝土抗折强度的影响与对抗压强度的影响规律基本相似，掺量 30%为分界值，小于 30%的掺量与抗折强度成正比，大于 30%的掺量与抗折强度成反比。石粉掺量 30%的抗折强度比未掺提高 25%。

（4）随着石粉的掺入，轻骨料混凝土 f_c / f_{cu} 比值降低。

第十二章　石粉轻骨料混凝土在盐渍溶液中 抗冻性能的试验研究

从第三章和第四章可以得到以下结论：石粉替代河砂在早期能够显著提高早期强度；粉煤灰替代水泥掺量的20%左右，可以提高轻骨料混凝土的后期强度及工程性能。但对于双掺石粉、粉煤灰轻骨料混凝土的抗冻性的研究却比较少。

我国北方寒冷地区冬季比较长，气温较低，所以对水工建筑物的抗冻性要求比较高。水工建筑物要承受冻融循环以及侵蚀作用的双重因素影响，目前的研究一般是在清水、3%NaCl、5%Na$_2$SO$_4$溶液中进行，距实际环境中的溶液成分还是有较大的差异。本文采用的冻融溶液——盐渍溶液是根据试验以及参考资料选取出河套灌区中离子的最大含量配出的溶液。这样能较好地对双掺石粉、粉煤灰的轻骨料混凝土的抗冻性、盐蚀现象进行研究，对河套灌区的水工建筑物的轻骨料混凝土的使用具有一定的参考价值[28]。

12.1　冻融循环的试验设计

寒冷地区混凝土的抗冻性是评价混凝土耐久性能的主要指标，所以本文利用轻骨料混凝土在盐渍溶液的冻融循环进行抗冻性的测定。盐渍溶液的配制：由于实地取水样，有偶然性，不能代表河套灌区的水质，所以参考实地考察测量及文献，配制混合溶液，PH：属于中性-弱碱性，其中Cl$^-$含量：17.7～9571.5mg/L；HCO$_3^-$含量：137.3～1296.7mg/L；SO$_4^{2-}$含量：0.34～2136.00mg/L。则：

$$NaCl\ 含量：\frac{58}{35}\times(17.7\sim9571.5)=29.33\sim15861mg/L；$$

$$NaHCO_3 含量：\frac{84}{61}\times(137.3\sim1296.7)=189\sim1768mg/L；$$

$$MgSO_4 含量：\frac{120}{96}\times(0.34\sim2136)=0.425\sim2670mg/L。$$

试验设计按照本书第三章。冻融循环结束后，首先将试件烘干称重，并进行抗压强度测定，利用公式（3-8）、公式（3-9）计算质量损失率和强度损失率；再利用武汉岩海超声检测分析仪对试件进行超声波速的测定。

12.2 石粉轻骨料混凝土抗冻性试验

12.2.1 石粉轻骨料混凝土冻融循环后的试验结果

在盐渍冻融溶液中经历 25、50、75、100 次冻融循环试验后，粉煤灰掺量 20% 的轻骨料混凝土、石粉掺量 10%、20%、30%、40%、50%的轻骨料混凝土，其强度、质量损失情况的试验结果见表 12-1 至表 12-4。

表 12-1 冻融循环 25 次后的试验结果
Table 12-1 After 25 cycles of frost thawing test results

编号	石粉	25 次盐渍溶液中冻融后试验结果		
	掺量	质量损失率（%）	抗压强度/MPa	相对弹性模量
PO	0	-1.31	30.68	95
PA	10%	-1.74	48.64	97
PB	20%	-1.57	51.3	96
PC	30%	-1.13	53.58	97
PD	40%	-1.38	45.29	96
PE	50%	-1.00	39.71	95

表 12-2 冻融循环 50 次后的试验结果
Table 12-2 After 50 cycles of frost thawing test results

编号	石粉	50 次盐渍溶液中冻融后试验结果		
	掺量	质量损失率（%）	抗压强度/MPa	相对弹性模量
PO	0	2.87	15.34	23
PA	10%	1.24	43.935	74
PB	20%	1.57	46.43	84
PC	30%	1.01	49.97	94
PD	40%	1.50	41.015	72
PE	50%	1.63	37.605	63

表 12-3　冻融循环 75 次后的试验结果
Table 12-3　After 75 cycles of frost thawing test results

编号	石粉	75 次盐渍溶液中冻融后试验结果		
	掺量	质量损失率（%）	抗压强度/MPa	相对弹性模量
PO	0	—		
PA	10%	2.48	39.545	69
PB	20%	2.61	41.525	80
PC	30%	2.27	48.925	89
PD	40%	2.75	37.12	44
PE	50%	3.51	35.53	43

表 12-4　冻融循环 100 次后的试验结果
Table 12-4　After 100 cycles of frost thawing test results

编号	石粉	100 次盐渍溶液中冻融后试验结果		
	掺量	质量损失率（%）	抗压强度/MPa	相对弹性模量
PO	0	—	—	—
PA	10%	2.85	35.545	40
PB	20%	3.13	37.525	45
PC	30%	2.52	47.12	55
PD	40%	3.25	35.855	23
PE	50%	4.26	31.73	18

12.2.2　河套灌区溶液对冻融循环过程中抗压强度损伤的影响

根据图 12-1 所示冻融循环后强度关系，可以看出：随冻融次数增加，强度总体趋于下降，且基准混凝土组（PO 组）在 50 次时，强度下降达 67%，同时冻融循环从 0～25 次、25～50 次，强度损失速率最快，试件没有达到冻融循环 75 次，已被破坏。这主要是由于轻骨料孔隙率大的特点，对混凝土的作用存在两面性。不利方面如下：

（1）孔隙含水量较高，水结成冰使得混凝土体积膨胀，反复冻胀使混凝土内部产生裂缝，致使冰体膨胀过程中产生的拉力超过混凝土的抗拉强度，使得裂缝进一步扩展，同时促进了混凝土的吸水率，进而加剧了冻融破坏，这一恶性循环进一步加剧混凝土的破坏。

（2）轻骨料孔隙率大，在冻融循环条件下，周围覆盖着含 Cl^-、Mg^{2+}、SO_4^{2+}、

Na$^+$等离子的溶液。在循环过程中，混凝土孔隙内部的空气被排出，则部分混合溶液被吸入混凝土内部，由于混凝土内部混合溶液浓度较低，根据离子的游离平衡原理，混合溶液会逐渐由浓度高的部分向浓度低的部分游离，所以基准组混凝土内部的盐浓度相对为较大值，导致基准混凝土内部孔隙中的盐溶液饱和度增长最快，致使基准混凝土破坏最严重。

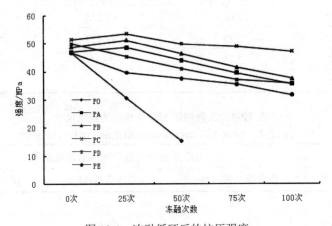

图 12-1　冻融循环后的抗压强度

Fig.12-1　After the freeze-thaw cycle the compressive strength

（3）经过反复冻融，混合溶液中的盐离子与水泥发生水化反应，产生腐蚀产物，加剧了抗压强度的损失。有利方面：①粉煤灰以及产生的水化硅酸钙 C-S-H 胶凝物能够填充轻骨料的孔隙，使孔隙略微减少；②盐溶液使得冰点降低。但在本试验的条件下，轻骨料物理性能对冻融条件下混凝土的不利作用更加突出。

石粉掺量≤30%，混凝土在冻融循环 25 次时，抗压强度略微增加，原因在于：一方面，随着适量石粉的掺入，与粉煤灰共同作用，颗粒包裹着轻骨料，不仅可以填充轻骨料的孔隙，也可以填充水泥石-轻骨料的空隙，提高了混凝土的密实度，使结构致密，从而在冻融循环过程中，一定程度上阻止了混合溶液中的破坏离子进入混凝土孔隙中；另一方面，粉煤灰的二次水化反应是在 14 天以后发生，所以随着养护龄期的递增，二次水化逐渐反应，生成了较多的 C-S-H 凝胶，改善了混凝土的界面结构；再者，通过能谱图（Ca 元素面分布图）可以明显观察到 Ca 元素，这与石粉的化学成分主要为 CaO 和 CaCO$_3$ 相符，由于长时间在水中浸泡，有足够的水使得所有的 CaO 反应生成 Ca(OH)$_2$，则混凝土内部密实度升高。在镁盐的侵蚀下，生成的 Ca(OH)$_2$ 使混凝土内部密实度升高，与 MgCl$_2$ 反应降低，使得 CaCl$_2$ 和 Mg(OH)$_2$ 较少，Ca^{2+} 流失减小；在硫酸盐的侵蚀下，轻骨料混凝土中会生成部分钙矾石和石膏体[73]，填充轻骨料及水泥石的孔隙，密实度稍微提高。以上三点使得掺入适量的石粉轻骨料混凝土抗压强度略微增大。

但石粉掺量＞30%时，抗压强度在冻融循环 25 次并没有增加，而是随着冻融循环次数的增加逐渐降低。原因在于，过多石粉的掺入，使得混凝土级配不合理，细骨料相互填充效应有所减弱，进而削弱了混凝土的骨架的支撑作用，从而使得在冻融循环过程中，混合溶液较易进入混凝土内部，充满混凝土内部各个部位，冻胀以及冰融化温度升高相互作用，使得混凝土溶液在内部各个角落共同产生拉应力；石粉掺量过多，Ca(OH)$_2$ 产生过多，使得镁盐侵蚀的化学反应加剧，Ca^{2+} 流失增加；过多的石粉在硫酸盐的侵蚀下，可导致碳硫硅钙石反应[73]，造成体积膨胀。故导致混凝土随着循环次数的增加，抗压强度损失增加。

12.2.3　河套灌区溶液对冻融循环过程中质量损伤的过程

质量损失率是冻融前烘干试件的质量与冻融后烘干试件的质量损失量与冻融前烘干试件的质量百分比。从图 12-2 中可以看出在冻融循环 25 次时，试件质量都略有增加，一是因为轻骨料孔隙率大，混合溶液覆盖在试件表面，随着温度的逐渐升高、降低相互交替循环，会逐渐将混凝土孔隙内空气排出，混合溶液向孔隙中流入；二是因为冻融循环时间较短，破坏性反应还未完全进行，破坏反应较少，其形成的破坏拉力还未超过混凝土本身的强度，因此未出现掉渣现象；三是，在冻融循环之前应将试件浸泡在溶液中直至试件的质量保持不变后才能进行冻融循环试验，但是有可能在浸泡过程中补水不足，使得在冻融循环过程中，冻融溶液通过轻骨料混凝土的孔隙继续渗入混凝土内部，从而使得混凝土质量有所增加。

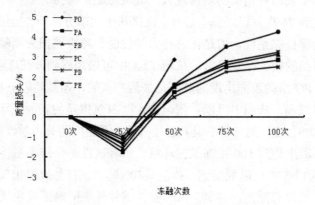

图 12-2　冻融循环后的质量损失率
Fig.12-2　Mass loss after freeze-thaw cycles

质量损失主要是由于混凝土试件表面的浆体层被破坏，表面浆体剥落引起的细小的砂粒或者浆体颗粒脱离试件表面。从图 12-2 中可以看到，随着冻融次数的增加，质量损失逐渐增加。PO 组的质量损失始终是最严重的，随着石粉的掺入，轻骨料混凝土冻融后质量损失总体出现下降趋势：石粉掺量≤30%时，质量损失越来越小；石粉掺量>30%时，质量损失有所增加，但相对 PO 组，损失还是有所减小。一方面，由于石粉的颗粒不仅可以包裹轻骨料的孔隙，还可以填充水泥颗粒之间的孔隙，这样可提高轻骨料混凝土的密实度；另一方面，石粉的掺入可以生成较多的 $Ca(OH)_2$，使混凝土内部密实度升高，且通过能谱分析图（Si 元素面分布图）可以看到含有 Si 元素，这与石粉中含有少量的 SiO_2 相符，SiO_2 具有较高的活性，使水泥水化相对较充分。这两方面都可以改善轻骨料混凝土冻融后的质量损失。

随着冻融次数的增加，在试验过程中可以观察到，PC 组试件剥落最轻，PO 组未达到 75 次，试件表面变疏，造成粗骨料外露，中间部位及四个棱角处剥落最严重，并有粗骨料剥落，试件最后从中间断裂；PD 组、PE 组则是表面变疏，有砂粒及浆体剥落。试件表面的剥落情况与实际得出的强度和质量损失相符。

12.2.4 石粉轻骨料混凝土的冻融后破坏形式

石粉轻骨料混凝土经过了多次冻融循环破坏，虽然石粉的掺入对轻骨料混凝土的破坏有一定的抑制作用，但经历冻融循环作用后，对轻骨料混凝土的质量、力学性能都起到了损害作用。

不同掺量下的石粉轻骨料混凝土在经历多次冻融循环试验后，掺入石粉的轻骨料混凝土除了表面有稍微的剥落现象，其表面还是保持完整性，但是未掺石粉的基准组未达到 75 次就已经完全破坏，直接从中间部分冻断。虽然掺入石粉的轻骨料混凝土仍保持完整性，但是在进行力学性能和超声波损失测验的时候，还是能够发现其内部的损失比较严重。从图 12-3 中可以观察到，在冻融 25 次后，与基准组对比，PO 组的表面出现的麻面是最为严重的，但是随着石粉掺量的增加，表面损失相对减弱。从图中可以看到，20%和 30%掺量的表面破坏现象最小。冻融未达到 75 次时，PO 组（基准组）已经破坏，不能检测其力学性能，见图 12-4。石粉轻骨料混凝土达到 100 次冻融循环后，所有试件都保持完整性，见图 12-5。从图 12-4、图 12-5 中可以观察到：掺量≤30%时，试件外表面出现的麻面相对较少，基本上骨料没有露出；掺量>30%时，试件外表面麻面现象比较严重，甚至骨料露出，破坏试验中期力学性能下降幅度很大。可知试件的破坏现象与前面的质量损失、抗压强度损失、相对动弹模量相符。

（a）PO 组冻融 25 次

（b）PA 组冻融 25 次

（c）PB 组冻融 25 次

（d）PC 组冻融 25 次

图 12-3　石粉轻骨料混凝土冻融 25 次后的形态

Fig.12-3　The form of limestone powder lightweight aggregate concrete after 25 freeze-thaw cycles

（e）PD 组冻融 25 次

（f）PE 组冻融 25 次

图 12-3　石粉轻骨料混凝土冻融 25 次后的形态（续图）

Fig.12-3　The form of limestone powder lightweight aggregate concrete after 25 freeze-thaw cycles

（a）PO 组冻融 75 次

（b）PA 组冻融 75 次

图 12-4　石粉轻骨料混凝土冻融 75 次后的形态

Fig.12-4　The form of limestone powder lightweight aggregate concrete after 75 freeze-thaw cycles

（c）PB 组冻融 75 次

（d）PC 组冻融 75 次

（e）PD 组冻融 75 次

（f）PE 组冻融 75 次

图 12-4　石粉轻骨料混凝土冻融 75 次后的形态（续图）

Fig.12-4　The form of limestone powder lightweight aggregate concrete after 75 freeze-thaw cycles

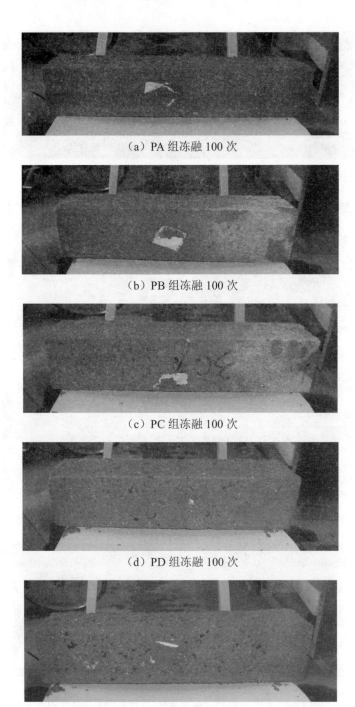

（a）PA 组冻融 100 次

（b）PB 组冻融 100 次

（c）PC 组冻融 100 次

（d）PD 组冻融 100 次

（e）PE 组冻融 100 次

图 12-5　石粉轻骨料混凝土冻融 100 次后的形态

Fig.12-5　The form of limestone powder lightweight aggregate concrete after 100 freeze-thaw cycles

总结，通过对粉煤灰轻骨料混凝土、双掺石粉粉煤灰轻骨料混凝土的冻融循环试验对比，双掺石粉粉煤灰轻骨料混凝土在增强力学性能及抗冻性能方面还是存在很大的优势。从室内试验看来，针对北方严寒地区的水工建筑物，采用双掺石粉粉煤灰轻骨料混凝土，能够有效地抵抗盐渍溶液的冻融循环，满足结构的工作性能及环境要求。

12.3　石粉轻骨料混凝土冻融损伤机理分析

混凝土在水中经历冻融循环后，内部易产生冻胀力，使得混凝土内部产生裂缝，大量冻融溶液更易进入混凝土内部。本节采用的冻融溶液为河套灌区的盐渍溶液，含有大量的化学物质，这些物质对混凝土可能起到负面作用，从而对混凝土产生破坏作用。因此为了更好地了解化学反应机理及冻融损伤机理，本试验通过溶液的化学成分进行化学机理分析，并且通过超声波探测仪进行冻融损伤测试，进一步分析说明轻骨料混凝土在盐渍溶液下的冻融损失机理。

目前，国内外对混凝土抗冻性能进行研究的冻融溶液，一般是在清水、$3\%NaCl$、$5\%Na_2SO_4$ 溶液中，距实际环境中的溶液成分有较大的差异，与冻融实际环境下的岩石损伤扩展探讨以及混凝土的寿命预测有一定的偏差。本文则是结合试验以及参考资料选取出河套灌区中离子的最大含量配出的冻融溶液，对石粉轻骨料混凝土在盐渍冻融溶液中冻融循环的化学反应机理及冻融损失机理进行分析。

12.3.1　化学反应机理

根据河套灌区水、土离子的特点配制盐渍溶液，在此环境下进行冻融循环试验，主要是研究 Cl^-、Mg^{2+}、SO_4^{2+}、Na^+ 等化学物质对混凝土的腐蚀作用，并且通过能谱图可知掺入石粉的轻骨料混凝土中含有较多的 Ca 元素及 Si 元素。因此可以冻融溶液及石粉的元素含量为前提分三个方面进行分析：

首先，是镁盐对混凝土的侵蚀，化学式如下：

$$MgCl_2 + Ca(OH)_2 \rightarrow CaCl_2 + Mg(OH)_2$$

石粉主要成分为 CaO 和 $CaCO_3$，随着石粉的增加，其中 CaO 形成的 $Ca(OH)_2$ 增加，则混凝土内部密实度升高，使得 $Ca(OH)_2$ 与 $MgCl_2$ 反应降低，形成的 $CaCl_2$ 和 $Mg(OH)_2$ 较少。适量的石粉使得混凝土中的 Ca^{2+} 流失较小，强度和质量损失率相对较低；过多的石粉掺量，虽然形成的 $Ca(OH)_2$ 增多，但吸收更多的 Mg^{2+} 促进化学反应，造成大量 Ca^{2+} 流失，对抗压强度和质量损失的影响较大。对于没有掺入石粉的基准组，存在的 $Ca(OH)_2$ 几乎全与 Mg^{2+} 反应，Ca^{2+} 基本全部流失，所以强度、质量以及动弹模量损失率最大。

其次，是硫酸盐的侵蚀，化学反应如下：

$$Ca(OH)_2 + MgSO_4 + 2H_2O \rightarrow CaSO_4 \cdot 2H_2O + Mg(OH)_2$$

$$Na_2SO_4 + CaSO_4 \cdot 10H_2O \rightarrow CaSO_4 \cdot 2H_2O + 2NaOH + 8H_2O$$

硫酸盐的侵蚀过程中的主要产物是石膏（$CaSO_4 \cdot 2H_2O$），石膏继续与水化铝酸三钙反应，使得混凝土内部部分低硫型水化硫铝酸钙转化为高硫型水化硫铝酸钙，即

$$CaSO_4 \cdot 2H_2O + 3CaO \cdot Al_2O_3 \cdot CaSO_4 \cdot 12H_2O \rightarrow 3CaO \cdot Al_2O_3 \cdot CaSO_4 \cdot 31H_2O$$

适量石粉的掺入，生成石膏和高硫型水化硫铝酸钙（钙矾石）能增加混凝土的密实度，降低混凝土的质量损失率，虽然在侵蚀过程中使得体积膨胀，但石膏反应生成高硫型水化硫铝酸钙还不足以形成较大的膨胀力，使得混凝土开裂破坏。

在硫酸盐中，钙矾石转变为碳硫硅钙石的必要条件是混凝土中存在足够的 Si^{4+} 以及 CO_3^{2-}，由于石粉的主要化学物质是 CaO 和 $CaCO_3$，过多的石粉掺入，会有大量的 CO_3^{2-} 存在；轻骨料及粉煤灰中主要成分是 SiO_2，混凝土内部还有大量的 Si^{4+} 存在，满足碳硫硅钙石的反应条件。碳硫硅钙石的生成不仅使得 Ca^{2+} 大量流失，而且还会使部分 C-S-H 凝胶体分解，同时 Mg^{2+} 会进入水化硅酸钙胶凝物质中，二者同时作用，使水泥石的胶结性能变差，导致混凝土无粘性，表面剥落。

第三，是氯盐对冻融条件的影响：有利的一面，盐溶液可使混凝土孔隙中的冰点降低；不利的一面，虽然轻骨料混凝土的多孔结构使得吸收混合溶液速度较快，但相对混凝土表层的溶液浓度依然很低，所以会在低温冰结过程中，表层混凝土中的水结成冰，多孔结构及其毛细孔共同作用又将试块内部混凝土中没凝结的水汇集过来，从而导致混凝土表层的腐蚀较为严重。

根据河套灌区实际环境，在冻融循环过程中，氯盐、硫酸盐、镁盐的侵蚀共同作用、相互影响产生不利的效果，使得混凝土累计损伤，发生化学反应，加剧了混凝土的力学性能的劣化。冻融循环导致混凝土的抗渗性能下降，使得氯盐、硫酸盐、镁盐更溶液进入混凝土内部，腐蚀加剧，从而使得抗压强度和质量下降；硫酸盐使混凝土内部膨胀，会产生更多的裂缝；镁盐则使水泥石的胶结性能变差，导致混凝土强度降低，裂缝加剧，进一步使得冻融破坏加剧，强度下降速率更快。总之，由于氯盐、硫酸盐、镁盐的化学侵蚀起到主导作用，使得混凝土力学性能劣化加剧。

12.3.2 混凝土冻融循环损伤

混凝土冻融循环损伤是指混凝土在冻融循环作用后，其混凝土内部产生的损失。混凝土结构经过冻融循环后，其内部会出现损失，为了更好地了解混凝土结构的损失随时间的变化规律，预防其危险性，可以利用损失测试法来测试其损失规律，为混凝土结构的工程应用及安全稳定性校核、寿命预测提供理论依据。

12.3.3 轻骨料混凝土的损伤试验

对于混凝土的损伤试验，有很多试验方法，根据现有的试验设备，该损失试验有两种测定方法，一种是电测法，但是这种试验方法的随机性误差太大，所以本文没有采用这种试验方法；另一种是超声波探测法。其中超声波探测法可以很好地反应混凝土冻融损失的规律。本试验可采用超声波探测法直接进行安全稳定性校核、寿命预测，所以本文利用超声波探测法对混凝土进行损失试验。

采用武汉岩海超声检测分析仪测定动弹模量，其值与超声波声速具有如下理论关系：

$$E = \frac{2(1+v)^3}{(0.87+1.12v)^2} \rho V_r{}^2 \qquad (12\text{-}1)$$

式中：E－材料的动弹性模量；ρ－材料的密度，v－混凝土的泊松比，V_r－材料的超声波波速。本试验假定经历冻融循环后其材料性质不发生变化并且泊松比保持不变，则混凝土的相对动弹模量 E_r 可表示为：

$$E_r = \frac{E_t}{E_0} = \frac{V_t^2}{V_0^2} \qquad (12\text{-}2)$$

式中：E_0 和 V_0 分别为轻骨料混凝土试验前的初始弹性模量和超声波波速；E_t 和 V_t 分别为混凝土冻融一定次数的动弹模量和超声波波速。

12.3.4 石粉轻骨料混凝土冻融损伤破坏机理分析

根据式（12-2）及表 12-1，表 12-2，表 12-3，表 12-4 可以得出各个组在不同冻融次数下的相对动弹模量。相对弹性模量反映的是混凝土内部微裂缝展开的情况，从图 12-6 中可以观察到，随着冻融循环次数的增加，弹性模量呈现下降趋势，但在冻融循环 25 次时，相对动弹模量下降的速率较小，这是由于轻骨料的孔隙率大，多孔结构在混凝土内部起到了类似"引气"的作用[74]。在早期冻融循环过程中，混凝土通过这些多孔结构吸收溶液的速率大于返水的速率，可以在轻骨料四周形成较宽、致密的界面层，致使弹性模量降低幅度较小；但由于轻骨料的返水率较低，所以在后期的冻融循环过程中，界面层并没有明显的改善，致使混凝土内部裂缝开始增加。

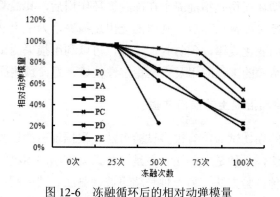

图 12-6　冻融循环后的相对动弹模量

Fig.12-6　The relative dynamic modulus of elasticity after freeze-thaw cycles

　　PO 组的动弹模量下降速率最快，虽然盐溶液可以使冰点降低，但随着水冰的冻融循环的"热胀冷缩"作用，以及硫酸盐、镁盐、氯盐的腐蚀，导致试件内部裂缝增多，最终致使试件从中部破坏。当石粉掺量≤30%时，随着掺量的增加，动弹模量相对下降的较为缓慢，原因如下：适当的石粉掺量在镁盐以及硫酸盐的侵蚀下，轻骨料混凝土中会生成化学物质（$Ca(OH)_2$、钙矾石和石膏体），填充轻骨料及水泥石的孔隙，密实度稍微提高，因此裂缝相对较少，动弹模量相对下降的较小。当石粉掺量＞30%时，可导致碳硫硅钙石反应[73]，造成体积膨胀，表面出现软化和脱落，动弹模量损失较大。

12.4　小结

　　在河套灌区盐渍溶液环境下的冻融循环过程中，冻融盐渍溶液通过渗透压及裂缝进入混凝土内部，与轻骨料混凝土内部的化学成分发生化学反应，可以从力学性能中表现出来。

　　（1）未掺石粉的基准组轻骨料混凝土随着冻融循环次数的增加，抗压强度呈现递减趋势，并且还在未达到 75 次冻融循环时，就已经完全破坏；掺石粉的轻骨料混凝土在冻融 25 次时，抗压强度有所提高；继续冻融，抗压强度随着冻融次数的增加而减小。

　　（2）由于轻骨料的多孔结构，质量损失在冻融 25 次时，都略微有所增加；随着冻融次数的增加，由于溶液的腐蚀性，使得质量损失率逐渐增加。

（3）相对弹性模量随着冻融次数的增加数值递减，反映了轻骨料混凝土内部裂缝逐渐扩展。

（4）石粉掺量≤30%的抗压强度、质量损失以及相对弹性模量减小幅度始终较少；石粉掺量30%在冻融循环试验中为最优掺入量。

（5）在河套灌区环境下的冻融循环，对轻骨料混凝土起主要劣化作用的是：硫酸盐、镁盐对混凝土的双重腐蚀以及氯盐的侵蚀。适量石粉的掺入可以缓解 Cl^-、Mg^{2+}、SO_4^{2+}、Na^+ 等化学物质对混凝土的冻融破坏，主要是由于石粉中的 CaO 可以减缓镁盐和硫酸盐对混凝土的侵蚀；而过量的石粉掺入则促进了镁盐、硫酸盐和氯盐的侵蚀。

第十三章 矿物轻骨料混凝土细观研究初探

混凝土是一种特殊的天然缺陷材料，由级配骨料、水泥、砂浆及孔隙等组成、其内部结构非常复杂，具有多尺度性和独特的物理和力学性质，是一种工程应用相当广泛的不均匀材料。为了研究的方便，学者们往往忽略混凝土的复杂结构，把混凝土材料视为宏观连续体。在此基础上，化繁为简进行混凝土结构分析，这对解决工程问题是非常重要和必要的。但是这种研究模式制约了人们对于混凝土材料在各种静动荷载作用下内部裂纹萌生、扩展、贯通直至宏观裂纹形成乃至失稳破裂过程的研究，也无法反映混凝土断裂过程中表现出来的局部化和应力重分布等特征，更无法准确反映混凝土骨料的集合特征参数（骨料粒形、粒径）、配合比参数和各种掺料等对混凝土或改性混凝土物理力学特性的影响。研究各种空间尺度缺陷对混凝土材料的变形、破坏和稳定性所起的作用，或者作用的大小，是目前混凝土材料研究所面临的最深刻而又最艰难的课题之一。尽管相关领域的研究已取得一些成果，而且国内外很多学者和专家早已注意到这些问题，但受当前研究手段和相关专业的发展不足等主客观条件的制约，这些方面的研究工作开展得还不是很深入。

为了解决以上问题，以细观层次为基础的混凝土数值模拟方法应运而生。这种方法把混凝土看成是由骨料、界面和砂浆组成的非均质复合材料，充分考虑了骨料分布的随机性、材料的非均匀性和各组分之间的相互作用影响，采用力学理论对这类复合材料的试件进行结构分析，研究其承受荷载后的破坏机理，并通过和试验结果进行对比，比较真实地揭示混凝土损伤和微裂缝的发展过程，可以为准确地描述混凝土的宏观力学行为提供有力的依据。

用细观数值方法研究混凝土内部的破坏机理，另一关键是确定组成混凝土的各相材料的力学参数和强度参数，然而由于仪器的测量误差和材料的变异性，用实测参数去计算所得的破坏形式与试验结果往往存在较大的差异，实践中还需要不断地对计算参数和破坏模式进行校核。为此，需要进行与数值模型的几何参数、边界条件和加载过程完全相同的 CT 实时试验，达到数值试验和 CT 试验可以相互验证，以便准确地比较研究试样内部的裂纹演化规律。

最近十几年来，X 射线 CT 试验成为岩石材料细观破裂过程的热点研究课题，其成果主要表现在加载条件的变化方面。由于岩石和混凝土材料密度近似，岩石

CT 理论和图像分析方法均可用来研究混凝土材料的细观结构。X 射线混凝土 CT 试验，即采用医用 CT 或工业 CT 扫描混凝土试件断面获得混凝土 CT 图像，CT 图像上每个点的数据就是 CT 数，其值的大小在 CT 图像上由灰度表示。根据 CT 的物理原理，CT 数与对应的物质密度成正比，图像中亮度高的地方 CT 数值较大，表示该区物质组成成份密度高，暗色的地方 CT 数值较低，表示该区的物质组成成份密度低。混凝土各组份物理密度不同，反映在 CT 图像上各部位的 CT 数（正比于物理密度）也不同，从而形成骨料、砂浆、孔洞等灰度不同的影像图。混凝土试件受力产生细观裂纹后，相应的 CT 图像部位灰度降低（即 CT 数减小），形成线状或环状影像，称之为 CT 尺度裂纹，属于基于 X 射线 CT 分辨率条件下的细观裂纹，这是混凝土 CT 的主要研究对象。这样就可以通过 CT 图像的影像特征分析混凝土细观结构及其受力后结构的变化过程，X 射线 CT 观察混凝土裂纹演化过程的最大优点在于它的无损探测性能和高分辨率。

混凝土是由硬化水泥砂浆胶结的包含骨料的不均匀材料。在荷载作用下混凝土的破坏过程就是裂纹萌生、扩展和贯通的裂纹演化过程。混凝土材料的非线性行为和软化过程在很大程度上与裂纹演化行为有关。党发宁等[1]对单轴压缩条件下混凝土细观破坏过程进行了三维数值模拟，结果表明，细观模型和计算参数的选择都需要根据混凝土试验结果反复验证。从试验角度研究混凝土细观裂纹的演化规律是探索混凝土破坏机理的关键，这在很大程度上依赖于对细观裂纹的观测技术。细观裂纹与宏观裂纹的区别在于，细观裂纹尺度小，从统计演化的程度影响混凝土材料的力学性质，而宏观裂纹尺度大，出现后，混凝土体不能再看作材料而应以结构体对待。基于观测技术和分辨率，细观裂纹观测实际上从两个尺度进行，一种是显微尺度细观裂纹，其数量多、分布广，经常以分布裂纹形式出现，多采用统计规律描述和分析；缺点在于放大倍数大、视域小，只能观察试件表面局部裂纹演化过程。由于裂纹尺度小，难以与数值模拟结果比较。另一种是 X 射线 CT 尺度裂纹，裂纹尺度较显微尺度裂纹大，裂纹数量少，但混凝土 CT 图像仍能显示裂纹萌生的部位、扩展路径、贯通过程、裂纹与骨料砂浆的关系。CT 尺度的细观裂纹能够被发现时，长度与骨料尺度的数量级相当，可以较好地与数值模拟结果比较。

X 射线 CT 观察混凝土裂纹演化过程最大优点在于它的无损探测性能和高分辨率。Morgan 等首次采用医用 CT 对混凝土小试件进行 CT 扫描，获得骨料、砂浆、裂纹清晰的混凝土断面图像，只是图像分辨率和成像速度与当代 CT 设备技术指标相比有较大差距。Buyukozturk 通过对基于 X 射线或 C 射线法的层析法、热红外线法、微波法、声发射法等的对比，发现混凝土 CT 图像内骨料、砂浆、空洞等组分清晰可见，认为 X 射线 CT 是研究混凝土内部结构的有效方法。采用 X 射线 CT 方法，Stock 等研究了硫酸对水泥砂浆的腐蚀作用，Chotard 等研究水泥水化过程中内部结构的变化也取得了较好的效果。Lawer 等采用数字图像关联术（Digital Image Correlation，DIC）分析混凝土表面破裂模式，采用 X 射线 CT 分析三维裂纹内部特征，发现 DIC 对小裂纹的宽度和位置的显示很有效。X 射线 CT 描述大裂纹的形态更成功，能体现裂纹演化过程中内部结构特征的影响，并根据混凝土破裂后的 CT 图像讨论骨料形状、裂纹形状对混凝土强度和韧性的影响。但其缺点是 CT 扫描设备是根据 CT 原理自制的，成像速度非常慢；同时受加载设备尺寸限制，骨料粒径只有 215mm，试样也非常小，高度 3811mm，断面 1217mm×1217mm。并且直接采用灰度 CT 图像分析裂纹演化过程，不易看到裂缝萌生扩展全过程。

虽然 X 射线 CT 在国外研究混凝土的组分和结构研究中应用广泛，但目前国内尚无 X 射线 CT 研究混凝土的报道。原因在于从细观尺度研究混凝土材料力学性质只是最近十几年的热点课题，试验人员注意力仍集中在复杂条件下混凝土宏观力学性质试验；而 CT 属于贵重仪器，专门做混凝土细观破坏试验的 CT 扫描利用率太小。同时，应用 X 射线 CT 观测混凝土破裂过程实际上存在两个问题，一是如何获得裂纹扩展过程的 CT 图像，取决于试验技术和经验，以便决定扫描时机；二是如何从 CT 图像中提取裂纹信息，这取决于对混凝土 CT 图像特征的研究。本章根据单轴压缩条件下混凝土圆柱体试件破坏过程的 CT 图像，分析裂纹出现前后混凝土 CT 图像变化特征，研究混凝土试件 CT 尺度裂纹演化过程与应力应变的关系，探索混凝土屈服和软化的细观机理。

13.1 混凝土细观力学的研究

1894 年国际理论与应用力学协会（IUTAM）在哥本哈根大会上将细观力学确定为"理论与应用力学中振奋人心的新领域之一"。细观力学已被国际力学界确定为当今固体力学领域中最重要的研究方向之一。细观力学是研究材料细观结构对载荷及环境因素的响应、演化和失效机理，以及材料细观结构与宏观力学性能定量关系的一门新兴科学，它是固体力学与材料科学紧密结合的产物。细观力学将连续介质力学的概念与方法直接应用到细观的材料表征体元上，利用多尺度连续介质力学的方法，引入新的内变量，来表征经过某种统计平均处理的细观特征、微观量的概率分布及其演化，通过统计处理使得微细观量与宏观量统一起来，建立能反映材料微细观结构特征和力学行为的材料本构关系。

在过去，人们为了研究上的方便，往往忽略混凝土内部的复杂结构。在对混凝土材料的宏观结构研究中，把混凝土平均化和均匀化为宏观均匀连续体。认为混凝土内部各点具有相同的性质，并以试验结果为基础发展了弹性、弹塑性以及黏弹塑性的混凝土本构关系。一般把室内试验的结构（弹性模量、单轴抗拉强度、单轴抗压强度、三轴强度、泊松比等物理力学指标）认为是混凝土的基本性质，在此基础上进行混凝土结构分析。这种方法对于研究工程问题是非常重要的，可以作为工程设计的依据和参考。但是这种理论模型无法深入了解混凝土在外力作用下其内部微裂纹萌生、扩展及其贯通，直至宏观裂纹形成，导致试样失稳破裂的整个过程，更无法反映混凝土断裂过程中表现出来的局部化和应力重分布等特征。材料的宏观断裂特征必然与其细观的非均匀结构是密切相关的。因此，直接进行材料微、细观结构的模拟对于了解混凝土的宏观破坏机理是非常有用的。

13.1.1 混凝土细观力学的研究方法

细观力学将混凝土看作由骨料、砂浆基质和二者之间的界面组成的三相复合材料。选择适当的混凝土细观结构模型，在细观层次上划分单元。考虑骨料单元、水泥砂浆单元及界面单元材料的力学特性的不同，以较为简单而又基本的破坏准则或损伤模型反映单元刚度的退化，利用数值方法计算模拟混凝土试件的裂缝扩展过程及破坏形态，直观地反映出试件的损伤断裂破坏机理。

细观力学的研究需要将试验、理论分析和数值计算三方面相结合。试验观测结果提供了细观力学的实物性数据和检验判断标准；理论研究总结出细观力学的基本原理和理论模型；数值模拟计算是细观力学不可缺少的有效研究手段。人们可以从细观层次上合理地采用各相介质本构关系，借助计算机的强大运算能力，对混凝土复杂的力学行为进行数值模拟，而且能够避开试验机特性对于试验结果的影响。数值模拟可直观地再现混凝土细观结构损伤和破坏过程。

当前混凝土细观力学数值模拟主要沿着两个方向进行：

（1）将连续介质力学、损伤力学和计算力学相结合去分析细观尺度的变形、损伤和破坏过程，以发展较精确的细观本构关系和模拟细观破坏的物理机制。

（2）基于对细观结构和细观本构关系的认识，将随机分析等理论方法与计算力学相结合去预测材料的宏观性质和本构关系，对混凝土试件的宏观响应进行计算仿真。

13.1.2 细观力学数值模拟研究

细观力学数值模拟，在计算模型合理和混凝土各相材料特性数据足够精确的条件下，可以取代部分试验，而且能够避开试验条件的客观限制和人为因素对其结果的影响。

在二十世纪七、八十年代，Zaitsev.Y.V 和 Wittmann F.H.把混凝土看作非均质复合材料，从细观层次上分析研究了混凝土的结构力学特性和裂缝扩展过程。随着计算技术的发展，在细观层次上利用数值方法直接模拟混凝土试件和结构的裂缝扩展过程及破坏形态，直观地反映出试件的损伤破坏机理引起了广泛的注意。近十几年来，基于混凝土的细观结构，人们提出了许多研究混凝土断裂损伤过程的细观力学模型。最具典型性的细观数值模型有网格模型（Lattice Model）、随机粒子模型（Particle Model）、MH 模型（Micromechanical Model）、随机骨料模型（Random Aggregate Model）及唐春安等人提出的基于弹性损伤本构关系的细观结构模型等，这些模型都用细观层次上的简单本构关系来模拟复杂的宏观断裂过程，也符合科学崇尚简单的原则。

（1）网格模型

以理论物理学为基础发展起来的网格模型是在 40 年前提出的，最初它被用来解释经典的弹性力学问题，使用的网格是规则的三角形网格，网格由杆或者梁单元组成。Schiange 和 Van Mier 最先应用网格模型来模拟混凝土的逐渐破坏过程，该模型假定混凝土为砂浆基质、骨料以及二者之间的过渡层组成的三相复合材料。首先根据一定的骨料粒径分布，随机生成混凝土的骨料结构，然后把规则的三角形网格（三角形的三个边是由杆或者梁单元组成）映射到生成的混凝土骨料结构中，根据三角形的几何位置决定其力学性质参数。对于相同材料，为反映混凝土细观层次的非均匀性，各单元的材料性质假定服从 Weibull 分布或正态分布。每个网格是由杆单元或梁单元组成，杆单元只能传递轴力，梁单元可以传递轴力、剪力和弯矩，所以可以反映比较复杂的受力状态。在模拟混凝土的断裂时，外部荷载是分步施加的，在某个荷载步时，借助于有限元技术可以计算出单元中的应力分布，当某个单元的应力状态不满足给定的强度准则（例如最大拉应力准则）时，认为该单元破坏，将其从网格中剔除（剔除掉单元的位置在计算结果图中显示为裂纹），然后调整整个网格结构，进行进一步的分析，这样就可以模拟混凝土受力后的整个断裂过程，如图 13-1 所示。计算的结果表明，其对该模型的网格依赖性很强。

20 世纪 80 年代后期，该模型再次被理论物理学家提出来，用来计算传导率和进行非均质材料的破坏过程模拟。Chang（2002）在 BeamLattiee（Schlangen，1997）模型基础上，提出梁-颗粒模型。梁-颗粒模型（邢纪波，1995；王泳嘉，1995；Chang，2002）将所研究的介质划分为颗粒单元集合体，相邻颗粒单元采用弹脆性梁单元连接。颗粒单元的运动法则遵循离散单元原理。

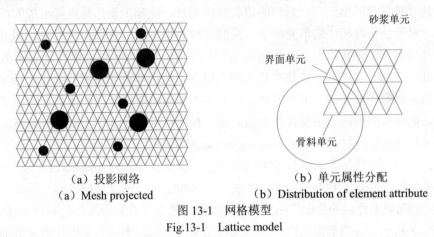

（a）投影网络
（a）Mesh projected

（b）单元属性分配
（b）Distribution of element attribute

图 13-1　网格模型
Fig.13-1　Lattice model

（2）粒子模型

粒子模型最早是由 Cundall 等于 1971 年提出的，用于模拟颗粒复合材料的力学特性。此后，该模型继续发展形成了现在的离散单元模型（Discrete Element Method），Zubelews 等又把该模型应用于具有界面性质材料中微结构变化和裂纹扩展的模拟。随机粒子模型（Random Particle Model）假定混凝土是由基质和骨料组成的二相复合材料，在数值模型中，首先按照混凝土中实际骨料的粒径分布在基质中随机地生成混凝土的非均匀细观结构模型，骨料用一些随机分布的刚性的圆形（或者球体）颗粒来模拟；然后，把混凝土的两个相（基质和骨料）都划分成三角形的绗架单元，对位于不同相中的单元赋予相应的材料力学参数，此时，每个单元是均匀的，只能表征一个相。Cundan 最初假设骨料是刚性的，此后，Bazant 等的随机粒子模型假定基体和骨料都是弹性的，不发生破坏，通过假定颗粒周围的接触层（基体相）具有拉伸应变软化特征来模拟混凝土的断裂过程。该模型假定过渡层只传递颗粒轴向的应力，忽略了基质传递剪切力的能力，当过渡层的应变达到给定的拉伸应变时，其应力-应变曲线按照线性应变软化曲线来表示。对三点弯曲受力状态下裂纹的产生进行了模拟，并研究了试样的尺寸效应问题。

（3）MH 模型（Micromechanical Model）

Mohamed 和 Hansen 提出了类似的微观模型，此模型实际上称为细观数值模型更为确切，因为该模型也是从混凝土的细观结构出发，假定混凝土是砂浆基质（mortar）、骨料（aggregate）和二者之间的界面（interface）组成的三相复合材料，考虑了骨料在基质中分布的随机性以及各相组分的力学性质的随机性，以此为基础进行混凝土的断裂过程模拟。该模型按照混凝土的细观结构（三相结构）把混凝土划分成三角形单元，三角形的边长假定为杆，混凝土看作是由杆组成的框架结构。对于处于每相中的单元赋予对应的材料力学参数（包括弹性模量、强度和断裂能等），每个单元本身是均匀和各向同性的，各单元的材料性质假定服从Weibull 分布或正态分布。该模型认为细观层次上的拉伸破坏是混凝土在该层次上唯一的破裂模式，并借用了在宏观断裂力学中使用的断裂能这一概念，给出了细观单元单轴拉伸破坏时应变软化本构关系，并用有限单元进行了模型的实施。

（4）随机骨料模型（Random Aggregate Model）

在国内，一些学者也进行了类似的研究。清华大学的刘光廷教授提出的随机骨料模型也将混凝土看作是由水泥砂浆、骨料和二者间过渡层构成的三相复合材料。根据混凝土骨料的级配产生了混凝土结构（考虑了骨料分布的随机性），如图13-2（a）所示，并将有限元网格投影到该结构上，根据不同类型单元的位置确定单元的材料特性，用以代表混凝土的三相结构，如图 13-2（b）所示为采用非线性有限元技术模拟单边裂缝受拉试件从损伤到断裂破坏的全过程。宋玉龙基于随机骨料模型模拟计算了单轴抗拉、抗压的各种本构行为，计算了双轴下的强度及劈裂破坏过程，并引入了断裂力学的强度准则，模拟了各种受力状态下混凝土的裂纹扩展。王宗敏利用一种凸多边形骨料模型，按正交异性损伤本构关系，数值模拟了混凝土应变软化与局部化过程。黎保琨等人对碾压混凝土细观损伤断裂进行了研究，模拟了碾压混凝土静力特性及试件尺寸效应。

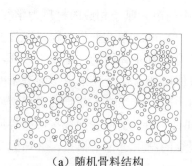
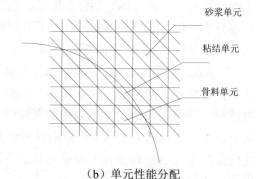

（a）随机骨料结构 （b）单元性能分配
（a）Random aggregate structure （b）Distribution of element attributes

图 13-2　随机骨料模型

Fig.13-2　Random aggregate model

（5）基于弹性损伤本构关系的细观结构模型

唐春安、朱万成等从混凝土的细观结构入手，认为混凝土是由砂浆机制、骨料及它们之间的界面组成的三相复合材料，利用细观力学的研究方法，借助于统计力学和数值计算方法，进行混凝土损伤断裂过程的数值模拟。该模型充分考虑了混凝土材料及其力学性质的非均匀性，使组成材料的细观单元的力学性质满足Weibull 分布。采用弹性损伤本构关系来表达细观单元的力学性质，认为混凝土的应力-应变曲线是由于其受力后的不断损伤引起微裂纹的萌生、扩展、汇合而造成的，而不是塑性变形，尤其是在拉伸应力作用下，其脆性更为明显。按照应变等价原理，受损材料的本构关系可通过无损材料的名义应力得到，即：

$$\varepsilon = \sigma/E = \tilde{\sigma}/E = \sigma/(1-D)E_0 \tag{13-1}$$

或

$$\sigma = E_0(1-D)\varepsilon \tag{13-2}$$

式（13-1）中，E 和 E_0 分别为损伤后的弹性模量和初始弹性模量；D 为损伤变量。$D=0$ 对应无损伤状态；$D=1$ 对应完全损伤（断裂或破坏）状态；$0<D<1$ 对应不同程度的损伤。当细观单元发生破坏，即当 $D=1$ 时，对单元的处理可采用将单元的弹模用一个相对其他单元很小的数代替。该模型较好地模拟了混凝土拉伸、剪切及单轴压缩断裂过程，并模拟混凝土在双轴载荷作用下的强度和断裂特征。

（6）基于图像的有限元模型

岳中琦（2004）等综合数字图像处理理论、几何矢量转换技术与有限元网格自动生成原理，提出了岩土工程材料的数字图像有限元分析方法。该方法以岩土工程材料的图像为研究对象，先采用数字图像算法，根据数字图像中灰色度或别的物理特征值变化对材料内部的不同物质进行分区描述和提取，从而获得材料的真实细观结构和非均匀特征，通过几何矢量转换技术将二元图像的细观结构转换成矢量化的细观结构，然后在矢量化细观结构的基础上生成材料细观结构的有限元网格，并对细观结构进行相应的材料赋值，以反映岩土材料的非均匀性，最后结合传统的有限元数值分析方法，对岩土材料的受力过程进行了数值试验研究。2004 年岳中琦对花岗岩试件横截面图像采样进行灰色度处理后，用上述方法建立了其细观结构有限元模型，并进行了分析。该模型的问题在于细观物理力学参数的取值物理意义不是很明确，是根据物理特征值参照宏观物理力学指标赋的值，是一种当前技术下无法取得细观参数的变通之举，对众多基于图像测量的细观试验的深入分析意义很大。

在某种程度上，细观力学不但提供了解决材料破坏问题的力学途径，更重要的是它指出了研究的思路。我们可以对组成材料各单元的力学性能进行表征。在一定数量试验的基础上，按照细观力学的方法研究岩土材料的宏观力学响应。细观力学的研究需要试验和计算两方面的密切配合。试验提供了细观力学的物理依据和检验标准；理论研究总结了细观力学的基本原理和理论模型；计算分析是细观力学不可少的有效手段。特别是跟现代飞速发展的计算分析相结合后，人们可以利用介质细观力学的本构关系，对复杂的力学行为进行计算模拟，并且可以在证明数值模拟方法可靠和有效的前提下，取代部分试验，节省大量的人力和财力。

13.1.3 细观力学试验研究

试验的作用有两个方面：一方面，为细观数值模拟提供基础数据，包括试样组成材料的细观力学性质、试样的尺寸等；另一方面，检验数值模拟结果的可靠性。在从细观层次入手进行混凝土的断裂过程模拟时，混凝土被视为由砂浆基质、粗骨料以及二者之间界面组成的复合材料，必须通过试验确定这三相组成材料的力学性质（包括弹性模量、强度、本构关系等），以此为基础才能进行混凝土试样的断裂过程模拟，模拟结果还必须与真实试件的宏观试验结果进行比较，以验证其正确性和适用性。

除了传统的试验室混凝土基本力学试验外，近代发展起来的新的试验技术都已经不断地应用于混凝土力学领域，例如 X 射线 CT（X-Ray Computerized Tomography）技术、电镜扫描（Scanning Electron Microscope）技术、声发射（Acoustic Emission）技术。

自 1895 年伦琴发现 X 射线以来，X 射线技术在一个多世纪的过程中得到了广泛的应用和发展，从而也产生了一门新的学科——X 射线影像学。由于 X 射线具有特殊的穿透作用，医学家们首先开始使用胶片或荧光屏对人体进行照相或透视，以观察人体某些部位的病变情况。随着高强度 X 射线机的出现和造影剂的逐渐应用，X 射线在医学诊断上的应用不断扩大，以前很难显像的那些自然对比度较差的组织和器官也可以显像了，X 射线的影像质量和检查技术得到了进一步的改善。

随着计算机技术的发展，英国工程师 Hounsfield 于 1969 年提出了一种新的设计：计算机断层成像技术（Computed Tomography，简称 CT）系统。该系统的探测器和 X 射线管位于被检查体的两侧，并且能够同步地转动和平移。探测 X 射线在被检查体的某一断面各个方向的投影，然后由计算机进行重建运算即可得到该断面的密度分布图。X 射线断层成像技术有很多普通 X 射线照相无法比拟的优点，首先它的辐射剂量小，检查方便、迅速而安全，密度分辨率高，可直接显示 X 射线照片无法显示的内容。

X 射线 CT 扫描在探测岩石细观破裂过程方面成为一个热点课题。采用 X 射线无损 CT 技术探测岩石内部结构和裂纹演化过程，起源于 20 世纪 80 年代后期。基于室内岩石试件扫描断面的 CT 图像，目前在实时监测、加载条件多样化、裂纹演化规律性、裂纹宽度的定量测量、岩石裂纹三维图像重建、损伤演化与损伤变量分析、CT 成果应用研究等方面取得了一系列进展。

葛修润首次实现了岩石破坏过程的实时观测，通过岩石 CT 图像观测到三轴压缩条件下细观裂纹开裂、扩展、愈合、贯通全过程；杨更社等将 CT 识别技术引入到岩石损伤识别，并对 CT 数分布规律和损伤的关系进行了分析，在此基础上建立了 CT 数分布规律的数学模型，推导了岩石损伤密度与 CT 数的定量关系；任建喜进行了单轴和三轴荷载作用下岩石破坏全过程的细观损伤演化规律的实时动态试验，得到了不同荷载作用下岩石从裂纹萌生、伸长、增宽、分叉、断裂到破坏等各个阶段清晰的 CT 图像。仵彦卿、丁卫华对单轴三轴压缩条件下岩石的损伤演化进行了阶段划分，提出了密度损伤增量的概念，对裂纹的力学机理进行了分析和宽度测量，建立了密度损伤增量与体应变的关系；范留明对 CT 图像进行了增强处理，提高了图像的分辨率；尹小涛引入数学形态学、集合论、测度论、矩阵论和计算机图像学的思想、原理和方法提出了一套岩土 CT 试验资料几何信息（裂纹的长度、宽度、面积和形状因子）和物理信息（CT 数）定量分析、测量和描述的方法及参数体系，达到了对 CT 图像资料定量化描述的目的。

早在 80 年代 Morgan 等就首次采用医用 CT 对混凝土小试件进行 CT 扫描，获得了骨料、砂浆、裂纹清晰的混凝土断面图像，只是图像分辨率和成像速度与当代 CT 设备技术指标相比有较大差距。Oral Buyukozturk 通过对基于 X 射线或 γ 射线的 CT 方法、热红外线法、微波法、声发射法等的对比，发现骨料、砂浆、孔洞等组分在 CT 图像中清晰可见，认为 X 射线 CT 是研究混凝土内部结构的有效方法。Stock 等采用 X 射线 CT 方法研究了硫酸对水泥砂浆的腐蚀作用，Chotard 等研究水泥水化过程中内部结构的变化都取得了较好的效果。Lawer 等采用数字图像关联术（DIC）分析混凝土表面破裂模式，采用 X 射线 CT 分析三维裂纹内部特征，发现 DIC 对小裂纹的宽度和位置的显示很有效，X 射线 CT 描述大裂纹的形态更成功，能体现裂纹演化过程中内部结构特征的影响，并根据混凝土破裂后的 CT 图像讨论了裂纹形状对混凝土强度和韧性的影响，其缺点是 CT 扫描设备是根据 CT 原理自制的，成像速度非常慢，同时受加载设备尺寸限制。尹小涛等利用数学生态学种群迁移演化的思想，对混凝土在单轴压缩 CT 试验条件下第一扫描断面在整个加载阶段的动态信息进行了描述，确定了孔隙或裂纹种群、砂浆种群和骨料种群的提取标准。田威应用 X 射线 CT 对单轴压缩条件下混凝土的细观破裂过程进行了实时扫描观测，获得了混凝土试件内部 CT 尺度裂纹开裂、扩展、连通的全过程 CT 图像。CT 图像显示：混凝土材料进入屈服阶段的现象是不同的 CT 尺度裂纹各自变形情况和扩展状态，且裂纹发生部位在砂浆与骨料之间。

通过分析混凝土试件各扫描断面大统计区域平均 CT 数变化，表明静力压缩条件下混凝土在强度峰值前的 CT 数呈均匀变化，表现为整体压密和扩容，小统计区域平均 CT 数变化则对裂纹萌生更敏感。对 CT 图像进行等密度分割，可以精确地显示裂纹萌生部位和扩展过程。陈厚群院士根据 CT 物理原理和差值图像运算建立了混凝土 CT 图像中裂纹区域的定量分析方法，从理论上探讨了以往在混凝土 CT 图像中受骨料影响对裂纹是否出现难以确定及裂纹出现后其具体区域也无法确定的难题，为定量描述裂纹形态和位置奠定了基础。

但是，当前国内外对混凝土 X 射线 CT 试验的研究以及裂纹具体形状的描述和裂纹萌生时间如何判定的问题尚未解决，因此关于混凝土、岩石 CT 图像中裂纹的定量分析进展不大，包括如何识别裂纹、裂纹空间形状和演化过程如何描述，严重地浪费了 CT 图像资源，成为制约混凝土和岩石 CT 发展的瓶颈问题。

13.2　计算机断层扫描的基本原理

13.2.1　CT 的一般原理

CT 是英文 Computed Tomography 的简称，一般译为"计算机层析成像技术"或"计算机层面扫描技术"。随着 CT 机技术的进步，快速、螺旋、多道探测器及电子束 CT 机相继出现，它们具备强大的计算功能，CT 技术有时也可称为"计算机体层扫描成像技术"。从以上名称可以看出，CT 技术是以计算机为基础对被测体断层中某种特征进行定量描述的专门技术。

1907 年，德国数学家 Radon 提出著名的通过一系列线积分求解被积函数空间分布的投影与反投影 Radon 变换：

$$f(x,y) = \int_0^{2\pi} \frac{1}{L^2} F(\alpha,\beta) \times G(\beta) \mathrm{d}\beta \tag{13-3}$$

式（13-3）称为古典 Radon 变换。$f(x,y)$ 为坐标 (x,y) 处的 CT 值；L 为线积分长度；$F(\alpha,\beta)$ 为在空间方位 α 角且探测器方位 β 角的投影值；$G(\beta)$ 为 β 角的卷积核函数。该式表示在直径为 L 的线性空间内特征函数 F 在卷积核函数 G 作用下求解空间坐标为 (x,y) 各点的特征分布函数 $f(x,y)$。其逆变换具有同样的形式 $F(\alpha,\beta)$。这一变换公式在以后由许多数学家和物理学家根据研究和技术工作的需要进行了多方面的推广，比如对弯曲空间、高维空间、不完全空间、奇异或病态空间、加权或散射空间等广义空间中的数学描述，凡此种种都是为解决在用某种信息收集方式取得一系列与被测体相关的信息后，如何用最小误差的数学方法重建被测体（层面）的数据图像。至今，这一基础性数学工作仍在不断地推进。

由于被测体具有不同的物理性质，人们采用各种方法收集与之相关的信息。机械波、声波、超声波、次声波、各种电磁波（光波、天线电波、X射线、γ射线等）、物质流（粒子、气流、液体流等）及其他可测能量均成为描述被测体某种性质的信息源。CT技术的特征就是从被测体外部探知发自（或经过）被测体的信息，用计算的方法求解被测体空间特征的定量数据表达，而不必进入被测体内。因此CT技术是与多种最新科学技术联系的综合性技术。

13.2.2　CT技术的应用领域

自Radon变换出现并经过相对推广以来，CT技术得到了多方面的应用。CT技术的首次应用是对宇宙太空中星系的定位观测，之后在地震波曲线记录资料的综合计算成像、地质构造探矿成像分析、石油地质含油结构、油田井间成像、城市地下管网成像、机械产品探伤、海洋构造和温度成像、地球Q值分布、医学断层图像等众多科学研究和应用领域中得到了广泛应用，并针对不同的工作研究出相应的理论、设备和方法。在实际应用中，理论、设备和方法是相互制约的，与当时对所研究问题的理解和技术水平是分不开的。

CT技术是一种多学科的集合。要了解问题的本质，就要搞清被测体的物理性质，明白可以采用的信息形式，确定收集信息的方法，设计和制造相应的仪器，推导最恰当的反演方程，建立图像重建的算法等。解决了以上一系列理论和技术，才能获得解决问题的分析结果。

以工业探伤为例，精密、复制的机械零件（比如飞机螺旋桨旋翼和轴承）形状奇特，质量要求高，不允许存在细微的伤痕，几何尺寸要达到相当精度，材质也要均匀。同时，由于采用高密度金属材料制造，普通电磁波无法穿透，材料自身也不发射与结构有关的信息。要想不接触机械零件就获得其内部质量信息，采用高能量γ射线穿透置于精确转台上持续旋转的被测零件，照射到射线源对侧的γ射线计数器阵列，当收集到足够多的经零件不同方向吸收的数据资料后，由强大的计算机对数据进行过滤、模数转换、校准后得到对应零件不同方向和位置对γ射线吸收的元素数据，再对原始数据按照数学理论和设备试验所得到的反演公式进行二维卷积（傅里叶）运算，得到零件一个层位从内到外的数据图像。数据的大小反映了零件的材质密度，数据的分布反映了零件的结构均匀性。图像的结构和尺寸应与真实情况精确一致，异常的损伤应能明显地反映出来。

由上例可以看出，CT技术的实现至少需要以下几点：①能反映研究问题的适当的信息源；②能精确测定与被测体有关的信息；③能收集、记录足够的不同方向、位置的信息；④能进行精确的模数转换和校准；⑤有符合理论和装置的计算公式；⑥有强大的计算机软件、硬件功能。

经过艰苦的努力和投入大量资金后，人们终于研制出了满足以上基本条件的工业 CT 机。由于γ射线计数器反应迟钝且体积较大，必须使转台多次旋转才能收集到足够的原始数据，而原始数据的数量和精确程度是影响图像质量的最关键因素，因此，需要高稳定度的射线源和探测器，需要高精度的机械运转系统，需要强大的计算机和完善的图像生成软件，因而基本设备及支撑系统较为庞大。再者，由于工业 CT 的用户较少，研制费用无法分摊，使得商业价格居高不下。从性能上讲，目前还达不到高精度机械加工水平，也使应用受到一定限制。

另一方面，自 20 世纪 70 年代以来，医用 CT 机得到了长足的发展，由于它比较恰当地发挥了 CT 技术非接触观测人体内部结构的优势。随着 X 射线技术的成熟，医疗界对人体结构的深入了解，以及计算机技术的飞速发展，在世界各国数学家、物理学家、工程师和医生的共同努力下，医用 CT 得到了广泛的应用，也促进了这一领域的进步。医用 CT 在扫描方式、扫描速度、重建方式、参数调整、图像质量、软件功能、实时分析、图像处理等方面都有长足的发展。扫描方式从往复式、滑环、螺旋、多道探测器到电子束结构变化，扫描速度从每层数分钟、数十秒、几秒、亚秒提高到毫秒，重建方式从简单 ART、卷积、傅里叶变换、模式选择、螺旋体运算、三维动态到专业综合等，参数调整日趋灵活方便，图像质量成百倍提高。编制了许多有针对性的软件，可以提高通用图像梳理软件供医生进行分析。医用 CT 机的推广应用为人们的健康和病患诊治提供了极大的帮助，继之发展起来的核磁共振技术除信息源采集方式不同外，其基本理论与 CT 是一致的。

13.2.3　CT 扫描原理与方法

CT 是与一般辐射成像完全不同的成像方法。一般辐射成像是将三维物体投影到二维平面成像，各层面影像重叠，造成相互干扰，不仅图像模糊，且损失了深度信息，不能满足分析评价要求。而 CT 是把被测物体所检测断层孤立出来成像，避免了其余部分的干扰和影响，图像质量高，能清晰、准确展示所测部位内部的结构关系、物质组成及缺陷状况，检测效果是其他传统的无损检测方法所不及的，CT 技术应用十分广泛，其应用几乎遍及所有领域。

杨更社对 CT 的工作原理和数学原理进行了较准确的总结。CT 装置的工作原理为：射线源与检测接受器固定在同一扫描机架上，同步地对被检物进行联动扫描，在一次扫描结束后，机架转动一个角度再进行下一次扫描，如此反复下去即可采集到若干组数据。假如平移扫描一次得到 256 个数据，那么每转 1 度扫描一次，旋转 180 度即可得到 56×180=46080 个数据，将这些信息综合处理后便可获得被检物体某一断面层的真实图像。

CT 的基本数学原理为：CT 装置最常见、最普通的放射源 X 射线可穿透非金属材料，不同波长的 X 射线穿透能力不同，而不同物质对同一波长 X 射线的吸收能力也不同。物质密度愈大及组成物质的原子中原子序数愈高，对 X 射线的吸收能力愈强。

W.Kalender 详细介绍了 CT 成像的基本原理：CT 设备主要由放射源和探测器组成。当放射源发出的射线穿透物体时，其射线强度便由于物体的吸收而衰减了，遵循如下方程：

$$I = I_0 e^{-\mu X} = I_0 e^{-\mu_m \rho X} = \int_0^{E_{max}} I_0(E) e^{-\int_0^d \mu(E)ds} dE \qquad (13\text{-}4)$$

式中：I_0—射线的初始强度；I—射线穿透物体后的强度；μ_m—物体的单位质量吸收系数；ρ—物体的密度；X—射线的穿透长度。

一般，μ_m 只与入射射线的波长有关，常表示为物体对射线的吸收系数：

$$\mu = \mu_m \rho \qquad (13\text{-}5)$$

式中：μ—物体对 X 射线的吸收系数；对于水 $\rho = 1$，因此其吸收系数 $\mu = \mu_m$。

投影值 P 用以记录初始强度值 I_0 与穿过物体后的衰减强度值 I 之间的相对关系，以便计算从放射源到探测器的每一条射线上的衰减情况，其遵循下式：

$$P = \ln \frac{I_0}{I} = \mu_m \rho X = \sum_{i=1}^n \mu_i \rho_i X_i \qquad (13\text{-}6)$$

式（13-6）中，射线路径中的每段间隔 X_i 所产生的对总的衰减程度的影响取决于局部衰减系数 μ_i；μ 表示在这一路径上的线积分，以便计算从放射源到探测器的每一条射线上的衰减值。在对这条路径中所有间隔段进行累加时，必须将小的厚度 X_i 计算进去，因此表示为 μ 在这一路径上的线积分。CT 实际上就是由许多这样精确测量的线积分组成，所以为了获得令人满意的图像质量就要记录足够多的衰减积分或投影值，故至少要在 180 度范围内测量（现在通常是在 360 度范围内以扇形束的方式进行测量），并在每个投影中确定众多的间隔非常窄小的数据点来保证质量与精度。为了计算 $\mu(x,y)$，必须保证由测量投影得出 N_x 个独立方程，并计算出 $N×N$ 图像矩阵中的 N^2 个未知数（其中 N_x=投影个数 N_p × 每个投影中的数据点个数 N_D），满足条件 $N_x \geqslant N$ 时；$\mu(x,y)$ 可反复迭代计算得出。

目前 CT 图像重建常采用卷积反投影法进行计算，卷积形成的新函数定义如下：

$$h(x) = f(x)g(x) = \int f(x-t)g(t)\mathrm{d}t \qquad (13\text{-}7)$$

式中：$f(x)$ 表示测量数据；$g(x)$ 为卷积核，它决定了数据处理方法、数据失真程度、精度。

为了便于 CT 图像间直接进行比较，定义 CT 值（H）为物体相对于水的衰减系数 μ：

$$CT值 = H = \frac{(\mu - \mu_水)}{\mu_水} \times 1000 \qquad (13\text{-}8)$$

式中：可以看出水的 H_w，空气的 $H_a = -1000$。水和空气的 CT 值不受射线能量的影响，因此它们为 CT 标尺上的固定点。一般的 CT 值范围是从 $-1024\mathrm{Hu}$ 至 $+3071\mathrm{Hu}$，可获得 4096（$=2^{12}$）个不同的 CT 值。CT 数的单位采用 Hu 表示，是为了纪念世界上第一台 CT 装置的发明家——英国的 G. Hounsfield，CT 标尺称为 Hounsfield 标尺也是相同的道理。

13.3　CT 机的构成

1972 年英国 EMI 公司首先制成由工程师 G.Hounsfield 设计的第一台 CT（Computed Tomography, CT）扫描机，在医学诊断领域取得巨大成功，G.Hounsfield 因此获得了 1979 年度诺贝尔生理学或医学奖。CT 方法的最大优点在于能无损地检测出材料和结构的内部变化，同时具有较高的分辨能力。由于 CT 机的构造与性能各有不同，按其发展次序、构造及性能，到目前为止，可将其分为五代。每次 CT 机换代，CT 技术性能均有较大提高，特别是扫描速度指标，第五代 X 射线 CT 扫描时间已缩短到数毫秒（ms）。

自医用 CT 原型机试验成功后，CT 机的发展经历了一个迅速膨胀的过程。一段时间以来，世界上众多厂商推出了不同设计方案和特点的机型，所引起的技术指标和术语也较混乱。经过对比分析，本节将与试验研究有关的主要技术术语加以简单解释，以便混凝土、岩石力学研究者对 CT 技术有进一步的了解。

（1）主体构型

为满足人体扫描的要求，所有医用 CT 机都采用人体不旋转而让 X 射线源和探测器旋转的方式工作。在 CT 原型机于 1969 年发明之后，所谓第二代 CT 机的发射与接收器件采用旋转加平移的方式，得到的图像也比较模糊。经过多年的努力之后推出的第三代 CT 机采用发射和接收器件均围绕被测中心旋转的旋转方式，克服了第二代 CT 机的主要缺点，发射端在不同角度对应于固定的探测器，可以有效地纠正 X 射线的不均匀，附加在边缘的探测器随时接收未经被测体的 X 射线，可以有效地纠正 X 射线随时间起伏引起的数据变化。为减轻 CT 机中旋转器件的重量，提高扫描速度，稍后发明了发射器件旋转、全周分布固定探测器的第四代 CT 机。为了进一步提高扫描速度，免除机械旋转，发明了第五代电子束 CT 机，它利用电子枪磁场偏转对弯曲的巨型阳极靶面进行电子束轰击，由对侧固定的探测器接收信号，这样的机型实现了毫秒级的 CT 扫描，但由于源器件的构型使得真空度很难保证，需附之以连续工作的大型抽气系统，设备庞大，价格昂贵。

（2）附加构型

对以上使用的 CT 机逐渐采用了一些新技术，从起初的通过高压电缆馈电（80～140kV）至射线源，数据电缆自探测器输出的往复式旋转发展到利用滑环馈电和输出的单向旋转，再发展到在旋转扫描过程中病人床持续运动的螺旋扫描方式。目前推行有多射线源（X 光球管）或多道探测器，目标是快速完成扫描，减少病人被测部位运动伪影，提高图像质量。随着技术的进步，CT 机的研制仍在进展中。

（3）扇角

指射线源发出的 X 射线经过滤器对边缘射线进行阻挡后的有效发射角度，一般在 30°～60° 之间。从减小设备尺寸上看，扇角大为好，但 X 光球管不能保证边缘与中心的一致，虽采用中心滤线器加以纠正，仍很难保证在球管长时间使用或变化扫描参数时射线的均匀性，因此通过试验优化设计来确定。

（4）扫描范围（Scan field diameter）

指有效进行扫描重建的区域，一般为直径在 40～70cm 之间的圆形区域。早期的 CT 机由于校准软件的限制，即便在此区域内扫描，也要求居中，否则引起数据非正常畸变（伪影）。

（5）扫描层厚（Slice thickness）

指扫描被测体的标称层厚，一般在 1～10mm 之间。在设备校准过程中分级调整摄像源和探测器端滤线器的宽度，限制穿透被测体到达探测器的射线束，达到观测有限厚度信息的目的，通常以扫描仪中心为准。显然，为获得被测体细小部位的图像要采用较薄的层厚，但这样限制了能量的输送，探测器接收的信息水平降低，会降低信噪比。实践中要根据检测的目的性加以确定。

（6）管电压

指为发出 X 射线加于球管阳极的电压，通常在 80～140kV 之间。在医学使用中，往往针对不同的脏器选择固定的电压，以避免 X 光谱改变对被检测部位的曲解。早期的 CT 机由于软硬件的限制，通常固定在 120kV。对岩土试验也针对不同试样进行不同电压的标定扫描,确定该电压条件下被测体的响应,为多能量 CT 图像的解释奠定基础。

(7)管电流

指通过 X 光球管的电流,通常在 10～500mA 之间。在考虑球管效率后,管电流对应着射线源的能量。管电流有脉冲、连续和持续几种。早期有用脉冲方式工作以减少对球管热容量的要求,通常为 0.5～1.0MHu;连续型是在一层扫描中连续发射 X 射线;持续型是对螺旋 CT 而言,在多层位扫描中不间断地发出 X 射线,因而对 X 光球管热容量提出了相当高的要求,目前已经达到 3.5～8.0MHu。管电流的选择要根据被测体的密度和尺寸加以考虑,以保证有足够的剂量穿透目标并有效地被探测器接收。

(8)焦点

指球管内灯丝的大小,通常在 0.4～1.5mm 之间。常有大、小两种焦点可以选择,小焦点的射线集中,易于作薄层扫描;大焦点可以提供较大的管电流,易于穿透较粗重的目标。岩土试验中试样密度较大,因此足够的能量是主要矛盾,常采用大焦点扫描。

(9)扫描速度

指完成一层扫描所需要的 X 射线曝光时间,通常在 0.5～40s 之间。现代 CT 机可做到秒级和亚秒级,经常有几种选择,慢速可以获得较多的原始数据,图像质量较好些。对常规的岩土试验而言,医用 CT 机提供了足够快的扫描速度,因此常采用其慢速进行扫描。对某些希望获得高分辨率三维立体结构的试验,可以采用螺旋扫描方式。

(10)重建矩阵

指计算机对收集的数据计算出的点阵数,通常在 160×160 到 512×512 之间。CT 机有不同的采样方式,其有效原始数据在 10 万～200 万之间,足够多的精确原始数据是计算成像的基础,因此重建矩阵往往是图像质量的粗略标志。

(11)显示矩阵

指由计算机对重建矩阵按照 CT 图像规范处理并适当内插形成的可显示的数据阵列,通常为 320×320 至 1024×1024,对显示图像可以进一步局部放大,使每一个数据点代表更小的空间尺寸,但这样的数据点都是对重建矩阵的某种运算,并非真正提高了真实的分辨率。

(12)密度分辨率(低反差分辨率)

指 CT 图像数据反映真实目标的准确程度,通常在 0.5%～0.1%之间。直观上表现为对接近于设计中等密度的较均匀被测体所测得的数据的正确程度。可以想见，这一指标越小，对均匀物体测量得到的 CT 数越一致，标志着在不同时间和不同的扫描条件时获得的数据越可靠，因此这是 CT 机技术指标中一个十分重要的参数。在岩土试验中，某层面的 CT 平均值可靠性达到千分之几的水平，基本可以满足试验的要求。

（13）空间分辨率

指 CT 图像数据反映被测参数空间变化的精确程度，通常为 1～0.2mm（5～20lp/cm）。以上数据是 CT 最重要的性能指标之一，标志了 CT 对被测体识别的能力，各厂家相当程度上都是为了追求空间分辨率进行着不懈的努力。使用者往往不易准确理解其意义，常认为大于空间分辨率的变化就可以识别，甚至其 CT 数也是准确的。

全面地理解空间分辨率需要引用传递函数的概念，被测目标的输入进入一个系统后，经过其分析处理给出一个输出，输出信息与原始状态的真实性比较是随着目标的空间频率而改变的。

随着被测目标空间变化频率的加强，所测得的输出信息的正确性减小，一般定义 MTF 等于 5%～10%时的空间频率为系统的空间分辨率，有的 CT 厂商将 MTF 等于 2%甚至 0%时定义为空间分辨率。这就意味着对高反差急剧变化的被测体，CT 机获得的图像数据发生平均化的改变，设备所标明的空间分辨率是人们似可识别存在的一种指标，并不是能够准确计算的含义。比如在 1mm 范围内有 10 根铝丝均匀排列在空气中，铝丝的 CT 数应该为 3000，空气的 CT 数为-1000。该 CT 机对 10 线对的 MTF=0.2，CT 图像中铝丝中心的 CT 数=1400，空气中心的 CT 数=600，它们之间的地带，CT 数也介于这二者之间。由此可见，随着空间频率的增高，CT 机给出正确数据的能力降低。任何测试系统都存在着类似的情况，这就要求正确地理解和使用测试数据。在混凝土、岩石力学 CT 试验中，空间分辨率的不足是一个突出的问题，试件的微裂隙发生后有时已经从区域数据的改变有所察觉，但裂隙点的 CT 数尚不能正确地表现，只有当裂隙已经发育得比较宽，图像中才能表现出来，但其宽度和数据均不甚准确。这就要求我们对 CT 图像进行后续增强处理或在扫描中采取特殊方法突出裂隙。在设备能力有限时找到合理的技术方法较好地完成检测任务，而不是不准确地采用测量信息，是检测人员应该特别加以注意的。

CT 机还有许多技术指标，虽然与混凝土、岩土扫描没有直接关系，但与试验装置的安排、扫描定位、图像的显示、图像的存储、数据格式的转换、数据的处理及信息的提取等密切相关，应在试验中予以考虑。

13.4 试样制备与试验过程

为了更好地了解在清水及盐渍溶液中经历冻融循环后，天然浮石混凝土内部孔隙结构的变化，取出未冻融的试件及分别在不同溶液中冻融 200 次的试件进行核磁共振测试，分别命名为 C1-0（未冻融）、C1-200（在清水中冻融）、C2-200（在盐渍溶液中冻融）。

将 100mm×100mm×400mm 试件用切割机进行试件取芯，为了消除端部冻融不均的影响，试件两端切去 100mm×100mm×170mm，然后分别等量地切去试件的四个成型面 30mm×60mm×100mm，使得剩余试件尺寸约为 40mm×40mm×60mm，这样便于消除成型面与底面砂石分布不均的影响。

然后利用型号为 SIEMENS SOMATOM SenSetion64 的 CT 扫描仪对冻融之后的试件沿 40mm×60mm 界面进行 CT 扫描，扫描间隔为 5.0mm，扫描厚度为 0.2mm。

13.5 CT 图像分析

由于轻骨料混凝土的非透明性，直观地观测内部的结构困难性较大，但是 CT 扫描图像解决了这个问题。利用 CT 技术对冻融 200 次的轻骨料混凝土进行扫描观测，通过 CT 图像能够更直观地显示出混凝土孔隙扩展的情况及孔隙的分布情况。从图 13-3 和图 13-4 中都可以看到浮石轻骨料本身的特点，孔隙率较大，对抗冻性具有"引气"的效果 [1,41,75]。从扫描观测可以看到，C1 组主要以小孔隙为主，大孔较少，C2 组的大孔明显比 C1 组多，且孔径相对较大。这也间接说明在盐渍溶液中的冻融损伤要比在清水中严重，并且由于孔径增大、孔隙率增大，也造成了质量损伤率和相对动弹模量损伤率增大，超声波波速减小。CT 图像呈现的结果与传统方法测试和核磁共振测试的结果一致。因为带裂纹部位 CT 数变化小，同时人眼对灰度的分辨率低，故在灰度 CT 图像中难以发现 CT 尺度裂纹[76]。为了更全面地观察天然浮石混凝土的裂纹，下一步进行了环境扫描电镜试验。

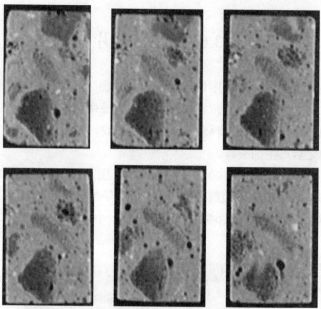

图 13-3　C1-200 的 CT 图像（比例尺：1:1.6）
Fig.13-3　The CT image of C1-200（Scale:1:1.6）

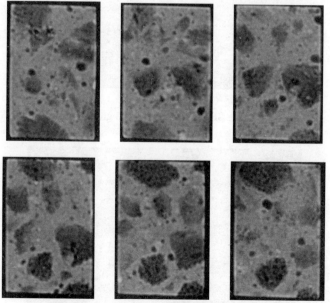

图 13-4　C2-200 的 CT 图像（比例尺：1:1.6）
Fig.13-4　The CT image of C2-200（Scale:1:1.6）

13.6 ESEM 照片

通过核磁共振成像和 CT 图像可以看到，冻融循环后轻骨料混凝土主要表现为孔径增大，这是由于产生的微裂纹比较小，在成像图中并未看到明显的裂纹。为了更全面地了解冻融后轻骨料混凝土内部的裂纹，通过环境扫描电镜可以更直观地看到冻融之后产生的裂纹。

C1 组冻融 200 次后，从 100 倍的电镜照片（图 13-5）中看到水泥石、浮石及界面的裂纹都是 <0.5mm 的裂纹，但是在 5000 倍的电镜照片（图 13-6）中可以看到大约为 40μm 和 20μm 的微裂纹。由于裂纹太小，所以在 CT 照片中不能直观地观测到。

图 13-5　C1-200 的 SEM 照片（100×）
Fig.13-5　The SEM photos of C1-200 group（100×）

图 13-6　C1-200 的 SEM 照片（5000×）
Fig.13-6　The SEM photos of C1-200 group（5000×）

从图 13-7 和图 13-5 的对比可以观测到，C2 组在 100 倍的电镜照片中可以观察到大约为 0.5mm 和 1.5mm 的裂纹，C2 组的孔隙明显比 C1 组的大。并且可以观察到，C1 组和 C2 组由于冻融产生的裂纹大致呈现"龟裂状"[119]。对比 5000 倍的图 13-6 和图 13-8 可以看到，由于天然浮石是多孔质吸水率较高的骨料，骨料中水分冻结膨胀，骨料表面砂浆剥离，所以从图 13-6 和图 13-8 中看到砂浆的剥落裂缝，并且 C2 组有明显的崩裂，可以看到砂浆部分被脱离的裂缝。同时将有裂纹的砂浆放大到 10000 倍，对比图 13-9 和图 13-10 可以看到 C2 组的裂纹宽度明显比 C1 组的宽 2 倍。

图 13-7　C2-200 的 SEM 照片（100×）
Fig.13-7　The SEM photos of C2-200 group（100×）

图 13-8　C2-200 的 SEM 照片（5000×）
Fig.13-8　The SEM photos of C2-200 group（5000×）

从对比电镜照片可以得到：在盐渍溶液中（C2 组）冻融循环产生的孔隙、微裂纹长度和宽度都比在清水中（C1 组）的大，从微观上说明了 C2 组的冻融损伤比较严重。这与前面的核磁共振成像和 CT 图像的损伤变化是相符的。

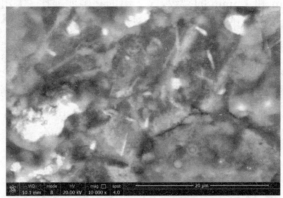

图 13-9　C1-200 的 SEM 照片（10000×）
Fig.13-9　The SEM photos of C1-200 group（10000×）

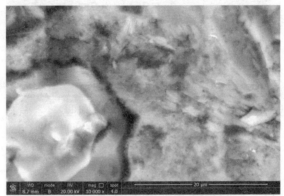

图 13-10　C2-200 的 SEM 照片（10000×）
Fig.13-10　The SEM photos of C2-200 group（10000×）

13.7　超景深三维显微系统的基本特点

超景深三维显微镜集体视显微镜、工具显微镜和金相显微镜于一体，可以观察传统光学显微镜由于景深不够而不能看到的显微世界，其应用领域可以拓展到光学显微镜和扫描电子显微镜（SEM）之间。它具有独特的环形照明技术，并配有斜照明、透射光和偏振光，能满足一般的金相照片拍摄、宏观的立体拍摄和非金属材料的拍摄，还能拍摄动态的显微录像，呈现其光彩夺目的一面。

超景深三维显微系统主要实现超深度且高分辨率的观察，不仅具备高性能，而且任何人都能简单操作，大景深可实现从任意方向进行清晰的立体观察并可实时改善图像。有如下特点：

（1）观察景深大

相当于传统显微镜 25 倍以上的大景深，可实现清晰立体的彩色图像。使用高倍率时，还可以通过景深合成功能，得到超景深图像并可以转成 3D 立体的清晰图片，从而看到传统显微镜看不到的微观细节。通常只有在 SEM 才能观测的图片，用超景深三维显微系统可以轻松快捷地观察。对观察金属金相、金属材料，或者金属的腐蚀形貌及腐蚀等，因表面凹凸不平较大，可以清晰看到表面形貌。不再需要扫描电镜来观察，大大提高分析效率、节约观察成本。

（2）无需对象的分解、切割、加工等表面处理工作

观察凹凸比较大的样品，光学显微镜往往由于景深不够，需要对其进行表面打磨、制样等操作，才能够清晰观察。超景深三维显微系统具有业内领先自动的景深合成 3D 建模技术，无须人为操作可以自动实现扩展景深的观察及 3D 分析测量。另外独特设计的圆点观测系统，不用调整被观测物体的姿态，即可实现多角度的立体化观测，此功能对观察金属的宏观表面和各个腐蚀角度的形貌效果非常好。

（3）多种强大图像处理功能

金属表面往往有强烈的反光，超景深三维显微系统具有自动消除表面眩光功能，从而对样品进行清晰观察。

具有业内领先的 16bit 灰度值处理观察功能，能够强化现图像的细节，对于拍摄颜色单一或透明样品、透明膜等十分有效。

业内首创的单色光拍摄功能，具有单色光滤波器，能够单独提取光源中的蓝光、红光、绿光，加上 CMOS 物理平移技术能够实现单色光拍摄功能，完成光学超分辨率的拍照，红光波长可以实现穿透性强的拍照功能。

（4）图像拼接功能

超景深三维显微系统具有业内领先的事实可视的 2D、3D 图像拼接功能，通过扩展像素的图像拼接可以使扩展视野后的图像得到清晰的观察，像素最大可扩展至 2 万×2 万。

（5）多种软件功能

除了具有上述软硬件处理功能外，超景深三维显微系统还配置了强大的软件系统，如多样化的 2D、3D 几何尺寸测量功能、拼接软件功能、景深合成软件功能、业内首创的一键式自动测量功能、最大面积测量功能、分屏观察功能等。

超景深三维显微系统显微镜本体采用紧凑一体化设计，使用便捷，景深大。

使用者可以摆脱传统的目镜肉眼观察,实现直接在专业的成像视频上观察与分析。超景深变焦物镜 VH-Z20W 镜头景深最高可以到 34mm,因此最适宜观察各种材料等实体,比如镜架镜头倾斜、载物台旋转后可以对各种材料作直接观察或者测量,以及其他各种材料裂纹、断口、水泥基材料中的微孔观察,三维测量与分析。VH-Z500W 镜头可以观察更加细微的颗粒和水泥粉末、细胞切片等,有透射模式,最高可以分辨到500nm。超微动、多视角三维载物台 VHX-S90F 可使镜头实现0°~150°的倾斜调整,载物台可以实现 360°旋转调整,真正实现对目标物全方位、多角度的观测,并实时显示三维图像。

超景深三维显微系统在公安司法行业上的应用和考古学上的应用比较广泛,可以观察样品的表面形貌。本章利用其原理观察冻融后轻骨料混凝土的表面形貌并进行分析研究。

13.8 利用超景深三维显微系统进行测试

本节超景深三维显微系统仪器采用基恩士的 VHX-2000C 型超景深三维显微镜(图 13-11)来观察试样的表面形貌,再利用其三维扫描功能对其三维形态进行观察。

图 13-11 超景深三维显微镜
Fig.13-11 3D Super Depth Digital Microscope

利用 CT 测试的相同试件,采用超景深三维显微镜观察轻骨料混凝土的断层面以及表面的状况。超景深三维显微系统具有超大的景深,能看到更深层次的图像,同时配备高感度相机,可轻松捕捉图像,提高图像的分辨率。应用该系统软件进行测试(图 13-12)时将试样放在载物台上,只需通过电动 XY 载物台移动到观察的位置,即可瞬时观察全幅对焦图片。

（a）将试样放在载物台上　　　　　　　（b）测试界面

图 13-12　测试过程

Fig.13-12　The testing process

13.9　超景深显微形貌分析

由图 13-13（a）可看到，未经过冻融循环的轻骨料混凝土表面有大量的均匀分布的胶凝材料；经过 200 次冻融循环后，表面的胶凝材料减少，相对于清水中（图 13-13（b））的冻融，在盐渍溶液中冻融后，表面胶凝材料减少较多，见图 13-13（c）。这是因为在盐渍溶液中的冻融破坏较严重。

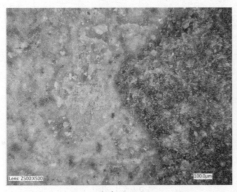 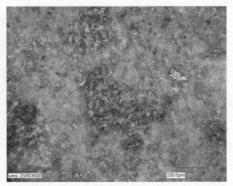

（a）C1-0　　　　　　　　　　　　　　（b）C1-200

图 13-13　超景深显微镜形貌图

Fig.13-13　Depth of field microscope topography

（c）C2-200

图 13-13　超景深显微镜形貌图（续图）

Fig.13-13　Depth of field microscope topography

13.10　微裂纹变化

利用超景深三维显微系统分析冻融后的轻骨料混凝土表面的变化情况。对比图 13-14（a）和（b）的表面形貌可以看到，在清水中经过 200 次的冻融循环后（图（b））的表面变化较小。本节以在盐渍溶液中的变化为例具体说明。由于轻骨料混凝土在冻融循环过程中产生的冻胀力产生微裂纹，但裂纹的出现并不代表试样的破坏，破坏的本质在于冻融受力过程中微裂纹的扩展和贯通，是轻骨料混凝土微结构累计变形破坏的宏观反映。

 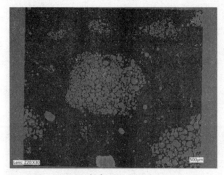

（a）C1-0　　　　　　　　　　　　　　（b）C1-200

图 13-14　冻融循环对裂纹的影响

Fig.13-14　The effects on the crack caused by freeze-thaw cycles

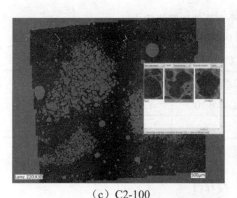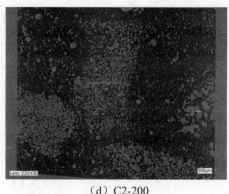

（c）C2-100 　　　　　　　　　　（d）C2-200

图 13-14　冻融循环对裂纹的影响（续图）

Fig.13-14　The effects on the crack caused by freeze-thaw cycles

　　在盐渍溶液冻融过程中，从冻融 100 次（图（c））和 200 次（图（d））的表面形貌可以看到试件的微裂纹扩展和贯通的过程。随着冻胀力的不断增加，当冻胀力大于骨料内部的抗拉强度时，在混凝土内部薄弱处出现微观裂纹的张开度增加，微观裂纹逐渐增大，具体表现在 200 次冻融循环后，表面出现加深的明显开裂裂纹（图 13-15）及裂纹在裂隙处的扩展。从图 13-16 中可以看到，裂纹向内部方向贯通，随着冻胀力的不断增大，在横向裂纹处产生剪应力裂纹并不断向内部扩展。

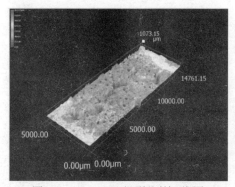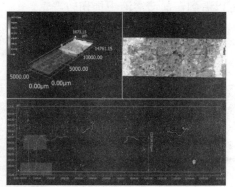

<table>
<tr><td>

图 13-15　C2-200 组裂纹的三维图

Fig.13-15　C2-200 group of crack of three-
dimensional figure
</td><td>

图 13-16　C2-200 组裂纹的三维剖面图

Fig.13-16　C2-200 group of three-
dimensional crack section
</td></tr>
</table>

　　从表 13-1 中可以看到，在清水中经历 200 次循环后试样气孔比例不断升高变化至 15.42%；在盐渍溶液中，随着冻融次数的增加，裂纹持续扩张、贯通，颗粒脱落，孔隙比例逐渐增大，经历 100 次的冻融，气孔比例已经升高至 16.54%，200 次时，已经达到 17.62%，也表明了盐渍溶液下的抗冻性损伤较大。

表 13-1　孔隙占整个表面的比例关系

Table13-1　Proportion of pores in tested surface

编号	C1-0	C1-200	C2-100	C2-200
孔隙表面积/m²	2.23×10^8	2.57×10^8	2.47×10^8	2.67×10^8
总表面面积/m²	1.83×10^9	1.67×10^9	1.49×10^9	1.52×10^9
孔隙比例	12.18%	15.42%	16.54%	17.62%

13.11　小结

（1）CT 图像结果展现出了天然浮石混凝土在清水和盐渍溶液中冻融损伤扩展过程的内部孔隙的分布情况。在 CT 图像中盐渍溶液中的大孔较多，孔径相对较大，直观地展现了内部孔隙损伤扩展的特征。

（2）通过环境扫描电镜可以观察到微裂纹，在清水中冻融循环产生的微裂纹长度都＜0.5mm，大约是 40μm 和 20μm，在盐渍溶液中的裂纹长度大约为 0.5mm 和 1.5mm，并且裂纹呈现"龟裂纹"，裂纹宽度较大。从微观上得出冻融损伤机理，可以直观地看到裂纹的损伤情况。

（3）通过超景深三维系统分析轻骨料混凝土的形貌图、三维图和三维剖面图可以看到在盐渍溶液中损伤较严重。

第十四章　矿物轻骨料混凝土核磁共振研究初探

浮石是一种天然的多孔材料，其内部存在着大量不规则、多尺度的孔隙，而这些孔隙将直接影响轻骨料混凝土的宏观物理力学和化学性质，如弹性模量、强度、波速、渗透性、电导率等。因此，分析和掌握轻骨料混凝土孔隙结构特征与混凝土宏观物理力学性质之间的内在关系，对于探讨混凝土中的实际问题具有十分重要的意义。

目前用来描述和评价混凝土的孔隙结构特征的室内实验方法主要有：压汞法、扫描电镜法、CT 扫描法和核磁共振技术等。

（1）压汞法

压汞法（Mercury Intrusion Porosimetry，MIP），又称汞孔隙率法。是测定部分中孔和大孔孔径分布的方法。压汞法的原理基于汞对一般固体不润湿，界面张力抵抗其进入孔中，欲使汞进入孔则必须施加外部压力。汞压入的孔半径与所受外压力成反比，外压越大，汞能进入的孔半径越小。汞填充的顺序是先外部，后内部；先大孔，后中孔，再小孔。测量不同外压力下进入孔中汞的量即可知相应孔大小的孔体积。由于汞污染，汞压法通常是破坏性的，适用于非润湿多孔材料。

（2）扫描电镜法

扫描电镜（SEM）是用极细的电子束在样品表面扫描，将产生的二次电子用特制的探测器收集，形成电信号运送到显像管，从而在荧光屏上显示物体（细胞、组织）表面的立体构像，并可摄制成照片。扫描电镜已经广泛应用于研究混凝土孔隙结构特征，它能够清楚地观察到混凝土的主要孔隙类型：粒间孔、微孔隙、喉道类型和测定出孔喉半径等参数。

（3）CT 扫描法

CT 扫描法是发射 X 射线垂直透过被测试物体，衰减后的 X 射线被探测器所采集，通过模数转换，在监视器上显示扫描后所获得的图像；由计算机系统对扫描得到的 CT 图像进行重建，得到高密度分辨率的横截面图像。混凝土的 CT 扫描能够获得混凝土孔隙结构、充填物分布、颗粒表面结构、构造及物性参数等。CT 扫描法的最大优点是对混凝土没有损伤，且测量速度快，但其测量方法复杂，且费用较高。

（4）核磁共振技术

核磁共振岩心测量的基础是原子核的磁性及其与外加磁场的相互作用，主要测量岩石孔隙中含 H 流体的弛豫特征。将样品放入磁场中之后，通过发射一定频率的射频脉冲，使 H 质子发生共振，H 质子吸收射频脉冲能量。当射频脉冲结束之后，H 质子会将所吸收的射频能量释放出来，通过专用的线圈就可以检测到 H 质子释放能量的过程，这就是核磁共振信号。对于性质不同的样品，其能量释放的快慢是不同的，通过这些信号差别就可以直观反映岩石孔隙结构的变化特征。

核磁共振 T_2 分布可以反映混凝土孔隙大小的分布，大孔隙内的组分对应长的 T_2 分布，小孔隙组分对应短的 T_2 分布，这就是利用核磁共振技术研究混凝土孔隙结构的基础。

核磁共振技术应用在医学诊断、石油勘探开发、农业、食品和生物医药等领域已相当成熟了，在岩石孔隙结构及冻融损伤机制的研究方面也得到广泛的应用[31-33]，但目前将其应用于混凝土研究的还较少。本章将详细解释核磁共振原理，选取了内蒙古地区的天然浮石作为粗骨料的混凝土，对天然浮石轻骨料混凝土的 T_2 谱分布、T_2 谱面积的变化特征和混凝土的内部孔隙分布特性进行了分析和讨论。

14.1　核磁共振基本原理

核磁共振（Nuclear Magnetic Resonance，NMR）是磁矩不为零的原子核，在外磁场作用下自旋能级发生塞曼分裂，共振吸收某一定频率的射频辐射的物理过程。核磁共振波谱学是光谱学的一个分支，其共振频率在射频波段，相应的跃迁是核自旋在核塞曼能级上的跃迁。自 1946 年 Stanford 的 Bloch 和 Harvard 的 Purcell 各自独立观察到核磁共振现象以来，核磁共振技术已广泛应用于医学、化学和油田勘探开发等领域。

虽然核磁共振对多孔介质的研究依据的物理原理十分复杂，但只需了解一些核磁共振的基本概念，就可进行测试和资料解释工作。这些基本概念包括核磁，极化，T_1 弛豫时间，脉冲翻转，自由感应衰减，自旋回波，T_2 弛豫时间和 CPMG 脉冲序列。

14.1.1　原子核的磁性

核磁共振是指原子核被磁场磁化后对射频的响应。许多原子核都有一净磁矩和角动量（或自旋）。当存在一外部磁场时，原子核围绕外磁场的方向进动，就像陀螺绕着地球的重力场进动一样。当这些自旋的有磁性的原子核与外部磁场相互作用时，就可产生一可测量的信号。

如果原子核的中子数和质子数有一项或两项均为奇数时，就具备产生核磁共振信号的条件，如氢核 ^{1}H，碳 ^{13}C，氮 ^{14}N 等。其中氢核 ^{1}H 在自然界内含量丰富，检测的灵敏度高，具有较大的磁矩并产生较强的信号。几乎所有的核磁共振技术都以氢原子核的响应为基础。我们讨论的质子就是氢核。

氢原子核有一个质子，它是一个很小的带正电荷的粒子，具有角动量或自旋。自旋质子相当于一个电流环，产生一个磁场。两极（南极和北极）对准自旋轴的方向。因此氢核可以认为是一个磁针，其磁轴与核的自旋轴一致。当存在许多氢原子且无外部磁场时，氢核的自旋轴是随机取向的，如图 14-1 所示。

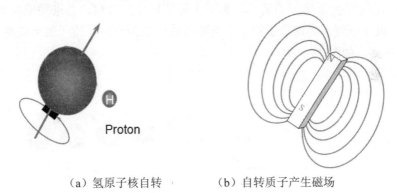

（a）氢原子核自转　　　（b）自转质子产生磁场

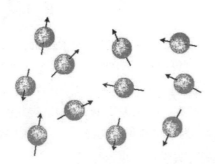

（c）无外部磁场时，单个磁矩随机取向
图 14-1　原子核的磁性
Fig.14-1　The nucleus of the magnetic

14.1.2　极化

外加静磁场 B_0 后，B_0 对原子核施加一个力矩，使核的自旋轴与 B_0 方向一致，磁场中的原子核排列成一个方向。

当一力矩作用于自旋物体时，该物体的自旋轴垂直于力矩的方向运动，称为进动。当 B_0 作用于一个磁性核时，该原子核将绕 B_0 进动。进动频率 f 称为拉莫尔频率，由下式确定：

$$f = \gamma B_0 / 2\pi \qquad (14\text{-}1)$$

式中：γ —旋磁比，B_0 —外加静磁场。

对于氢核，$\gamma/2\pi = 42.58\text{MHz}/\text{T}$，不同原子核的 γ 值也不同。由上式表明，对于给定的原子核，拉莫尔频率与静磁场的强度和原子核的旋磁比成正比。因此对于一给定的磁场，不同的原子核具有不同的拉莫尔频率。

根据量子力学理论，当质子处于外加磁场中时，质子被分解为两个能级。某一质子的能级取决于质子的进动轴相对于外部磁场的方向。当进动轴与 B_0 平行时，质子处于低能态，这是正常态；当进动轴与 B_0 反向时，质子处于高能态。指定 B_0 为纵向，如图 14-2 所示。

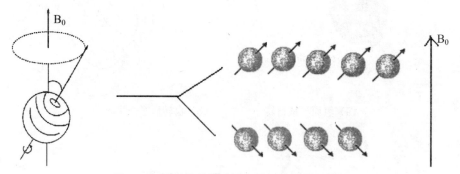

图 14-2　原子核的进动轴与外部磁场的方向
Fig.14-2　The nucleus of the precession axis with the external magnetic field direction

当大量的自旋质子沿 B_0 进动时，平行于 B_0 的核自旋数量，比反向于 B_0 的核自旋数量稍多，二者之差形成了磁化矢量 M_0，为核磁共振提供测量信号。

定义宏观磁化矢量 M_0 为单位体积上的净磁矩，如图 14-3 所示。当单位体积中有 N 个原子核，宏观磁化矢量由居里定律确定：

$$M_0 = N\gamma^2 h_2 (I+1) B_0 / (3(4\pi^2)kT) \qquad (14\text{-}2)$$

式中：k —波尔兹曼常数；T —绝对温度，K；h —普朗克常数；I —原子核的自旋量子数。

M_0 是可以观测的，根据式（14-2），它与单位体积自旋质子的数量 N、B_0 及 T 的倒数成正比。

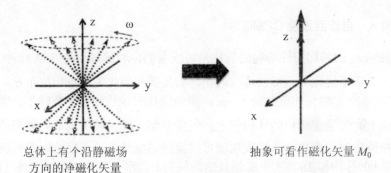

总体上有个沿静磁场
方向的净磁化矢量

抽象可看作磁化矢量 M_0

图 14-3　静磁化矢量和 M_0

Fig.14-3　The static magnetization vector and M_0

当质子在外加静磁场中定向排列后，就称为被磁化了。磁化不是立即完成的，是随着一时间常数逐步实现的，此时间常数就是 T_1：

$$M_z(t) = M_0(1 - e^{-t/T_1}) \qquad (14\text{-}3)$$

式中：t —质子置于 B_0 场中的时间；$M_z(t)$ — B_0 与 z 轴方向一致时，在 t 时刻的磁化矢量的幅度；M_0 —在给定磁场中最终或最大的磁化矢量。

14.1.3　脉冲翻转和自由感应衰减

核磁共振测试周期中的第二步就是使磁化矢量从纵向翻转到横向平面。磁化矢量从纵向翻转到横向平面，通过一个与静磁场 B_0 垂直的交变磁场 B_1 来完成，如图 14-4。B_1 的频率必须等于质子的拉莫尔频率。

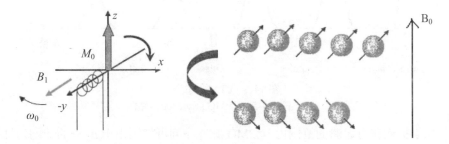

图 14-4　交变磁场 B_1

Fig.14-4　Alternating magnetic field B_1

从量子力学的角度看，如果质子处于低能态，它就会吸收由 B_1 提供的能量跃迁到高能态。B_1 还能使质子之间同向进动。由 B_1 引起的能级的变化和同向进动就称为核磁共振（NMR）。

14.1.4　自旋回波及 CPMG

静磁场 B_0 的非均匀性引起的散相是可恢复的，当施加一个 180°脉冲 B_1 时，水平面上的质子磁化矢量可以再次同相。如果横向磁化矢量有相位角 α，则施加一个 180°脉冲 B_1 将使相位角变为 $-\alpha$，横向磁化矢量的相位被翻转了。因此较慢的（相位上）矢量在较快的（相位上）矢量前面，较快的矢量追赶较慢的矢量，结果使相位重聚，产生一个接收线圈可以检测的信号，这个信号叫做自旋回波信号。如果 90°脉冲和 180°脉冲 B_1 消耗的时间为 τ，那么在 180°脉冲 B_1 和自旋回波峰值之间也需要消耗 τ 时间，即重聚时间等于散相时间。自旋回波峰值出现在 2τ，定义为 T_E。

尽管每个自旋回波衰减很快，但仍然可以重复施加 180°脉冲以重聚磁化矢量并产生一系列自旋回波。这样可记录一组自旋回波串，如图 14-5 所示。自旋回波在每一对 180°脉冲的中间产生。T_E 是相邻的两个回波峰值之间的时间。回波串中的回波数是 N_E。整个脉冲序列——90°脉冲后跟一系列 180°脉冲，成为 CPMG 脉冲序列，如图 14-5 所示。

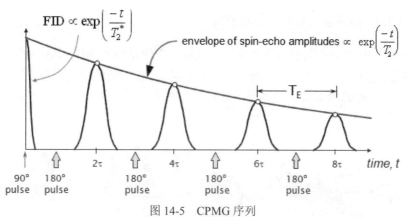

图 14-5　CPMG 序列
Fig.14-5　CPMG sequence

如果扩散在可忽略的范围内，CPMG 脉冲序列可抑制由于 B_0 场的非均匀性而引起的散相。然而分子作用和扩散引起的散相是不可反转恢复的，一旦这种不可恢复的散相发生，质子就不能完全重聚，CPMG 自旋回波串将会衰减，如图 14-10 所示。核磁共振仪器测量 CPMG 序列的自旋回波幅度，以检测横向磁化矢量衰减及不可恢复的散相。

横向磁化矢量衰减的时间常数称为横向弛豫时间，即 T_2。在时间 t 的回波串的幅度，即横向磁化矢量的幅度 $M_x(t)$ 由下式给出：

$$M_x(t) = M_0 e^{-t/T_2} \tag{14-4}$$

T_2 衰减包括了绝大多数多孔介质物理信息，因此它是核磁共振检测的主要目标。

14.2 核磁共振在多孔材料中的应用原理

多孔介质物理信息，如孔隙度、孔径分布、束缚水和渗透率都可以从核磁共振弛豫测量中获得。要想正确地应用 NMR 技术，了解孔隙中流体的核磁共振弛豫特征是非常关键的。

14.2.1 孔隙流体的核磁共振弛豫机制

T_1 和 T_2 弛豫是由于质子间的磁相互作用而引起的。对于一个原子核，其质子系统沿 B_0 方向进动并向周围传送能量，从而发生 T_1 弛豫，发生弛豫后的质子处于低能态。T_2 弛豫的能量转换也是如此。而且，散相不需要对外传递能量，但它对于 T_2 弛豫有影响。因此，横向弛豫总是比纵向弛豫快，T_2 总是小于或等于 T_1。一般来说：

（1）对于固体中的质子，T_2 远小于 T_1。

（2）对于液体中的质子，当流体处于均匀静磁场中时，T_2 约等于 T_1；当流体处于梯度磁场中且使用 CPMG 测量方法时，T_2 小于 T_1。其差别主要是由磁场梯度、回波间隔和流体扩散系数控制。

（3）当湿润相流体充满孔隙间质（如岩石）时，T_2 和 T_1 都明显下降，弛豫机制与固体和流体中的质子不同。

对于岩石孔隙中的流体，有三种不同的弛豫机制：

（1）自由弛豫，对 T_2 和 T_1 弛豫都有影响。

（2）表面弛豫，对 T_2 和 T_1 弛豫也都有影响。

（3）存在梯度磁场时的扩散弛豫，只影响 T_2 弛豫。

这三种作用有时同时存在，因此，孔隙流体的 T_1 和 T_2 时间可以表示为

$$\frac{1}{T_2} = \frac{1}{T_{2\text{自由}}} + \frac{1}{T_{2\text{表面}}} + \frac{1}{T_{2\text{扩散}}} \tag{14-5}$$

$$\frac{1}{T_1} = \frac{1}{T_{1\text{自由}}} + \frac{1}{T_{1\text{表面}}} \tag{14-6}$$

式中：$\dfrac{1}{T_{1\text{自由}}}$，$\dfrac{1}{T_{2\text{自由}}}$ 是在一个足够大的容器（大到容器影响可以忽略不计）中测

到的孔隙流体的 T_1、T_2 弛豫时间；$\dfrac{1}{T_{1\text{表面}}}$，$\dfrac{1}{T_{2\text{表面}}}$ 是表面驰豫引起的孔隙流体弛

豫时间 T_1，T_2；$\dfrac{1}{T_{2\text{扩散}}}$ 是梯度磁场下扩散引起的孔隙流体的 T_2 弛豫时间。

这三类弛豫机制的相对重要性与介质和流体的性质关系很大，如：孔隙流体的类型（水、油或气）、孔隙尺寸、表面弛豫强度以及岩石表面的润湿性等。

14.2.2　自由弛豫

自由弛豫是流体固有的弛豫特性，它由流体的物理特性（如黏度和化学成分）决定。纯流体在均匀场中以自由弛豫作用为主。

水的自由弛豫与温度有关。油的自由弛豫与油的成分、黏度及温度有关。对于油来说，它是各种烃的混合物，其弛豫时间不是单组分，而是多组分。例如，稠度油的黏度较高，弛豫时间较短，而轻质油的黏度较低，弛豫时间较长。气体不存在自由弛豫，主要受扩散弛豫的影响。

水的自由弛豫时间由下式给出：

$$T_{1\text{自由}} \approx 3\left(\frac{T_k}{298\eta}\right) \tag{14-7}$$

$$T_{2\text{自由}} \approx T_{1\text{自由}} \tag{14-8}$$

14.2.3　表面弛豫

表面弛豫发生在固液接触面上，即岩石的颗粒表面，因此表面弛豫强度随着岩性的改变而发生变化。在理想的快扩散极限条件下（即孔隙非常小，表面弛豫非常慢，使得在弛豫期间内分子可以在孔隙中往返多次），对 T_1 和 T_2 表面弛豫主要贡献为：

$$\frac{1}{T_{2\text{表面}}} = \rho_2\left(\frac{S}{V}\right)_{\text{孔隙}} \tag{14-9}$$

$$\frac{1}{T_{1\text{表面}}} = \rho_1\left(\frac{S}{V}\right)_{\text{孔隙}} \tag{14-10}$$

式中：ρ_2—T_2 表面弛豫强度（颗粒表面 T_2 的弛豫强度）；ρ_1—T_1 表面弛豫强度（颗粒表面 T_1 的弛豫强度）；$\left(\dfrac{S}{V}\right)_{\text{孔隙}}$—孔隙表面积与流体体积之比。

表面弛豫的另一个重要特征是与介质表面面积有关，介质比表面（多孔介质孔隙表面积 S 与孔隙体积 V 之比）越大，则弛豫越强，反之亦然。这是因为弛豫

的速率取决于质子与表面碰撞的频繁程度，也即取决于孔隙的表面与体积之比（S/V）；在小孔隙中，S/V 的值越大，碰撞越频繁，弛豫时间就越短；而在大的孔隙中，S/V 的值小，碰撞不频繁，弛豫时间较长。

由于表面弛豫控制的流体时间与温度和压力没有关系，因此，通常使用室温条件下的核磁共振实验室测量结果，来对渗透率和束缚水等物理参数的公式进行刻度，从而简化了解释过程。

14.2.4 扩散弛豫

在梯度磁场中，采用较长的回波间隔 CPMG 脉冲序列时，一些流体（如气、轻质油、水和某些中黏度油）将表现出明显的扩散弛豫特性。对于这些流体而言，与扩散机制有关的弛豫时间常数 T_2 就成为流体探测的重要参数。当静磁场中存在有明显的梯度时，分子扩散就引起额外的散相，因此使 T_2 弛豫速率（$1/T_2$）增加。这一散相是由于分子移动到一个磁场强度不同（因而进动速率也不同）的区域而引起的，扩散对 T_1 弛豫速率（$1/T_1$）没有影响。

扩散弛豫（$1/T_{2扩散}$）的大小可表示为：

$$\frac{1}{T_{2扩散}} = \frac{D(rGT_E)^2}{12} \tag{14-11}$$

式中：D—扩散系数；r—旋磁比；G—磁场梯度，Gs/cm；T_E—回波时间。

将式（14-9）、式（14-10）和式（14-11）代入式（14-5）和式（14-6）中，可以得到：

$$\frac{1}{T_2} = \frac{1}{T_{2自由}} + \rho_2 \left(\frac{S}{V}\right)_{孔隙} + \frac{D(rGT_E)^2}{12} \tag{14-12}$$

$$\frac{1}{T_1} = \frac{1}{T_{1自由}} + \rho_1 \left(\frac{S}{V}\right)_{孔隙} \tag{14-13}$$

对一般流体而言，多孔介质中流体本身的弛豫与表面弛豫相比弱得多，所以在多孔介质的研究和应用中一般可以忽略。

14.2.5 孔隙流体的多指数衰减

多孔介质通常存在一个孔隙尺寸分布，且常含有多种流体成分。CPMG 序列记录到的自旋回波串（横向弛豫测量）不是单个 T_2 值的衰减，而是 T_2 值的分布，可以用下式描述：

$$M(t) = \sum Mi(0)e^{-t/T_{2i}} \tag{14-14}$$

式中：$M(t)$－时间为 t 时测量的磁化矢量；$M_i(0)$－来自第 i 个弛豫分量的磁化矢量的初始值；T_{2i}－第 i 个横向弛豫分量的衰减时间。求和是对所有样品所有孔隙和所有不同类型的液体进行的。

对多孔介质系统的弛豫特征进行研究，一般需要采用数学手段对所测得的弛豫信号进行反演计算以获得弛豫时间谱。所谓反演就是从总衰减曲线中求得各弛豫分量 T_{2i} 及其对应的份额。反演结果可以反映孔隙中的流体含量、弛豫特征以及孔径分布等信息，见图 14-6。

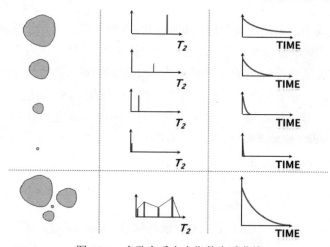

图 14-6　多孔介质内多指数衰减曲线
Fig.14-6　In the porous media more exponential decay curve

图 14-6 解释了含有不同孔径以及单润湿相的孔隙介质的多指数衰减特征，100%水饱和的孔隙（上左）有单一的 T_2 值（上中），它取决于孔径分布，因此它的自旋回波串就是单指数衰减（右上）。100%水饱和的多孔隙（左下）有多个与孔隙尺寸有关的 T_2 值（下中），其合成的自旋回波串表现为与孔隙尺寸相关的多指数衰减（右下）。

14.3　核磁共振成像技术

核磁共振成像（Nuclear Magnetic Resonance Imaging，NMRI），又称自旋成像（spin imaging），也称磁共振成像（Magnetic Resonance Imaging，MRI），台湾地区又称磁振造影，是利用核磁共振（Nuclear Magnetic Resonnance，NMR）原理，依据所释放的能量在物质内部不同结构环境中不同的衰减，通过外加梯度磁场检测所发射出的电磁波，即可得知构成这一物体原子核的位置和种类，据此可以绘制成物体内部的结构图像。

试样 NMR 测量过程示意图如图 14-7，图 14-8 所示。

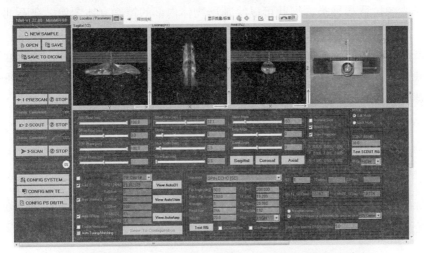

图 14-7 核磁共振成像分析系统
Fig.14-7 NMR imaging analysis system

核磁共振成像是随着计算机技术、电子电路技术、超导体技术的发展而迅速发展起来的一种生物磁学核自旋成像技术。它是利用磁场与射频脉冲使人体组织内进动的氢核（即 H^+）发生章动产生射频信号，经计算机处理而成像的。原子核在进动中，吸收与原子核进动频率相同的射频脉冲，即外加交变磁场的频率等于拉莫频率，原子核就发生共振吸收，去掉射频脉冲之后，原子核磁矩又把所吸收的能量中的一部分以电磁波的形式发射出来，称为共振发射。共振吸收和共振发射的过程叫做"核磁共振"。核磁共振成像的"核"指的是氢原子核，因为人体约70%是由水组成的，MRI 即依赖水中氢原子。当把物体放置在磁场中，用适当的电磁波照射它，使之共振，然后分析它释放的电磁波，就可以得知构成这一物体的原子核的位置和种类，据此可以绘制出物体内部的精确立体图像。在石油化工领域，核磁共振技术已经广泛应用于石油测井方面，围绕储量、储层质量、采收率、产能等基本问题，采用核磁共振成像技术测量原始含油饱和度、剩余油饱和度、残余油饱和度等基本参数，高效地解决了油气勘探开发中储量、储层质量和产量评价问题。

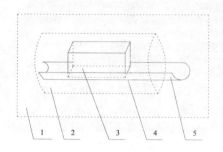

1--磁场；2--线圈；3--岩样；4--成像位置；5--载床

图 14-8　核磁共振成像测量过程示意图

Fig.14-8　MRI measurement process schematic

本章利用核磁共振成像技术对经历不同冻融循环次数的混凝土进行测量，通过核磁共振图像来反映出混凝土内部的微观结构分布特征，从而分析和判断出混凝土的冻融损伤程度和演化规律。

14.4　核磁共振测量仪器

本节核磁共振实验所用的仪器均采用上海纽迈科技有限公司生产的真空饱和装置和核磁共振分析系统。

14.4.1　核磁共振分析系统

MiniMR-60 核磁共振仪（图 14-9）是基于稀土钕铁硼材料永磁磁体的立柜式成像系统，该系统具有对样品无损伤测试、无辐射、同一样品可反复测试、操作速度快、高分辨率、图像清晰等优点，已广泛应用于中等尺寸样品的磁共振成像研究领域。

图 14-9　MiniMR-60 核磁共振仪
Fig.14-9　The NMR spectrometer of MiniMR-60

MiniMR-60 核磁共振仪的主磁场 0.51T，H 质子共振频率 21.7MHz，射频脉冲频率为 1～49.9MHz，三维梯度场 0.03T/ni，探头线圈直径 60mm，最小 T_e 值 150μm，最大回波数 20000 个，磁体控温 25～35℃，磁体均匀度为 12.0ppm，射频功率 300W，图像最高分辨率：100μm。选配的多指数反演软件可进行 T_1、T_2 的反演拟合。该系统主要由谱仪系统、射频单元、磁体柜、工控机、反演软件等部分组成。

所采用的软件界面及 CPMG 序列测试 T_2 分布的曲线见图 14-10。应用该系统测试的过程如图 14-11 所示。

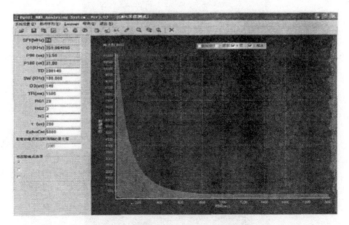

图 14-10　分析软件——CPMG 序列测试 T_2 分布
Fig.14-10　Analysis software-CPMG sequence to test T_2 distribution

（a）试样放在载床上送入磁体　　　　　　（b）进行采样测试

图 14-11　核磁共振测试过程

Fig.14-11　MRI testing process

14.4.2　真空饱和装置

真空饱和装置为上海纽迈电子科技有限公司自行生产，见图 14-12，真空罩直径为 200mm，真空压力值≤0.095MPa，干抽最长时间 960min，湿抽最长时间 240min，真空泵功率为 370W。

图 14-12　真空饱和装置

Fig.14-12　The vacuum saturation apparatus

14.5 基于 NMR 技术的轻骨料混凝土孔隙结构测量实验

14.5.1 试验设计

采用 LC30 强度等级轻骨料混凝土为研究对象，配合比（质量比）为 m（水泥）:m（水）:m（浮石轻骨料）:m（砂）:m（粉煤灰）:m（减水剂）=360:180:530:690:730:90，工艺流程按照《轻骨料混凝土技术规程》（JGJ51-2002）投料顺序进行，养护 28d 后，依据《普通混凝土长期性能和耐久性能试验方法》（GB 50082），分别在清水和河套灌区盐渍溶液中进行"快冻法"冻融循环试验，命名为 C1、C2。在冻融循环过程中，除了在测温试件中心埋设温度传感器，还应在冻融箱内防冻液中心、中心与任何一个对角线的两端分别设有温度传感器，温度传感器在-20℃～20℃范围内测定试件中心温度。冻融循环次数为 0、25、50、75、100、125、150、175、200 次，然后利用电子秤、岩海超声检测分析仪分别进行质量称重及超声波的测试。超声波测试按照《超声回弹综合法检测混凝土强度技术规程》（CECS 02:2005）进行[77]。

14.5.2 实验步骤

为了更好地了解在清水及盐渍溶液中经历冻融循环后，天然浮石混凝土内部孔隙结构的变化，取出未冻融的试件及分别在不同溶液中冻融 200 次的试件进行核磁共振测试，分别命名为 C1-0（未冻融）、C1-200（在清水中冻融）、C2-200（在盐渍溶液中冻融）。

（1）将 100mm×100mm×4000mm 试件用切割机进行试件取芯，为了消除端部冻融不均的影响，试件两端切去 100mm×100mm×170mm，然后分别等量地切去试件的四个成型面 30mm×60mm×100mm，使得剩余试件尺寸约为 40mm×40mm×60mm，这样便于消除成型面与底面砂石分布不均的影响，如图 14-13 所示。

（2）采用上海纽迈电子科技公司生产的真空饱和装置对试件进行饱和，真空压力值为 0.1MPa，抽气时间为 4h，抽完后再将样品放入蒸馏水中浸泡 24h。

（3）应用 MiniMR-60 型核磁共振成像分析系统对试件进行核磁共振弛豫测量。为了确保设备测量的准确性，在实验前首先需要应用标定样对仪器进行测量标定，标定样如图 14-14 所示。为消除测试过程中水分挥发对试验结果的影响，将样品从水中取出后，先擦干表面水分，用保鲜膜包好再做核磁共振成像测试，测试过程见图 14-15。

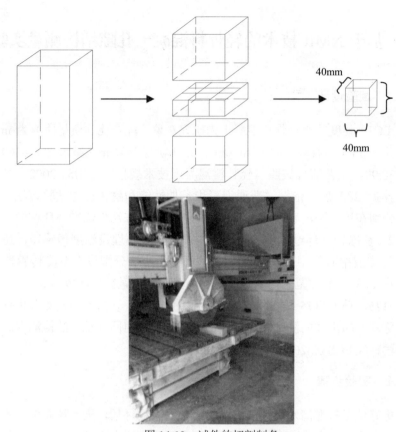

图 14-13 试件的切割制备
Fig.14-13 Cutting specimens

图 14-14 标定
Fig.14-14 Calibration

图 14-15　将试样放入线圈

Fig.14-15　The sample is placed into the line in the area

14.5.3　试验结果及分析

14.5.3.1　核磁共振 T_2 谱图

核磁共振 T_2 弛豫谱图[78]是通过迭代寻优的方法将采集到的 T_2 衰减曲线代入弛豫模型中拟合并反演得到样品的 T_2 弛豫信息，包括弛豫时间及其对应的弛豫信号分量。T_2 弛豫时间反映了样品内部氢质子所处的化学环境，与氢质子所受的束缚力及其自由度有关，而氢质子的束缚程度又与样品的内部结构有密不可分的关系。在多孔介质中，孔径越大，存在于孔中的水弛豫时间越长；孔径越小，存在于孔中的水受到的束缚程度越大，弛豫时间越短。通过以上原理得到了图 14-16 所示的冻融循环下的 T_2 弛豫谱图。

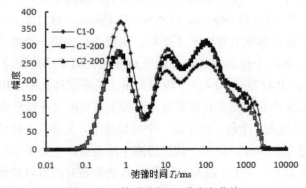

图 14-16　核磁共振 T_2 谱分布曲线

Fig.14-16　Nuclear magnetic resounance T_2 spectrum distribution

为了更加直观地了解冻融之后的天然浮石混凝土孔径的分布，根据核磁共振原理，在没有梯度场的情况下，对于孔隙材料[79]，孔隙中流体的弛豫时间与孔隙大小的关系可以表示为：

$$\frac{1}{T_2} = \rho\left(\frac{S}{V}\right) \qquad (14\text{-}15)$$

式中：ρ 为多孔介质的横向表面弛豫强度（μs/ms），其值因样品不同而不同，混凝土的 ρ 一般为 3～10μs/ms，根据经验，取 $\rho = 5$μm/ms。假设孔隙为理想球体，则 $S/V = 3/r_c$。代入式（14-15）则使得 T_2 弛豫时间分布图（图 14-16）可以转化为孔径分布图（图 14-17），可以直观地分析到各试件的孔径分布。

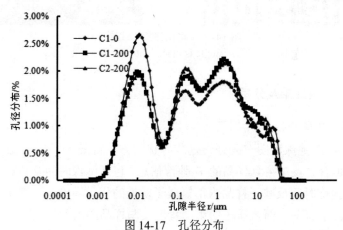

图 14-17　孔径分布

Fig.14-17　The pore size distribution

结合图 14-16 和图 14-17 可以看到：未冻融之前的天然浮石混凝土的 T_2 谱分布主要表现为 4 个峰图，4 个峰值对应的孔隙半径范围分别为 0.001～0.046μm，046～0.323μm，0.323～13.989μm，13.989～37.156μm。经过 200 次冻融循环后，C1 组的 T_2 谱分布在形态上变成了 3 个峰，主要表现为第一个峰值减小，第二、三个峰值增大，第四个峰值消失，峰值所对应的孔隙半径范围分别为：0.001～0.046μm，0.046～0.427μm，0.427～49.118μm，说明在清水中经历冻融循环后，主要表现为混凝土小孔隙向大孔隙扩展，混凝土本身的大孔隙形成大的裂缝；C2 组 T_2 谱分布仍表现为 4 个峰，除了第一个峰值减小，其余三个峰值均增大，峰值对应的孔隙半径变化不大，说明在盐渍溶液中冻融后，主要是小尺寸孔隙向大尺寸孔隙的扩展及发育。从 C1 组与 C2 组的 T_2 谱分布对比可以看到，前三个峰值大小基本一致，对应的孔隙半径也相差不大，只是 C2 组比 C1 组多了第四个峰值，对应的孔隙半径为 8.006～42.721μm，大孔隙增多，所以在盐渍溶液中天然浮石混凝土损伤程度较为严重。

14.5.3.2 核磁共振测量结果分析

天然浮石混凝土试件经过真空饱和处理以后，内部孔隙大部分被水占据。核磁共振技术通过测定水的质量及已知水的密度，可计算出多孔介质内孔隙的体积，从而得到其孔隙度大小。核磁共振 T_2 谱面积[80]与混凝土中所含流体的量成正比，T_2 谱面积总和一般等于或者小于混凝土的有效孔隙度，可以直观地反映孔隙的变化过程，从而得到混凝土的损伤过程。表 14-1 为冻融 200 次后的孔隙度和核磁共振 T_2 谱面积。

表 14-1 孔隙度和核磁共振谱面积
Table14-1 The porosity and the NMR spectrum area

组别	孔隙度/%	T_2 谱面积	第一个峰所占百分比/%	第二个峰所占百分比/%	第三个峰所占百分比/%	第四个峰所占百分比/%
C1-0	4.037	13956	37.27	18.54	38.63	5.55
C1-200	4.246	14200	28.66	23.60	47.74	—
C2-200	4.464	14329	28.11	26.52	36.37	9.00

表 14-1 表明，经过 200 次冻融循环后，无论是在清水中还是在盐渍溶液中，天然浮石混凝土孔隙度和 T_2 谱面积都会增大，表明孔隙体积增大。未冻融前，天然浮石混凝土孔隙度为 4.037%，经过 200 次冻融循环后，C1、C2 组孔隙变化率分别为 5.18%、10.6%，T_2 谱面积的变化率分别为 1.75%、2.67%，说明冻融循环在盐渍溶液中比在清水中损伤破坏的严重。因为天然浮石本身就是多孔的介质材料，内部孔隙的破坏发展比较明显，冻融之后 C1、C2 组的第一峰面积所占百分比减小，分别减小 23.10%、24.58%，是天然浮石混凝土小孔隙向大孔隙扩展造成的；从第三、四个峰面积所占百分比可以看到，C2 组的破坏比 C1 组损伤扩展速度快。

14.5.4 核磁共振成像分析

对天然浮石混凝土进行核磁共振成像测试，可以更加直观地得到其孔径的分布情况，但由于混凝土材料中含有顺磁性物质，对核磁共振信号有所干扰，使得未能进行选层成像，因此对混凝土进行整体成像。图 14-18 分别为在清水和盐渍溶液中经过 200 次冻融循环后的天然浮石混凝土的核磁共振成像结果。图像中正方形亮色区域为样品图像，白色代表水的信号量，也就是说，成像图中某块区域越白，对应的混凝土材料中饱水越多，孔隙也就越多且孔径偏大。

对比图 14-18（a）、（b）两个图像，可以直观地看到 C1 的图像较暗，亮点区域相对 C2 的较小，说明 C1 的孔隙比 C2 的小，损伤度相对较小。由图 14-18（b）可以看出，核磁共振信号大幅度增强，亮点区域较大，在混凝土中心及周边都出现了较大的孔隙及裂缝，并且损伤扩展沿着水平轴线方向延伸。通过 C1、C2 组图像的对比可以直接得出在盐渍溶液中的冻融损伤比在清水中的损伤严重。

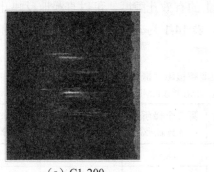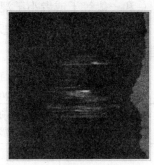

（a）C1-200　　　　　　　　　　　　（b）C2-200

图 14-18　核磁共振成像

Fig.14-18　The result of nuclear magnetic resounance image

14.6　传统试验方法测试

以内蒙古天然浮石混凝土为研究对象，通过在清水及内蒙古河套灌区盐渍溶液中经历冻融循环后进行传统的试验方法：质量损伤、相对动弹模量的对比分析，并利用核磁共振（第十四章介绍）及 CT 断层扫描（第十三章介绍）分析得出冻融之后的孔隙率及孔隙的空间分布，体现其抗冻特征。

14.6.1　质量损伤

用电子秤称得冻融前试件的质量 G_0，n 次冻融循环后称得试件的质量为 G_n，则试件的质量损伤率 ΔW 可以表示为：

$$\Delta W = \frac{G_0 - G_n}{G_0} \times 100\% \qquad (14\text{-}16)$$

试验结果见表 14-2。

从图 14-19 所示冻融循环后质量损伤率的变化规律中看到：轻骨料混凝土在清水和在盐渍溶液中质量损伤率的变化规律基本一致，都是呈现先降后升的趋势，即混凝土的质量都先增加后减小。在冻融前期出现试件质量突然增大的情况，混凝土损伤开始加剧，此处的冻融循环次数是质量损伤率曲线变化的"拐点"，即"拐点"可以看作是轻骨料混凝土性能开始劣化的开始。并且，在冻融初期，C2 组的试件质量增加的比较多且比较明显，在冻融 25 次时就出现"拐点"；C1 组是在冻融 50 次时出现，C2 组轻骨料混凝土"拐点"比其在水中时提前了 50%，间接说明了在盐渍溶液中的 C2 组冻融损伤率比 C1 组大。超过"拐点"后，随着冻融循环的增加，质量损伤都呈现增大的趋势，且 C2 组的冻融损伤一直高于 C1 组。这主要是因为在盐渍溶液冻融循环过程中，轻骨料混凝土周围覆盖着各种离子，并且在循环过程中，轻骨料混凝土孔隙内部的空气被排出，使得盐渍溶液被吸入混凝土内部。由于轻骨料混凝土内部盐渍溶液浓度较低，根据离子的游离平衡原理[81]，盐渍溶液会逐渐由浓度高的部分向浓度低的部分游离，所以 C2 组轻骨料混凝土质量损伤率较大。

表 14-2　冻融循环后轻骨料混凝土的质量损伤率
Table 14-2　The damage rate of quality of lightweight aggregate concrete after freeze-thaw cycles

分组	质量损伤率/%								
	0	25	50	75	100	125	150	175	200
C1	0.00	-0.25	-0.40	0.49	0.75	1.00	1.24	1.56	2.08
C2	0.00	-0.50	0.50	1.10	1.30	1.60	2.40	3.40	5.30

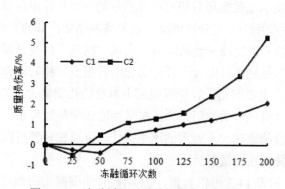

图 14-19　冻融循环后质量损伤率的变化规律
Fig.14-19　Variation curves of the quality damage rate after freeze-thaw cycles

在出现"拐点"之前，试件质量都略有增加，一是由于冻融循环时间较短，破坏性反应还未完全进行，破坏反应较少，其形成的破坏拉力还未超过混凝土本身的强度，因此未出现掉渣现象。并且因为轻骨料孔隙率大，混合溶液覆盖在试件表面，随着温度的逐渐升高、降低相互交替循环，会逐渐将混凝土孔隙内空气排出，混合溶液向孔隙中流入。二是由于浸泡过程中补水不足，溶液渗入导致混凝土质量有所增加[1,23,41]。

14.6.2 相对动弹模量

采用 NM-4A 型非金属超声检测分析仪测定动弹模量，混凝土的相对动弹模量 E_r 与超声波声速具有如下理论关系[1,23,28]：

$$E_r = \frac{E_t}{E_0} = \frac{V_t^2}{V_0^2} \qquad (14-17)$$

式中：E_0 和 V_0 分别为轻骨料混凝土试验前的初始弹性模量和超声波波速；E_t 和 V_t 分别为混凝土冻融一定次数后的动弹模量和超声波波速。试验结果见表 14-3。

表 14-3　冻融循环后轻骨料混凝土的相对动弹模量
Table14-3　The relative dynamic elastic modulus of lightweight aggregate concrete after freeze-thaw cycles

编号	相对动弹模量%								
	0	25	50	75	100	125	150	175	200
C1	100.00	108.11	95.13	90.91	84.54	80.14	76.35	72.51	65.27
C2	100.00	102.68	91.43	87.80	80.48	72.22	64.90	57.86	29.69

从图 14-20 所示冻融循环后相对动弹模量的变化规律中可以看到，无论是在清水中还是在盐渍溶液中，轻骨料混凝土随着冻融循环次数的变化规律基本一致，动弹模量首先经历一段比较平缓的阶段，出现"拐点"后便呈现下降趋势，所以曲线上的"拐点"是轻骨料混凝土开始劣化的转折点。相对动弹模量在冻融循环 25 次时比较平缓，主要归结于轻骨料混凝土本身的孔隙率大，多孔结构在混凝土内部起到了类似"引气"的作用[82,83]，在早期冻融循环过程中，混凝土通过这些多孔结构吸收溶液的速率大于返水的速率[74,84]，可以在轻骨料四周形成较宽、致密的界面层，致使弹性模量有所上升。

对比表 14-2 和表 14-3 可以看到，C1 组轻骨料混凝土的相对动弹模量曲线的"拐点"比质量损伤率曲线的"拐点"先出现，可见相对动弹模量的变化比质量损伤更敏感。在"拐点"后，C1 组和 C2 组的相对动弹模量损伤率明显大于质量损伤率：当 C1 组达到 200 次最大冻融循环时，轻骨料混凝土的动弹模量已经衰减到 65.27%，但是此时的质量损伤率是 2.08%，不足 5%；C2 组在 175 次冻融循环时，动弹模量已经衰减到小于 60% 而终止试验，质量损伤率只为 3.4%。所以，轻骨料混凝土不论是在清水中，还是在盐渍溶液中，动弹模量的损伤比质量的损伤相对敏感些，所以用相对动弹模量作为衡量轻骨料混凝土耐久性评价指标更准确，这也说明了仅通过轻骨料混凝土表面现象不能真实地反映冻融破坏情况。

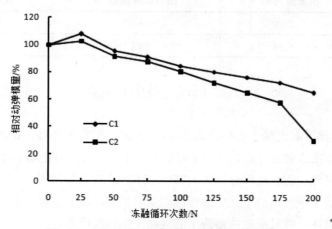

图 14-20　冻融循环后相对动弹模量的变化规律
Fig.14-20　Variation curves of the relative dynamic elastic modulus after freeze-thaw cycles

14.6.3　质量损伤、相对动弹模量与孔隙率的结果对比

根据《普通混凝土长期性能和耐久性能试验方法标准》中的"快冻法"可知：当冻融循环达到规定的循环次数或试件的相对动弹模量下降到 60%或试件的质量损伤率达 5%时，可停止试验。从表 14-2、表 14-3 及表 14-4 中冻融循环后的结果对比，通过传统的试验测试方法，从质量损伤及相对动弹模量的变化可以看到，C1、C2 组的相对动弹模量下降率比质量损伤率明显，所以相对动弹模量更能真实地反映轻骨料混凝土的冻融损伤率。对于混凝土，利用核磁共振测试孔隙率的变化没有规范可依据，因此可以从孔隙变化率与相对动弹模量、质量损伤率对比进行判断，C2-200 组的冻融损伤率都大于 C1-200 组，且质量损伤率、相对动弹模量、孔隙率分别是 C1-200 组的 2.5 倍、2.2 倍、2.1 倍，可以看到孔隙变化率与传统的试验结果是非常接近的，能够反映试验的真实结果，并且与相对动弹模量相差不大。

对于非透明性轻骨料混凝土的冻融损伤，传统的试验是通过质量损伤和相对动弹模量分析其损伤程度，但是并不能分析到内部的变化情况。核磁共振不仅可以测出孔隙度、孔径大小的分布，而且成像技术及 CT 扫描图像还满足了非透明性混凝土的透明检测，可以看到孔隙发育的程度及孔隙的分布情况，从而探究其冻融损伤的机理，也可以根据损伤程度进行工程的维护工作，大大提高实际工程的耐久性系数。

表 14-4　200 次冻融循环后的结果对比

Table14-4　Comparing the results after 200 freeze-thawing cycles

编号	质量损失率/%	相对动弹模量/%	孔隙变化率/%
C1-200	2.08	65.27	5.18
C2-200	5.30	29.27	10.60

14.7　小结

（1）天然浮石混凝土的核磁共振 T_2 谱分布主要为 4 个峰，在清水和盐渍溶液中经过 200 次冻融循环后，第一个峰值均减小，并且孔隙变化率分别为 5.18%、10.60%，T_2 谱面积的变化率分别为 1.75%、2.67%，在盐渍溶液中的第四个峰值增大，表明在清水或者盐渍溶液中进行冻融都将使天然浮石混凝土的小孔隙逐渐向大孔隙扩展破坏，并且在盐渍溶液中的混凝土损伤较严重。

（2）核磁共振成像和 CT 图像结果展现出了天然浮石混凝土在清水和盐渍溶液中冻融损伤扩展过程的内部孔隙的分布情况。在盐渍溶液中，核磁共振信号较强，亮点区域较大；在 CT 图像中，大孔较多，孔径相对较大，直观地展现了内部孔隙损伤扩展的特征。

（3）天然浮石混凝土在水中和在盐渍溶液中质量损伤率的变化规律基本一致，质量损伤率都是呈现先降后升的趋势，但是在盐渍溶液中的质量损伤率较大，并且出现"拐点"时间较早。

（4）天然浮石混凝土的相对动弹模量随着冻融循环次数的变化规律基本一致，动弹模量首先经历一段比较平缓的阶段，出现"拐点"后便呈现下降趋势。不论在清水中，还是在盐渍溶液中，相对动弹模量的损伤比质量损伤相对敏感些，所以用相对动弹模量作为衡量轻骨料混凝土耐久性评价指标更准确。

（5）通过质量损伤、相对动弹模量与孔隙率的结果对比分析得到，利用核磁共振测试的孔隙变化率与传统的试验结果是非常接近的，能够反映试验的真实结果，并且与相对动弹模量相差不大。

第十五章　轻骨料混凝土核磁共振的应用研究

15.1　轻骨料混凝土渠道衬砌冻融损伤的核磁共振特征分析

以内蒙古河套灌区渠道天然浮石混凝土衬砌为研究背景，在现有分析研究引气天然浮石混凝土冻融损伤方法的基础上，引进核磁共振检测技术，从研究在盐渍溶液中冻融耦合作用导致混凝土损伤的本质着手，以天然浮石混凝土孔隙度、横向弛豫时间 T_2 谱等参数为判据，以及核磁共振成像技术这一直观方式定量确定冻融损伤量。同时，结合超声波测试技术手段和毛细吸水试验对核磁共振结果进行比较和论证[85]。

以引气天然浮石混凝土新材料作为渠道衬砌材料，在内蒙古河套灌区进行野外试验，为了更好地分析在盐渍冻融作用下，引气天然浮石混凝土损伤破坏机理，进行了混凝土的细观材料性能试验。试验采用 LC30 强度等级轻骨料混凝土作为基准组，配合比为 m（水泥）:m（水）:m（浮石轻骨料）:m（砂）:m（粉煤灰）:m（减水剂）=360:180:530:730:90:9，引气剂以胶凝材料的 0%、0.01%、0.02%质量掺入，加入 0、45g、90g，分别命名为 LCA、LCB、LCC 组，工艺流程按照《轻骨料混凝土技术规程》《Technical specification for lightweight aggregate concrete》（JGJ51-2002）投料顺序进行。在河套灌区盐渍溶液中进行"快冻法"冻融循环试验，循环次数为 200 次。超声波测试按照《超声回弹综合法检测混凝土强度技术规程》《Technical specification for testing concrete strength by ultrasonic-rebound combined method》（CECS 02:2005）进行[85,86]。

15.2　超声波测试

通过检测声波在混凝土中的传播速度可得到混凝土质量和强度的相关信息。一般来说，混凝土强度愈大、完整性愈高，则波速愈大，反之则愈小；测定冻融前后混凝土中波速的变化就能够表征混凝土物理力学性质以及动态力学性质的变化，反映混凝土内部所产生的损伤或缺陷。本试验对冻融前后的混凝土进行了超声波检测，所得结果见表 15-1。

表 15-1　冻融损伤的超声波检测结果

Table 15-1　Ultrasonic test results of freeze-thaw damage

编号	冻融前波速 $v'/(\text{m}\cdot\text{s}^{-1})$	冻融后波速 $v/(\text{m}\cdot\text{s}^{-1})$	波降率 $\eta/\%$	损伤度 D
LCA	4588	2500	45.5	0.70
LCB	3727	2266	39.2	0.63
LCC	3137	1861	40.7	0.65

从表 15-1 可以看出，轻骨料混凝土冻融前后的波速发生了明显的变化，说明冻融次数对混凝土的内部造成了一定的损伤。为了更直观地描述轻骨料混凝土的损伤程度，可以利用波速降低率及损伤度[87]来表示，公式如下：

$$\eta = \left(1 - \frac{v}{v'}\right) \times 100\% \tag{15-1}$$

$$D = 1 - \frac{E}{E'} = 1 - \left(\frac{v}{v'}\right)^2 \quad (0 \leqslant D \leqslant 1) \tag{15-2}$$

式中：η —混凝土的波降率，%；v —冻融后超声波波速，$\text{m}\cdot\text{s}^{-1}$；$v'$ —冻融前超声波波速，$\text{m}\cdot\text{s}^{-1}$；$D$ —混凝土的损伤度。

从表 15-1 中可以得出，冻融 200 次后，随着引气剂的增加，相对 LCA 组，波降率 η 与损伤度 D 都呈现减小的趋势。说明掺入一定量的引气剂，提高了天然浮石混凝土的抗冻性；随着引气剂的增加提高了混凝土内部的大量微小气泡[32]，使得初始波速减小。

15.3　毛细吸水量分析

硬化混凝土中的孔隙有凝胶孔、毛细孔、空气泡等。凝胶孔的孔径为 15～100Å，且在-78°以上是不会结冰的[88]；空气泡是混凝土在搅拌与振捣时自然吸入或掺加引气剂人为引入的，且一般呈封闭的球状，对混凝土的抗冻性是有利的，所以对混凝土抗冻性有害的孔隙只有毛细孔。因此利用毛细吸水试验可以定量分析其吸水特征。

用于多孔水泥基材料的毛细吸水模型是基于平行管孔隙多孔介质内传输的毛细吸收理论[89]，由毛细吸水动力学模型可知，理论上水分渗透深度与时间平方根之间呈线性关系[90]。

对于多孔水泥基材料的水分侵入量与时间之间的关系，在不考虑水泥基材料内部孔径、水的表面张力、接触角以及黏滞系数变化的情况下，可以假定一个常

参数 B 代表毛细吸水渗透系数，在满足以上假设的条件下，单位面积的毛细吸水量与时间的平方根之间也是呈线性关系，方程如下[91,92]：

$$\Delta W = C \cdot S_C \cdot \sqrt{t} \qquad (15\text{-}3)$$

其中：C—混凝土的质量吸水系数[kg/(m²·h^{1/2})]；S_C—吸水系数随时间变化的修正系数，在吸水初期取值为 1；ΔW—混凝土与水接触面上单位面积水分侵入量（kg/m²）；t—时间，分别取 0.25h、0.5h、0.75h、1h、1.5h、2h、3h、3.5h、4h、6h、8h、12h、24h、32h、48h、72h、96h、120h；取 $A = S_C$，为毛细吸收系数，A 的大小，能反映混凝土的吸水性能，从而可以评价混凝土的耐久性[93]。除了对冻融前的试样在水分侵入过程中的质量变化进行了称量测定，得出了该试件随时间的吸水量变化（图 15-1），同时也对经历 200 次冻融循环后试样的吸水量变化进行了测定，结果如图 15-2 所示。

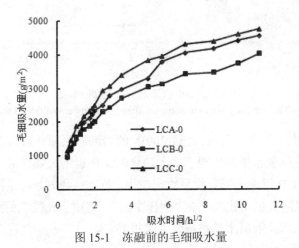

图 15-1　冻融前的毛细吸水量

Fig.15-1　The capillary water absorption before freeze-thaw cycles

从图 15-1 中可以看出，LCC 组的毛细吸水量一直最大，LCA 次之，LCB 吸水量最小。从水分侵入混凝土的初始阶段，相比未加引气剂的 LCA 组，LCB 组毛细吸水量减小了 5.5%～13.7%，LCC 组则增大了 8.0%～24.6%，且毛细吸收系数可以用传统的线性模型来表示，LCB 组的毛细吸水系数减小了 14.1%，LCC 组增大了 11.1%，所以通过毛细吸水系数可得到 LCB 组的抗冻性较好，LCC 组的抗冻性最差。通过毛细吸水量可以得到 LCB 组掺入 0.01% 的引气剂，使得混凝土内部引入了大量微小气泡，这些气泡在混凝土中是均匀、分散并各自独立的，从而在一定程度上阻碍了水分在水泥基体中的传输路径，相应延缓了水分的侵入量。掺入 0.02% 引气剂的 LCC 组，由于含气量超出了一定范围，含气量的增加在降低平均气泡间距的同时，也降低了混凝土的强度[88]，造成混凝土内部的密实度降低，出现吸水量较大的情况。随着时间的增长，吸水曲线变得较为平缓，这主要与混凝土材料本身的孔径分布和重力作用有关，毛细孔先吸水饱和，然后小气泡和大气泡的孔壁吸水比较缓慢。

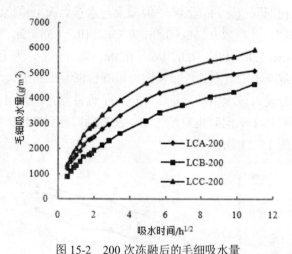

图 15-2　200 次冻融后的毛细吸水量

Fig.15-2　The capillary water absorption after 200 numbers of freeze-thaw cycles

从图 15-2 中可以明显看出，经过 200 次的盐渍冻融循环后，相对于未冻融前，轻骨料混凝土毛细吸水量都呈现了增大趋势，LCB 组增大幅度最小，LCC 组增大幅度最大；且 LCB 组的毛细吸收系数也最小，抗冻性最好。可见掺入合适的引气剂，产生的空气泡提供了孔隙水的"泄压空间"，缩短了孔隙水的流程长度，减少了静水压力，从而使混凝土的抗冻性大大提高[88]。

15.4　天然浮石混凝土孔隙度

所谓孔隙度是指混凝土中孔隙体积与混凝土总体积的比值，采用核磁共振技术，分别对 LCA、LCB、LCC 组冻融前和 200 次冻融循环的试样进行孔隙度测量（结果见表 15-2、表 15-3）。利用 NMR 提供的孔隙度和孔隙分布数据，可以估算出渗透率和可动流体含量、T_2 截止值与孔隙尺寸有关，是束缚流体和自由流体的分界值。为了更好地对比不同引气剂掺量的天然浮石轻骨料混凝土孔隙，根据经验值[94]，选取 $T_2=10$，小于此值对应的束缚流体存在于小孔隙中；10～500 对应的自由流体存在于中孔隙中，大于 500 对应的自由流体存在于大孔隙中。

表 15-2　冻融前的天然浮石轻骨料孔隙度
Table 15-2　Natural pumice concrete porosity before freeze-thaw cycles

分组	孔隙度/%	束缚流体饱和度/%	自由流体饱和度/%	渗透率/mD	T_2 截止值
LCA-0	4.037	46.736	53.264	225.775	10
LCB-0	4.412	49.462	50.538	199.404	10
LCC-0	4.832	52.517	47.483	485.772	10

表 15-3　200 次冻融循环后的天然浮石轻骨料孔隙度
Table 15-3　Natural pumice concrete porosity after 200 numbers of freeze-thaw cycles

分组	孔隙度/%	束缚流体饱和度/%	自由流体饱和度/%	渗透率/mD	T_2 截止值
LCA-200	4.464	39.811	60.189	743.161	10
LCB-200	4.692	45.464	54.537	697.373	10
LCC-200	5.435	17.723	82.277	1880.683	10

从表 15-2 中得到，冻融前，天然浮石混凝土孔隙度随着引气的增加均会增大，相对于 LCA 组，LCB 组、LCC 组的变化率分别为 9.3%、19.7%；从表 15-3 中得到，经过 200 次冻融循环后，相对 LCA 组，LCB 组的孔隙变化率为 5.1%，LCC 组的变化率为 21.8%，得出引气剂的掺入并不能阻止孔隙度的减小。并且通过表 15-2 和表 15-3 对比可以得到，冻融前后 LCA 组、LCB 组、LCC 组的孔隙变化率分别为 10.6%、6.34%、12.5%，表明 LCB 组的孔隙损伤率最小。

冻融前，相对于 LCA 组，LCB 组和 LCC 组的自由流体饱和度有所减小，且 LCC 组的下降趋势较大，同时 LCB 组的渗透率下降 11.7%、LCC 组的渗透率上升 115.1%。冻融后，相对于 LCA 组，LCB 组的自由流体饱和度及渗透率减小，束缚流体饱和度增加，分析其原因可能是引气剂在引入气泡的同时，也释放了一部分自由水，从而使混凝土经相同的水化龄期，引气剂掺量多的样品水化程度较高，随着水化程度的提高和龄期的延长，大毛细孔的体积减小，小毛细孔的体积增加，从而增大了微小孔隙的分布；掺入过量的引气剂后，LCC 组的自由流体饱和度及渗透率骤然增大，归结于增多的均匀分散的气泡可能连通使得大孔隙增大。

从图 15-3 和图 15-4 中看到，冻融前和经过 200 次冻融循环后，引气天然浮石混凝土的孔隙度与渗透率的增长幅度不同，LCB 组的渗透率最低，LCA 组的孔隙度最小，这是因为控制混凝土渗透性的并不仅仅是孔隙率，而是孔径的分布和连通性，这与引气剂的掺量有关[32]。

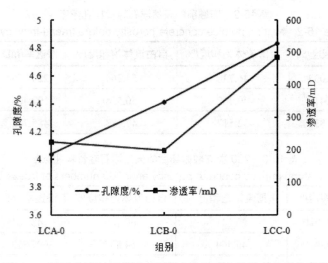

图 15-3　冻融前引气天然浮石混凝土孔隙度与渗透率的变化曲线

Fig.15-3　Variation curves of air-entrained natural pumice concrete porosity and permeability curve before freeze-thaw cycles

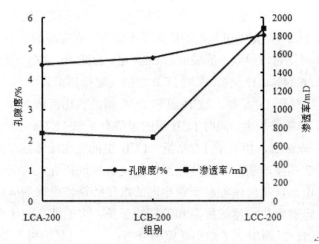

图 15-4　200 次冻融循环后引气天然浮石混凝土孔隙度与渗透率的变化曲线

Fig.15-4　Variation curves of air-entrained natural pumice concrete porosity and permeability curve after the 200 times from freeze-thaw

15.5　核磁共振 T_2 谱分布

根据核磁共振原理，核磁共振 T_2 谱分布与孔隙尺寸相关，可以简化表示为：

$$\frac{1}{T_2} = \rho \left(\frac{S}{V} \right)_{孔隙} \tag{15-4}$$

式中：ρ —多孔介质的横向表面弛豫强度（$\mu m/ms$），S/V —孔隙的比表面（cm^2/cm^3）。

T_2 值越小，代表的孔隙越小；反之，孔隙大，则 T_2 值也大。因此 T_2 谱分布可以反映孔隙的分布情况，峰的位置与孔径大小有关，峰面积的大小与对应孔径的孔隙数量有关。图 15-5、图 15-6 分别为冻融前和 200 次冻融循环后天然浮石混凝土 T_2 谱分布。

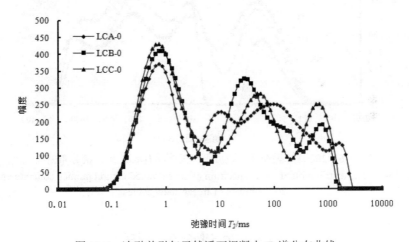

图 15-5　冻融前引气天然浮石混凝土 T_2 谱分布曲线

Fig.15-5　The distribution of the T_2 spectrum of air-entrained natural pumice concrete before freeze-thaw cycles

从图 15-5 可以看到，冻融前，LCA 组 T_2 谱分布主要表现为 4 个峰图，加入引气剂后，LCB 组和 LCC 组则呈现为 3 个峰图，这是由于第一个峰值的范围基本没有变化，引入大量的气泡使得 LCA 组第二个、第三个峰值范围缩变为了一个峰值。相对于 LCB 组的 T_2 谱分布形态，LCC 组的第一个峰值和第三个峰值都较大，并且第二个峰值发生了右移，即向大孔隙的 T_2 谱方向偏移，说明掺入过量的引气剂使得微小孔隙形成连通的中孔隙，从而造成 LCC 组的总孔隙较大。

从图 15-6 可以看出，经过 200 次的冻融循环后，引气天然浮石混凝土的 T_2 谱分布主要表现为 4 个峰图。相对于 LCA-200 组，LCB-200 组的第一个峰值增大，第二个、第三个峰值减小，说明加入一定量的引气剂使得冻融之后的混凝土小孔隙增大，大孔隙减小，表明适量的引气剂有利于浮石混凝土的抗冻性；LCC 组除了第一个峰值减小，其他三个峰值都增大，说明经过冻融循环后，掺入过量的引气剂使得微小的孔隙更易连通形成大孔隙，溶液结成冰使得混凝土体积膨胀，反复冻胀使混凝土内部产生裂缝，致使冰体膨胀过程中产生的拉力超过混凝土的抗拉强度，裂缝更易扩展、孔隙更易增大，进而加剧了冻融破坏。因此核磁共振信号量强度增大，LCC 组引气天然浮石混凝土冻融损伤程度加剧。

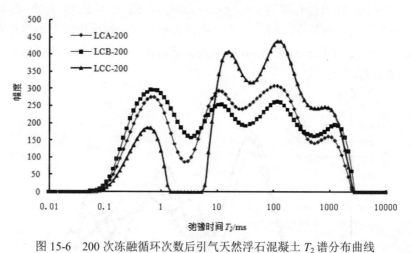

图 15-6　200 次冻融循环次数后引气天然浮石混凝土 T_2 谱分布曲线
Fig.15-6　The distribution of the T_2 spectrum of air-entrained natural pumice concrete after 200 numbers of freeze-thaw cycles

15.6　T_2 谱面积分析

核磁共振 T_2 谱面积与混凝土中所含流体的量成正比，T_2 谱面积总和一般等于或者小于混凝土的有效孔隙度，可以直观地反映孔隙内部结构的变化。表 15-4、表 15-5 分别为冻融前和 200 次冻融循环后，引气天然浮石混凝土 T_2 谱面积的变化特性及每个峰所占比例。

表 15-4　冻融前引气天然浮石混凝土核磁共振谱面积
Table 15-4　The NMR spectrum area of the air-entrained natural pumice concrete before freeze-thaw cycles

编号	峰值面积	第一个峰所占百分比/%	第二个峰所占百分比/%	第三个峰所占百分比/%	第四个峰所占百分比/%
LCA-0	13956	37.28	18.54	38.63	5.55
LCB-0	14023	45.48	40.66	13.86	-
LCC-0	14218	51.74	30.64	17.62	-

表 15-5　200 次冻融循环后引气天然浮石混凝土核磁共振谱面积

Table 15-5　The NMR spectrum area of the air-entrained natural pumice concrete after 200 numbers of freeze-thaw cycles

编号	峰值面积	第一个峰所占百分比/%	第二个峰所占百分比/%	第三个峰所占百分比/%	第四个峰所占百分比/%
LCA-200	14329	28.11	26.52	36.37	9.00
LCB-200	14812	35.81	23.21	28.96	12.02
LCC-200	14902	13.57	28.63	44.25	13.55

　　从表 15-4 和表 15-5 的天然浮石混凝土核磁共振面积，可以看到，冻融前和冻融后，随着引气剂质量的增加，T_2 谱面积增大，主要是因为引气剂的加入可以引入大量的气泡。从而造成冻融前的 LCB 组和 LCC 组的第一个、第二个峰值面积增大。经过 200 次的冻融循环后，孔隙的分布更明显。加入适量引气剂的 LCB 组，第一个峰值面积增大，第二个和第三个峰值面积减小，间接说明引气剂的加入引入了大量均匀分布的、稳定而封闭的微小气泡，缓解了冻融循环造成的抗冻破坏。加入过量的引气剂后，LCC 组的第一个峰值面积骤减一半，其余三个峰值面积增大，说明过多的引气剂使得引入的大量气泡合并，经过冻融循环，造成大孔隙增多，冻融损伤加快。

15.7　核磁共振成像分析

　　图 15-7 所示为冻融前和 200 次冻融循环后的引气天然浮石混凝土的核磁共振成像结果，一是由于混凝土材料中含有顺磁性物质，对核磁共振信号有所干扰，使得未能进行选层成像；二是因为混凝土的孔隙不是绝对理想化的球体，所以应从两个面进行成像，可以更全面地得到成像区。因此对混凝土进行整体成像，获得沿混凝土两个轴向方向的横截面二维成像，图像中正方形亮色区域为样品图像，白色亮点为水分子的信号量，白色亮点越多，对应的天然浮石混凝土材料中的水分越多，该区域的孔隙也就越多且孔径偏大，反之，则孔隙越小；周围黑色区域为底色，与白色形成鲜明对比便于查看。利用这一特性，核磁共振成像可以直观看出混凝土内部的孔隙大小分布情况。其中图 15-7（a）、（c）、（e）为冻融前的核磁共振成像，（b）、（d）、（f）为 200 次冻融后的成像。

　　图 15-7（a）、（c）、（e）分别为 LCA 组、LCB 组、LCC 组冻融前的图像，未经过冻融的浮石混凝土亮点区域较小，并且 LCC 组的亮点区域最大，LCB 组次之，LCA 组最小，这与冻融前的毛细吸水量的结果相符。

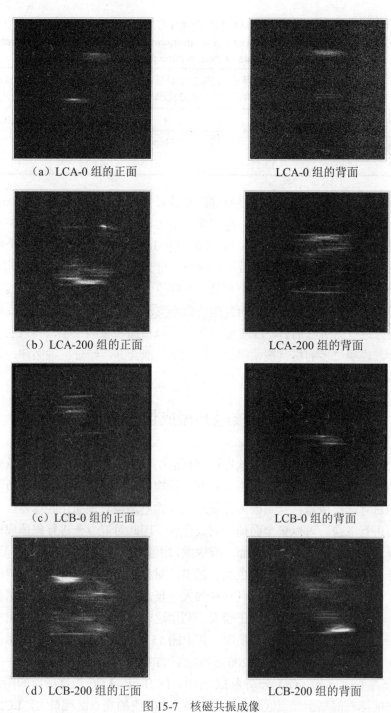

（a）LCA-0 组的正面　　　　　　　LCA-0 组的背面

（b）LCA-200 组的正面　　　　　　LCA-200 组的背面

（c）LCB-0 组的正面　　　　　　　LCB-0 组的背面

（d）LCB-200 组的正面　　　　　　LCB-200 组的背面

图 15-7　核磁共振成像

Fig.15-7　The result of nuclear magnetic resonance images

（e）LCC-0 组的正面   LCC-0 组的背面

（f）LCC-200 组的正面   LCC-200 组的背面

图 15-7　核磁共振成像（续图）

Fig.15-7　The result of nuclear magnetic resonance images

图 15-7（b）为 LCA 组经过 200 次冻融循环后的图像，图像较暗，说明含水量较少，孔隙度较小，两个面的图像亮点区域较小，但有小部分亮点较大，说明有小部分较大的孔隙，以小孔隙为主，主要是因为天然浮石混凝土本身为多孔介质所产生的。

图 15-7（d）为 LCB 组经过 200 次冻融循环后的图像，亮度稍微有所增大，亮点区域分布得比较均匀，从正面及侧面的图像可以观察到，以小亮点为主，说明以小孔隙为主，在试件的上下界面上出现大的亮点区域，是保鲜膜在界面上反射重影造成的。

从图 15-7（f）可以看出，LCC 组在 200 次冻融循环后，核磁共振信号大幅度增强，亮点区域继续增大，在混凝土中心及周边都出现了较大亮点的区域，表明大孔隙及裂缝增多，可见过多的引气剂对混凝土的抗冻性起到了负面作用，推进了混凝土的损伤。

通过上图了解到引气天然浮石混凝土冻融损伤会随着引气剂量增大，适量的引气剂可以缓解混凝土的冻融损伤，主要以形成小孔隙为主；但是过多的引气剂会使得混凝土内部大孔隙及裂缝扩展加速，对混凝土的冻融起到了负面作用。

15.8 小结

（1）超声波测试冻融循环后的引气天然浮石混凝土，波降率 η 与损伤度 D 都呈现减小的趋势，说明掺入一定量的引气剂，提高了天然浮石混凝土的抗冻性。

（2）由毛细吸水量及毛细吸收系数可以看出，掺入合适的引气剂可以减小毛细吸水量及毛细吸收系数，提高抗冻性。而过量的引气剂则增大了毛细吸水量和毛细吸收系数，从而降低了抗冻性。

（3）冻融前和经过 200 次冻融循环后，天然浮石混凝土孔隙度随着引气剂的增加均会增大，表明引气剂的掺入并不能阻止孔隙度的减小，并且孔隙度与渗透率的增长幅度并不是同比例的。

（4）冻融之后的引气天然浮石混凝土的核磁共振 T_2 谱分布主要为 4 个峰，随着引气剂质量的增加，T_2 谱面积增大，可见适量的引气剂可以提高冻融循环的抗冻性，而过量的引气剂则造成大孔隙增多，冻融损伤加快。

（5）核磁共振成像结果展现出了冻融 200 次之后的引气天然浮石混凝土的内部损伤情况，随着引气剂量的增大，以小亮点为主，说明以小孔隙为主，可见适量的引气剂可以缓解混凝土的冻融损伤；但是过多的引气剂会使得核磁共振信号大幅度增强，亮点区域增大，说明混凝土内部大孔隙及裂缝扩展加速，对混凝土的冻融起到了负面作用。

第十六章　轻骨料混凝土孔隙结冰规律的研究[66]

16.1　轻骨料混凝土的孔结构与其抗冻性的关系

关于混凝土冻融破坏的机理尚无统一的理论，但大部分学者都认为决定混凝土抗冻性的主要因素是其孔结构。所以，在详细探讨混凝土孔溶液的结冰规律之前，我们很有必要先了解一下混凝土的各种孔隙及孔隙中水的性质[66]。

16.1.1　凝胶孔

凝胶孔是水化水泥颗粒之间的过渡区间，是伴随水泥水化产生的化学收缩造成的。凝胶孔的体积一般约占凝结总体积的28%，孔径15～1000$\overset{\circ}{A}$。这种孔的尺寸很小，水分子在其中传输十分困难，而且凝胶孔中的水分子会物理吸附于水化水泥浆固体，据估计在-78℃以上不会结冰。因此，凝胶孔可认为是对混凝土抗冻性耐久性无害的孔。

16.1.2　毛细孔

毛细孔代表未被水化水泥浆固体组分所填充的空间。毛细孔体积约占水泥石体积的0%～40%，混凝土体积的15%左右，形状多样，孔径因水灰比和水化程度的不同在一个很大的范围内波动，一般0.01～10μm。毛细孔孔径较大，且往往相互连通，对水泥石渗透性影响最大。在混凝土中，毛细孔的体积含量是各类孔隙中最高的，其中的水是不受固体表面引力影响的重力水，在负温下可冻结，是导致混凝土冻害的主要内在因素。因此对冰冻作用下毛细孔水行为的研究是冻融破坏机理研究的主要内容。

16.1.3　非毛细孔

非毛细孔包括气孔、内泌水孔隙、微裂、内部缺陷等。

气孔包括搅拌振捣时自然吸入和掺加引气剂时人为引入的，体积很少超过混凝土体积的5%，孔径大小为25～500μm。气孔一般为封闭的球状，没有毛细孔与之相通，除非混凝土长期浸水，否则是不易充满水的。在混凝土遭受冰冻时，气孔又被认为具有"缓冲卸压"作用。因此，虽然气孔的存在对于强度有着不良影响，但可大大提高混凝土的抗冻性。

内泌水孔隙位于集料下部，是由于水泥砂浆离析泌水造成的。粗集料尺寸越大，其下部形成的水囊越大。内泌水孔隙占混凝土体积的 0.1%～1%，孔径较大，约为 0.01～1mm。许多研究人员认为，这类孔是混凝土渗水的主要通道，因为它的孔径大，其中处于游离态的水在重力或微不足计的静水压作用下就可以迁移。因此，内泌水孔隙在混凝土渗透过程中往往起决定作用，对混凝土耐久性有很大影响。

另外，混凝土中还有由于温度或湿度梯度的存在导致的微裂缝，或由于采用干硬性或低塑性的混凝土拌合物，在成型时振捣不密实而造成的孔洞和缺陷等。这类孔隙都具有较大的孔径，对混凝土抗渗性不利，均不同程度地降低混凝土的抗冻性。

16.2　混凝土孔溶液的冻结

混凝土冻害由混凝土孔溶液冻结直接引起，孔溶液的冻结是冻害发生的必要条件。一般而言，在某温度区间内，结冰的孔溶液越多，混凝土内部所受静水压力越大，遭受的冻害越严重。因此，孔溶液的冰点及结冰量直接反映混凝土抗冻耐久性的优劣，对混凝土孔溶液结冰过程的评价是研究混凝土破坏作用的关键。

然而，必须考虑的是，混凝土孔溶液的冻结与大体积水的冻结不同，受孔结构影响很大，孔隙率、孔径大小及孔分布决定孔溶液的冰点和结冰量。在孔隙中，由于孔溶液呈弯液面，饱和蒸汽压降低，因而孔溶液冰点下降。孔径越小，孔溶液的冰点越低。若形成的冰为小晶体，则其饱和蒸汽压比平面冰高，也会使孔溶液冰点下降。

计算毛细管水冰点下降的公式很多，如 Williams 公式、Blachere&Young 公式、Washburn 的半经验公式等[95,96]。这些公式都是根据热力学公式推导而得，或在推导的基础上做适当修正，不同之处在于推导的假设前提，包括孔隙中的溶液是处于大气压之下，还是因冰水界面张力的影响而受张应力，形成的冰是平面冰，还是小冰晶体。各种公式计算结果相差很大，甚至达数倍至数十倍之多，应根据不同的介质和介质状况选用。Williams 公式适用于土的冻结，Blachere&Young 实验证明其公式与孔径均匀的多孔玻璃的情况符合。

混凝土孔结构体系中冰点降低的问题十分复杂，随饱水程度、混凝土养护龄期、试验方法、混凝土内部结构等的不同而不同，出现了各种各样的计算公式。Powers&Brownyard 曾通过 Kelvin 方程及水泥石吸附曲线建立了水泥石未冻结水含量与其中相对湿度的关系，结合 Washburn 关于平面冰的相对湿度随温度变化的半经验公式，计算得到各温度下水泥石内未冻水的含量，实验验证直至-30℃时，测量结果和计算结果都符合得很好[97]。Powers&Brownyard 计算得到的是融化过程中水泥石未冻水的含量，这和冻结过程中的含量是不同的。冻结过程中由于孔隙水过冷，结冰滞后，与融化过程相比，冰的含量较少，未冻水的含量较高。Powers& Brownyard 认识到了这一问题，但由于实验手段的限制，并未解决。对孔隙水结冰量的过高估计可导致对冻害的过高估计，因此必须研究冻结过程中孔隙水的结冰规律。

16.3　已有的实验方法

低温差热是经常被采用的研究水泥石孔隙冻结及融化过程的实验方法，广泛应用于多孔水泥材料孔结构的研究[98]。低温差热方法最大的优点是不改变试样的原始状态，无须干燥试样，这样就避免了对试样孔结构可能造成的影响。采用这种方法可直接得到孔隙水结冰的温度，并计算任意温度区间内结冰量的大小。但差热实验的缺点是实验样品量太少，通常只有几克，由此带来两方面的问题：

（1）如此少量的样品是否能反映实际大构件中的情况，有多少可比性？

（2）少量的样品限制了这种实验方法的应用范围。通常只用于研究水泥石，应用于砂浆或混凝土则较为困难，尤其是混凝土。因为按要求的样品量只可能对混凝土内的砂浆体进行实验，这样便不能包含混凝土中非常重要的一部分结构：骨料-浆体界面。而普通混凝土界面孔往往较粗大，孔中的水容易结冰，所以界面结构是影响混凝土抗冻性的重要因素，其作用不应被忽略。另外，作为试样的砂浆体在混凝土中的位置、砂浆体中水泥浆体含量多少等因素都会影响实验结果的可靠性和代表性。Jacobson 等曾将低温差热方法应用于研究混凝土冻融前后孔隙及孔隙水冰点和结冰量的变化[98]。试样采用直径 14～15mm、高度 70mm 的圆柱体，在混凝土棱柱体试件的端部及中心分别取样。考虑到各试样之间由水泥浆体含量不同产生的离散，每种试样取两到三根平行试件。这种方法能定性地分析某部位混凝土的孔结构，但对研究大块混凝土的综合表现仍无能为力。

Powers&Brownyard 采用膨胀计研究水泥石孔隙水的冻结也存在与差热实验类似的问题。还有学者在显微镜下研究混凝土或水泥石中冰的生长和融化过程，这主要用于对孔结构和冰晶体形貌的观察，不能通过这种方法得到混凝土孔溶液的结冰量[99,100]。

1984 年，Olsen 提出一个二维有限元计算模型预测在饱和集料和混凝土中冰冻的发展[101]。该模型包括温度、湿度微分方程和冰冻温度与未冻水含量的关系式，能预测冰冻温度下冰冻发生的深度、集料中未冻水和冰的含量以及孔中的水压力，并能用来分析各参数对冻结过程的影响。Olsen 将模型计算结果与 Powers& Brownyard 关于水泥石融化过程的实验结果进行对比后认为模型合理。并且，相对融化过程，在冻结过程中存在水泥石孔隙水的结冰滞后现象，为正确估计冻害，应使用冻结过程中水泥石的含冰量。因而 Olsen 的计算模型有待进一步实验验证。

混凝土的抗冻性与其孔结构直接相关，孔隙率、孔径大小及孔分布决定有多少孔隙水结冰。一般而言，在某温度区间内，结冰的孔隙越多，混凝土内部所受静水压力越大，遭受的冻害也越大。因此，混凝土孔隙水结冰的温度和结冰量的多少反映了混凝土抗冻性的优劣，对混凝土孔隙水结冰规律的研究是评价冰冻对混凝土破坏作用的关键。然而由于内部问题的复杂性，这方面的研究长期以来都难以具体、深入。对轻骨料混凝土孔隙水结冰规律的研究应能反映有代表性的混凝土试件在冻结过程中的状况。针对这一目的，本文利用低温核磁共振仪测量混凝土孔隙水结冰量。从混凝土本身入手，通过负温下混凝土内部未冻水含量的变化情况研究混凝土孔隙水结冰的规律。

16.4 轻骨料混凝土孔溶液结冰量的测试

16.4.1 试验测试原理

本节是利用冻融核磁仪器测量轻骨料混凝土孔溶液的结冰量，该方法的测量简单、快速，是一种值得深入研究的试验方法。

自然界中水为氢质子含量最多的一种物质，又由于核磁共振的信号来源主要为氢质子，氢质子越多，说明含水率越多，反之则越低。因此通过信号量定标的方法，核磁共振技术可以被用来测量物质中水的质量。多孔介质经过真空饱和处理以后，内部孔隙大部分被水占据，核磁共振技术通过测定水的质量及已知水的密度，可计算出多孔介质内孔隙的体积，从而得到其孔隙度大小。在负温下，当部分孔溶液结冰后，由于冰中氢的弛豫时间比较短，低温核磁共振仪是测不到信号量的，那么信号量随之下降。因此，核磁共振信号量的变化可以反映孔溶液结冰的状况，通过考察轻骨料混凝土信号量在冻融期间的变化过程，可得其孔溶液的结冰规律。

利用核磁共振仪进行测试具有差热方法的优点，可以反映各温度下结冰孔溶液的体积，且无需改变试件的初始状态；更重要的是冻融核磁共振仪测试方法测试的样品可以包括砂浆体、骨料、骨料-浆体界面，可以更全面地反映混凝土试件的抗冻性。

16.4.2　试验方法和测试过程

先将轻骨料混凝土养护 28d 龄期，再将养护的试件切割成 10mm 的圆柱状的试块。首先采用真空饱和装置对试块进行饱和，真空压力值为 0.1MPa，边抽真空边饱和，先在真空饱和装置中饱和 8h，抽完真空后再将样品放入蒸馏水中浸泡 24h；为了防止其他矿物离子对仪器的影响，饱和以后，先将样品放在去离子水中浸泡，然后将试件放到图 16-1 所示冻融核磁仪器（共振频率 11.0528MHz，磁体温度为 32±0.01℃）中，将样品放入探头内，调节变温系统至所需温度，温度平衡后开始测试。

图 16-1　冻融核磁仪器
Fig.16-1　Freezing and thawing nuclear magnetic instrument

因为核磁信号是相对量，也是间接量，首先进行曲线定标，核磁信号与液体中的氢含量有关系，也就是与水的质量即水的体积有关，定标就是为了建立核磁信号与孔隙中液体的体积（水的体积）之间的相关性，从而能够测试多孔介质孔隙液体的体积，进而得到孔隙度。测定 7 个标准孔隙度样品，可得到图 16-2、图 16-3 所示的孔隙度、水质量与核磁信号量的相关线性关系。

然后是在冻融核磁仪器中边测试边进行冻融，温度在-20℃～20℃区间内变化，首先分别在常温、0℃、-5℃、-10℃、-15℃、-20℃，当试件在该温度下稳定后，测试不同温度下的 T_2 谱、孔径分布、孔隙度、未冻水含量；逐渐升高温度，仍按上述方法每隔 5℃重复测量一次轻骨料混凝土 T_2 谱、孔径分布、孔隙度、未冻水含量。

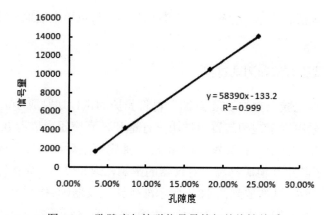

图 16-2　孔隙度与核磁信号量的相关线性关系

Fig.16-2　Porosity associated with nuclear magnetic signal of linear relationship

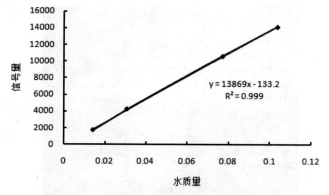

图 16-3　水质量与核磁信号量的相关线性关系

Fig.16-3　Water quality associated with nuclear magnetic signal of linear relationship

16.5　试验结果及分析

16.5.1　未冻水含量测试

随着温度的降低，水逐渐结成冰。由于 NMR 设备检测不到冰的信号，所以我们可以根据 NMR 信号强度的减小来计算未冻水含量。在正温区，NMR 信号会随温度降低而升高。首先我们将正温区间数据绘制顺磁线性回归线，然后将正温线性回归线延长至负温区。

某一温度的未冻水含量=（某一温度下测得的信号强度 A/某一温度下
回归线所示信号强度 B）×总水含量　　　　　　　　（16-1）

结果见表 16-1、表 16-2。

表 16-1　冷冻过程中样品未冻水含量
Table16-1　The freezing process samples of unfrozen water content

温度	0℃	-5℃	-10℃	-15℃	-20℃
信号量	6176.349	2728.049	2190.702	1585.323	1424.222
未冻水含量（%）	10.71	4.71	3.77	2.72	2.43

我们可以看出，当温度降低到 0 度以下时，样品的信号量迅速降低，并随着温度的降低而降低，但是降低的幅度减小。

表 16-2　融化过程中样品未冻水含量
Table16-2　The melting process of samples of unfrozen water content

温度	-20℃	-15℃	-10℃	-5℃	0℃
信号量	1424.222	1703.880	1620.479	1613.859	1908.587
未冻水含量（%）	2.43	2.92	2.79	2.79	3.31

从图 16-4 所示轻骨料混凝土信号量与温度的关系可以非常明显地看到轻骨料混凝土在冰冻过程和融化过程中，信号量的变化并不重合。冰冻过程中的信号量总是高于融化过程中的信号量，表明在冰冻过程中，孔溶液结冰滞后。一般认为这是由于"墨水瓶孔"的影响[66,90]：大孔被小孔包围，冰晶体不能通过小孔深入到已达冰点的大孔溶液内，大孔内的溶液由于没有晶核形成不能结冰，成为过冷水。相对于冻结过程，融化过程中的轻骨料混凝土具有较高的含冰量，采用此时的含冰量来估计结冰引起的冻害将夸大孔溶液冻结对混凝土的破坏作用。因此，冰冻过程中混凝土孔溶液的结冰规律对评价混凝土所受伤害的大小至关重要。

从表 16-2 中看到，在融化过程中，各种混凝土试件的信号量基本保持不变，这说明：虽然温度在升高，但混凝土内的含冰量变化不大，即孔溶液一旦结冰后，只有在温度接近 0℃时才融化。这一结论与 Bager 和 Sellevold 关于水泥浆体的实验结果及 Jacobson 等关于混凝土的实验结果吻合[98]；信号量变化不大，说明在一定范围内，温度对信号量的影响可以忽略。通常情况下，随着温度的升高，冰融化，信号量亦升高。然而就以上实验结果而言，在本文的研究范围内，这种影响至少是可以忽略的。

由公式 16-1 可知未结冰孔的体积变化率等于轻骨料混凝土信号量的变化率，因此图 16-4 同时表现了各温度下未结冰孔溶液体积的变化率。考虑到总的孔溶液由结冰及未结冰溶液两部分组成，相应可得结冰的孔溶液体积随温度的变化率。

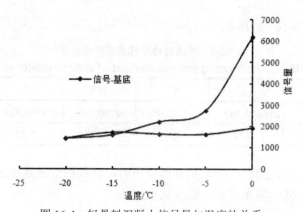

图 16-4　轻骨料混凝土信号量与温度的关系
Fig.16-4　The relationship between lightweight aggregate concrete signal capacity and temperature

为更清楚地描述轻骨料混凝土孔溶液的结冰过程，将图 16-4 中的纵坐标替换为结冰孔溶液的相对体积，曲线上过每点切线的斜率为对应温度下孔溶液的结冰速率。

如图 16-5 所示，轻骨料混凝土在-15℃附近，结冰孔溶液体积变化率曲线上有一拐点，孔溶液在-15℃以上结冰较快，在-15℃以下结冰较慢。在 0℃～-15℃之间有 74.6%的孔溶液结冰，在-15℃～-20℃之间只有 3.3%的孔溶液结冰。按照 Powers 静水压理论，结冰速率越高，由结冰引起的混凝土内部的静水压就越大[19]。因此，发生在-15℃以上的孔溶液冻结是引起混凝土冻害的主要原因，而当温度降低到-15℃以下后，混凝土孔溶液的结冰速率迅速降低，由此引起的冻害非常小。

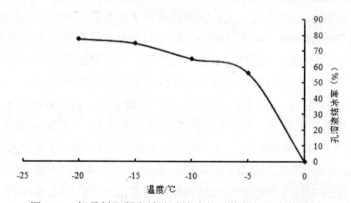

图 16-5　轻骨料混凝土结冰孔溶液相对体积与温度的关系
Fig.16-5　The relationship between relative volume of pore solution icy and temperature of lightweight aggregate concrete

这种现象的产生与轻骨料混凝土孔隙体积在不同孔径范围内的分布有关，通过核磁共振试验得到轻骨料混凝土不同温度下的 T_2 能谱图，因为核磁共振 T_2 谱分布与孔隙尺寸相关，根据相关公式即可得到其孔径分布。

16.5.2　T_2谱图及孔径分布

对于孔隙中的流体，有三种不同的弛豫机制：①自由弛豫；②表面弛豫；③扩散弛豫。可以表示为：

$$\frac{1}{T_2}=\frac{1}{T_{2自由}}+\frac{1}{T_{2表面}}+\frac{1}{T_{2扩散}} \qquad (16-2)$$

式中：T_2—通过 CPMG 序列采集的孔隙流体的横向弛豫时间；$T_{2自由}$—在足够大的容器中（大到容器影响可忽略不计）孔隙流体的横向弛豫时间；$T_{2表面}$—表面弛豫引起的横向弛豫时间；$T_{2扩散}$—磁场梯度下由扩散引起的孔隙流体的横向弛豫时间。

T_2弛豫时间反映了样品内部氢质子所处的化学环境，与氢质子所受的束缚力及其自由度有关，而氢质子的束缚程度又与样品的内部结构有密不可分的关系。除去体弛豫和扩散影响，T_2分布与孔隙尺寸相关。在多孔介质中，孔径越大，存在于孔中的水弛豫时间越长；孔径越小，存在于孔中的水受到的束缚程度越大，弛豫时间越短，即峰的位置与孔径大小有关，峰的面积大小与对应孔径的多少有关。

当采用短 T_E 且孔隙只含水时，表面弛豫起主要作用，即 T_2 直接与孔隙尺寸成正比：

$$\frac{1}{T_2}\approx\frac{1}{T_{2表面}}=\rho_2\left(\frac{S}{V}\right)_{孔隙} \qquad (16-3)$$

式中：ρ_2—T_2 表面弛豫率；$\left(\dfrac{S}{V}\right)_{孔隙}$—孔隙的比表面积。

因此 T_2 分布图实际上反映了孔隙尺寸的分布：孔隙小，T_2 小；孔隙大，T_2 大。

假设孔隙是一个半径为 r 的圆柱，在计算中分别假设岩心的 ρ_2=50μm/s，所以可以转化为孔径分布图。

16.5.2.1　冷冻过程中 T_2 谱图及孔径分布

从轻骨料混凝土在冷冻过程中 T_2 谱分布和各个温度的孔径分布图的结合图 16-6 和图 16-7 可以看到，在 0℃下的轻骨料混凝土的 T_2 谱分布主要表现为 3 个峰图，3 个峰值对应的孔隙半径范围分别为 0.001～0.460μm，0.460～4.977μm，4.977～20.092μm。将试样温度降至-5℃，T_2 谱分布的形态上变成了 1 个峰，主要表现为第一个峰值减小，第二、第三个峰值消失，并且峰值所对应的半径范围也缩减为 0.001～0.132μm，说明在-5℃部分小孔隙中的水结成冰，较大孔隙中的水基本上优先全部结冰；当温度降至-10℃时，仍然是第一个峰值减小，对应的孔隙半径也缩减为 0.001～0.1μm；试样温度降到-15℃时，峰面积继续减小，大于

0.0869μm 的孔径中的水已全部结冰；温度继续下降到-20℃，第一个峰值基本没有变化，仍有存在于小于 0.0660μm 中的水没有结冰。

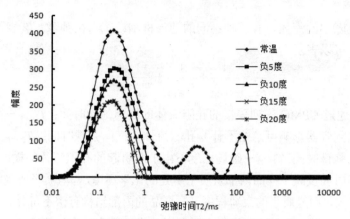

图 16-6　冷冻过程中的 T_2 谱变化

Fig.16-6　Changes in the freezing process of T_2 spectrum

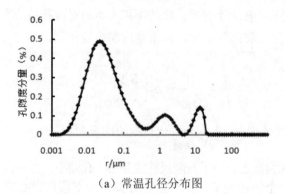

（a）常温孔径分布图

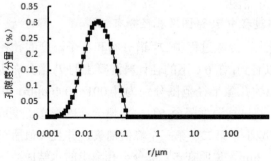

（b）冷冻过程（-5℃）孔径分布图

图 16-7　冷冻过程各个温度孔径分布图

Fig.16-7　The pore size distribution map of each temperature freezing process

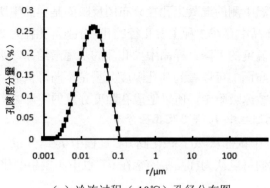

（c）冷冻过程（-10℃）孔径分布图

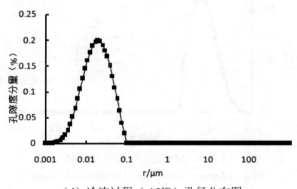

（d）冷冻过程（-15℃）孔径分布图

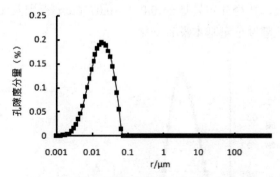

（e）冷冻过程（-20℃）孔径分布图

图 16-7　冷冻过程各个温度孔径分布图（续图）

Fig.16-7　The pore size distribution map of each temperature freezing process

　　总之，在冷冻过程中，随着温度的降低，峰面积减小，并且峰位置也向左移动，说明水分结冰信号衰减，并且大孔隙中的水优先结冰，最后剩余部分小孔隙中的水未结冰。常温下测的混凝土孔径分布图反映的是样品中所有孔的真实孔径结构，可以看出，样品中存在 3 种主要孔径的孔，分别是孔径为 20nm、1μm、10μm 的孔比较多。随着温度的下降，样品中大孔隙的水逐渐结冰，小孔隙的水虽不易结冰，但从孔径分布图上可以看到其孔隙度分量是不断降低的，我们猜测可能是小孔隙中的有些水被冰吸附走，所以造成孔隙度分量的下降。

16.5.2.2 融化过程中 T_2 谱图及孔径分布

图 16-8 是同一个试件从-20℃融化到 0℃过程中 T_2 谱分布，可以看出其 T_2 谱几乎没有变化，我们可以认为样品中的水在 0℃以下不发生融化。

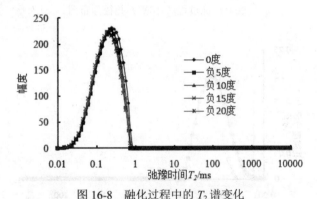

图 16-8 融化过程中的 T_2 谱变化
Fig.16-8 Changes in the melting process of T_2 spectrum

从图 16-9 中融化过程各个温度孔径分布可以看到，随着温度的升高，孔隙中结冰量变化却不大，孔径分布只是在 0.001～0.0756μm 范围及 0.001～0.0870μm 范围左右浮动，孔隙度分量基本没有变化。

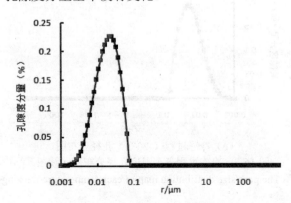

（a）融化过程（-20℃）孔径分布图
图 16-9 融化过程各个温度孔径分布图
Fig.16-9 The pore size distribution map of each temperature melting process

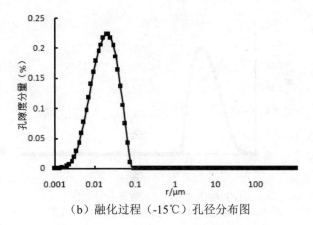

（b）融化过程（-15℃）孔径分布图

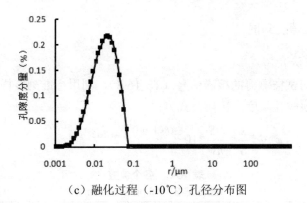

（c）融化过程（-10℃）孔径分布图

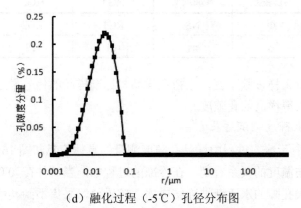

（d）融化过程（-5℃）孔径分布图

图 16-9 融化过程各个温度孔径分布图（续图）

Fig.16-9 The pore size distribution map of each temperature melting process

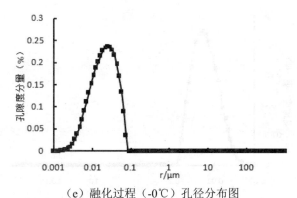

（e）融化过程（-0℃）孔径分布图

图 16-9　融化过程各个温度孔径分布图（续图）

Fig.16-9　The pore size distribution map of each temperature melting process

16.5.3　孔隙度测试

16.5.3.1　方法介绍

对饱和水的试样测得的核磁信号（表 16-3），利用标准刻度样品进行刻度，将信号强度转换成孔隙度，转换公式为：

$$\varphi = \Phi * \frac{s}{S} * \frac{NS}{ns} * 10^{\frac{1}{20}(RG1-rg1)} * 2^{(RG2-rg2)} \tag{16-4}$$

表 16-3　各个参数

Table16-3　All parameters

样品	孔隙度	累加次数	RG1	RG2	核磁信号值
定标样	Φ	NS	RG1	RG2	S
待测样品	φ	ns	rg1	rg2	s

实验中保持采样参数不变，则待测样品与标准样品的信号量之比即为孔隙度之比，从而可求得样品的孔隙度。

16.5.3.2　孔隙度测试结果

从表 16-4 所示冷冻过程中样品孔隙度测量的具体信息和图 16-10 所示轻骨料混凝土孔隙度与温度的关系看到，在冷冻的过程中，当试件在 0℃以下时，随着温度的降低，大孔隙的水逐渐被冻结成冰，核磁仪器采集不到其信号，此时计算的孔隙度近似为所测温度下未冻水所占的孔隙度的数值。试样从 0℃降至-5℃、-10℃、-15℃、-20℃，孔隙度分别下降了 54.6%、63.2%、72.8%、75.3%。

从表 16-5 所示融化过程中样品孔隙度测量的具体信息中看到，在融化的过程中，从-20℃到-10℃的时候样品的孔隙度有一个降低的趋势，从-10℃到 0℃的时候，样品的孔隙度又有一个上升的趋势。从-20℃到-10℃，孔隙度有一个降低的趋势，分析原因可能是由于样品始终处于 0℃以下，样品中的冰吸附部分的水导致水的信号降低（注：温度不同会造成信号的差别，代入定标曲线会造成计算的误差）。

表 16-4　冷冻过程中样品孔隙度测量的具体信息

Table16-4　The specific information of the sample porosity measurement of the freezing process

样品	体积/ml	温度/℃	孔隙度
A1-0	0.42	常温	10.71%
		0	10.81%
		-5	4.90%
		-10	3.98%
		-15	2.94%
		-20	2.67%

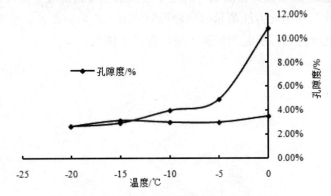

图 16-10　轻骨料混凝土孔隙度与温度的关系

Fig.16-10　The relationship between porosity and temperature of lightweight aggregate concrete

表 16-5　融化过程中样品孔隙度测量的具体信息

Table16-5　The specific information of the sample porosity measurement during melting process

样品	体积/ml	温度/℃	孔隙度
A1-0	0.42	-20	2.67%
		-15	3.15%
		-10	3.00%
		-5	2.99%
		0	3.5%

16.6　小结

本章通过低温冻融核磁共振测试轻骨料混凝土孔溶液在冻融过程中的变化，测量得到冷冻过程和融化过程中各个温度下轻骨料混凝土孔溶液的信号量、结冰量、孔隙率等，为建立轻骨料混凝土抗冻耐久性预测模型提供了必要的参数。可得出如下结论：

（1）由于在冻结过程中存在孔溶液结冰的滞后现象，用融化过程中的含冰量来评价由孔溶液结冰引起的静水压及产生是不合适的，必须研究轻骨料混凝土孔溶液在冻结过程中的结冰状况。

（2）轻骨料混凝土孔溶液的结冰速率在-15℃以上较高，在-15℃以下较低，轻骨料混凝土的冻害主要由孔溶液在-15℃以上的冻结引起。虽然在-15℃以下仍有部分孔溶液结冰，但引起的冻害很小。

（3）低温冻融核磁共振测试可应用于较大的轻骨料混凝土试件，测试方法比较简单、快速，利用此方法测量得到轻骨料混凝土孔溶液在各负温下的结冰量，为定量地研究冻融循环引起的混凝土破坏提供了依据。

第十七章 轻骨料混凝土抗冻耐久性预测模型

对混凝土冻融破坏的研究起始于 20 世纪 30 年代，在破坏机理、混凝土性能的影响、气孔的作用等方面均取得了很多有价值的成果，有些已成果应用于实际工程中。以上工作主要是针对某一方面的定性研究，而混凝土的抗冻性是由多种因素共同决定的。建立耐久性预测模型可以定量考察各参数对混凝土耐久性的影响，可以建立快速试验条件与实际使用环境的关系，并且可以实现混凝土结构的耐久性设计和维修。

美国混凝土专家 Metha 曾指出，一个可靠的耐久性预测方法应包括对材料本身的精确定义、对使用环境的精确定义以及在联系快速试验和实际使用情况基础上建立的数据库。本章研究的目的就是要充分利用现有的研究成果，同时引用损伤力学的研究方法，建立根据轻骨料混凝土基本性能参数预测轻骨料混凝土在冻融循环作用下动弹模量损失率的模型，进而为预测轻骨料混凝土其他性能的损伤提供依据。

17.1 混凝土冻融破坏机理

对于混凝土抗冻性能的研究，必须先从混凝土冻融循环破坏机理开始。从 20 世纪 40 年代开始，国内外学者对混凝土冻融循环破坏机理提出了多种假说理论，但仍然缺少一种理论可以解释所有的混凝土冻融破坏现象，而且有些混凝土冻融破坏现象还没得到科学的解释。但是，很多的研究成果得出了结论，尤其是静水压假说和渗透压假说提出后，对研究混凝土冻融循环破坏有很好的借鉴意义，这两种假说理论也得到很多学者的认同和发展。下面对经典的静水压假说、渗透压假说做一下简单的介绍。

17.1.1 静水压假说

1945 年，Powers 提出了混凝土受冻破坏的静水压假说[63]。该假说认为，在冰冻过程中，混凝土孔隙中的部分孔溶液结冰膨胀，迫使未结冰的孔溶液由结冰区向外迁移。孔溶液在可渗透的水泥浆体结构中移动，必须克服粘滞阻力，因而产生静水压，形成破坏应力。当含水量超过某一临界饱和度时，就会在冰冻过程中发生这样的流动。显然，流动粘滞阻力即静水压力会随孔溶液流程长度的增加而增加，因此，相当于临界饱和度，存在一个极限流程长度或极限厚度。如果流程长度大于临界值，则产生的静水压力超过材料的抗拉强度而造成破坏。根据这一假说，拌和时掺入了引气剂的引气混凝土硬化后，水泥浆体内分布有不与毛细孔连通的、封闭的气孔，气孔提供了未充水的空间，使未冻孔溶液得以就近排入其中，缩短了形成静水压力的流程。显然，气孔之间的间隔距离应足够小，才能使水泥石中任一点至最近的气孔的距离不超过极限流程长度，

1949 年 Powers 充实了这一理论，定量地讨论了为保证水泥石的抗冻性而要求达到的气孔间隔距离[102]。采用图 17-1 模型表示水泥石结构，在此基础上计算了冰冻时气孔周围厚度为 L 的水泥浆体内产生的静水压，其大小与混凝土的渗透性、水饱和度、温度下降率、气孔半径、气孔间距有关。认为当静水压超过水泥石抗拉强度时，水泥石破坏，并根据水泥石抗拉强度计算出允许的最大水泥石厚度 L_{max}（即两气孔间隔距离的一半），水泥石中任一点至气孔的距离均不得超过此值。同时，Powers 给出了平均气孔间隔系数 $\overline{L}$ 的定义及测量，后来发展为 ASTM C457《硬化混凝土中气孔含量和气孔体系参数的微观测量标准》。$\overline{L}$ 表示水泥石气孔壁之间平均距离的一半，或可表述为水泥石孔隙中的溶液要到达气孔所需流经的平均最大距离。

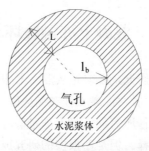

图 17-1　静水压计算模型

Fig.17-1　The calculation model of hydrostatic pressure

1954 年，Powers 进一步明确提出应依据气孔间隔系数 $\overline{L}$ 来设计和控制引气混凝土的抗冻性，认为不同配合比的混凝土当 $\overline{L}$<0.01in（250μm）时都能表现出良好的抗冻性，并说明以 $\overline{L}$ 作为衡量混凝土抗冻性的标准较之含气量更为合理。因为含气量即使达到要求，若气孔大而疏，间距大，混凝土仍不抗冻[103]。

静水压假说在混凝土冻害机理研究中意义重大，平均气孔间隔系数 $\overline{L}$ 已成为评价混凝土抗冻耐久性的重要指标。虽然有些学者怀疑 $\overline{L}$ 是否为决定混凝土抗冻性的控制因素，对是否将 0.01in 这一数值应用于所有混凝土有不同看法，但 Powers

提出的平均气孔间隔系数 $\overline{L}$ 的概念因其使用方便、实用效果好等特点，至今仍是指导混凝土抗冻性设计的基础。Pigeon 总结认为，$\overline{L}$ 是混凝土抗冻性研究中最有意义的参数[104]。另外，Powers 提出的计算水泥石中由孔溶液结冰引起的静水压力的数学表达式包含了影响混凝土抗冻耐久性的主要因素，建立了静水压与水泥石渗透性、孔溶液结冰量、结冰速率、气孔分布等参数的定量关系，为定量评价混凝土抗冻性作出了开创性的贡献。

17.1.2　渗透压假说

提出静水压假说之后，Powers、Helmuth 等人继续在实验的基础上对混凝土的抗冻性进行了长期系统的研究，发现虽然某些实验结果可证明静水压假说的合理性，尤其是当水泥浆体孔隙率高、完全饱水的条件下，但不能解释另一些重要的实验现象，如非引气浆体当温度保持不变时出现的连续膨胀，引气浆体在冻结过程中的收缩等[105]。Powers、Helmuth 等继而于 20 世纪 60 年代年代发展了渗透压假说。

1975 年，Powers 系统地总结了混凝土冻害机理的研究成果，详细介绍了渗透压假说，并认为在混凝土中应同时考虑水泥浆体及骨料两方面的受冻行为，而以前的研究主要集中在水泥浆体的冻害上[106]。

（1）水泥浆体的冻害

随着温度的下降，较大的水泥浆体孔隙中首先有冰晶体形成。渗透压假说认为，由于水泥浆体孔溶液呈弱碱性，冰晶体的形成使这些孔隙中未结冰孔溶液的浓度上升，较小孔隙的未结冰孔溶液向已出现冰晶体的大孔中迁移，产生渗透压力。即使当孔溶液的浓度为 0，即为水时，结冰的大孔与未结冰的小孔之间也存在压力。这是因为冰的饱和蒸汽压低于同温下水的饱和蒸汽压，为达到热力学平衡，小孔中的未结冰溶液同样要向结冰大孔中的冰晶体迁移，由此产生内压力。Powers 认为这两种情况没有根本不同，为方便起见，均称之为渗透压。孔溶液的迁移使结冰孔隙中冰和溶液的体积不断增长，渗透压也相应增长。渗透压作用于水泥浆体，导致水泥浆体的内部开裂。通常采用的引气的重要作用就在于阻止渗透压的增长。冰冻过程中，孔溶液可以迁入已结冰的孔中，也可以进入邻近的气孔。但迁入结冰的孔必须克服越来越大的渗透压，而进入气孔则不会产生渗透压，因为气孔内有足够的空间容纳。所以，大部分迁移水将进入气孔，使水泥浆体中的渗透压得以缓解。显然，平均气孔间隔系数 $\overline{L}$ 也是渗透压假说的合理参数。

静水压假说与渗透压假说最大的不同在于未结冰孔溶液迁移的方向。静水压假说认为孔溶液离开冰晶体，由大孔向小孔迁移；渗透压假说则认为孔溶液向小孔移向冰晶体。这两种假说均为混凝土冻融破坏理论的重要组成部分，至今为大多数学者所接受。

（2）骨料的冻害

骨料与水泥浆体相比，一般具有较大的孔隙尺寸，其中大部分孔隙水都在接近 0℃ 且较窄的温度范围内冻结。饱和的骨料在冻结过程中向外排水，在骨料内或水泥浆基体中产生静水压。关于骨料的冻害机理现已达成一致的观点，即静水压假说适用于解释骨料的冻害。

相当于水泥石的极限厚度，骨料的大小也有一临界尺寸，即骨料在冻结过程中，其中的未冻水能排至外表面而不使骨料受静水压破坏的最大距离，其大小由冰冻速率、骨料的水饱和度、渗透性和抗拉强度决定。超过临界尺寸的骨料，在受冻时容易破裂。因此，骨料粒径的大小是反映其抗冻性的重要参数。骨料向外排出的水经过界面进入水泥浆体中的毛细孔和气孔，在界面处产生静水压。骨料颗粒越大，比表面积越小，界面处的静水压越大，故冻融破坏中常见露石与石头剥落现象。一般细骨料在冻融中不产生破坏作用，因其尺寸往往小于临界尺寸，而且在周围水泥浆体中引入的气孔能起到有效的保护作用。

（3）混凝土中的综合效应

混凝土中，若水泥浆体内引入气孔的间距足够小，则水泥浆体抗冻；其中的骨料若处于饱水状态，则即使是小于临界尺寸、本身抗冻的骨料，也会在骨料与水泥浆体的界面处产生较大的静水压，引起水泥浆体的开裂或骨料-水泥浆体界面分离；而大于临界尺寸的骨料本身会因内部的静水压破坏。引气水泥浆体与质地密实、不含可冻水分的骨料组成的混凝土可以在持续潮湿中保持良好的抗冻性。因此，为保证混凝土在冻融循环作用下的耐久性，应注意选择密实的、粒径较小的骨料，并使用引气剂，保证混凝土中适宜的含气量和平均气孔间隔系数。

17.2 轻骨料混凝土抗冻耐久性预测模型

冻害之所以发生，是由于混凝土孔溶液结冰时产生的内应力直接作用于孔结构，导致混凝土内部产生不可逆的微裂纹损伤，因此，研究孔溶液冻结的破坏作用应基于孔结构这一层次。在冻融的循环作用下，内应力反复作用于混凝土，混凝土内的微裂纹损伤不断积累、扩展，最终导致混凝土不能满足工作需求。实际工程中需要了解的是混凝土在这种反复作用下，其宏观性能的损失程度。因此，混凝土抗冻耐久性的预测模型应能反映混凝土在冻融循环作用下从微观损失发展到宏观性能降低的破坏全过程。

对混凝土的抗冻性研究结合了微观与宏观的层次，结合了原因学与现象学观点，从材料科学和力学的角度同时加以分析。

首先讨论作用于轻骨料混凝土孔结构的内应力的大小。内应力由孔溶液冻结引起，直接导致轻骨料混凝土冻害。为此，必须在微观孔结构层次上明确轻骨料混凝土冻害发生的机理。

17.2.1 静水压是导致轻骨料混凝土冻害的主要原因

轻骨料混凝土内部结构的复杂性决定了混凝土冻害机理的复杂性，静水压、渗透压假说是经常被引用的两种理论。本章轻骨料混凝土孔溶液冻结产生的内应力以静水压为主，静水压是导致混凝土冻害的主要原因。

Powers 早期提出了静水压假说，但在后来的研究中发现，虽然在有些实验中证实了静水压解释，如未引气净浆在温度保持恒定时的连续膨胀、引气净浆的收缩。但是，预期的冰冻速率对冻害程度的影响未能始终如一的观察到。因而 Powers 本人后来偏向于渗透压假说[106]。

然而其他一些学者的研究结果支持静水压假说。Fagerlund 对水泥浆体中结冰量、结冰速率和长度变化的测量及对水泥浆体的渗透性与温度关系的估算都说明了静水压假说的合理性。根据静水压假说，Fagerlund 推导了材料临界饱和度与材料性质的关系，并在水泥净浆和水泥砂浆的试验中进行了验证[107]。Pigeon 等曾专门研究冰冻速率与混凝土抗冻性的关系，实验表明冰冻速率对混凝土抗冻性的影响与静水压假说的预测一致，根据静水压假说得到的计算结果与实验结果符合很好[108,109]。

另外，我国学者唐明述也认为，渗透压假说是值得商榷的[95]。根据 Powers 的观点，渗透压产生的原因之一是结冰孔隙内溶液的浓度高于未结冰孔隙内溶液的浓度，它们之间的浓度差导致了渗透压。然而孔隙中 $Ca(OH)_2$ 的饱和溶液结冰之后使未结冰的溶液成为 $Ca(OH)_2$ 的过饱和溶液，$Ca(OH)_2$ 将形成晶体析出，最终还是保持 $Ca(OH)_2$ 的饱和溶液。未结冰孔隙内的溶液也是 $Ca(OH)_2$ 的饱和溶液，因而不可能在二者之间造成浓度差，也就是说不可能由此产生渗透压。Powers 还提出渗透压产生的另一原因是同温下冰与水的饱和蒸汽压差。在此，Powers 实质上指的是平面水和平面冰的蒸汽压。但在混凝土这种多孔材料体系中，处于毛细管中的水呈凹液面，其蒸汽压将显著降低，而处于毛细管中的冰也不可能是平面，其生长受到毛细管的限制，形成的是小的冰晶，这种小冰晶的蒸汽压较平面冰高，当毛细管小到一定程度时，其蒸汽压有可能高于呈凹液面的毛细管水的蒸汽压，因此在它们之间似乎也不可能形成渗透压。

根据以上分析，本章以静水压假说作为理论依据，在此基础上，研究由孔溶液结冰产生的破坏应力的大小。

17.2.2　冻融中轻骨料混凝土内应力的计算模型

在进行具体的计算之前，应明确作为研究对象的轻骨料混凝土所处的饱和状态。饱和度是影响混凝土抗冻性的主要参数之一。当饱和度过低时，混凝土的冻融破坏程度较低；当饱和度非常高时，混凝土在冻融数次后即可迅速破坏，二者均没有研究寿命的必要。从毛细孔自然吸水试验结果可见，混凝土的吸水过程分为两部分，曲线上的拐点是毛细孔吸水和气孔吸水的分界点，对应于毛细孔极限吸水量。毛细孔通常是连通的，并有毛细作用，吸水速率很快，在潮湿环境中极易达到饱和；气孔是封闭的，吸水速率十分缓慢，不易充水。实际中发生冻融破坏的混凝土多处于极度潮湿的环境中，经常与水接触，如大坝的水位变化区、桥墩在水面附近的部位。因此，本文研究自然饱和后的轻骨料混凝土，假定混凝土内部的毛细孔已饱和，而气孔未饱和，冰冻时可提供缓解静水压的空间。

此外，本文着重研究轻骨料混凝土内浮石、水泥浆体两部分都包括的抗冻性，此前学者都着重在普通混凝土的水泥浆体，而忽略骨料及界面等部分的抗冻性，结果跟实际存在一定的误差。为了避免过大的误差，本文选择浮石、水泥浆体都存在的试样进行内应力计算。

Powers 是定量地讨论水泥石的抗冻性能而要求达到的气孔间隔距离[102]。因为浮石骨料的抗拉强度也较小，并且从轻骨料混凝土的抗折面上（图 17-2）看到并非只沿骨料与水泥砂浆界面破坏，可以明显地看到断裂面处轻骨料呈 90°左右的剪切破坏。由于轻骨料本身的强度较低，所以在外界压力作用下，骨料也被剪切破坏。为了更加全面地了解轻骨料混凝土孔结构的内应力，本节假设骨料与水泥浆体为性质相同的一整体。

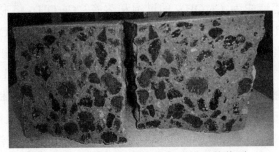

图 17-2　轻骨料混凝土抗折破坏后的截面

Fig.17-2　The cross section of lightweight aggregate concrete with flexural damage

由混凝土孔溶液冻结产生的内应力，Powers 在计算引入气孔的间隔要求时，采用了图 17-1 所示水泥石结构简化模型[102]。本节则是将轻骨料混凝土内的骨料、浆体两部分看成一个整体结构进行类似简化，将 Powers 模型视为构成混凝土结构的基本单元，这一基本单元由气孔和气孔周围厚度为平均气孔间隔系数 $\overline{L}$ 的水泥浆体、骨料组成。冰冻发生时，轻骨料混凝土内的未冻孔溶液就近向气孔迁移，缓解由冰冻产生的静水压。按照 Powers 的推导，应用达西定律计算因未冻孔溶液迁移而产生的静水压：

$$\frac{\mathrm{d}P}{\mathrm{d}r} = -\frac{\eta}{K}u \tag{17-1}$$

其中：P—静水压，Pa；r—孔溶液渗透方向的坐标，m；η—孔溶液的动力粘滞系数，poise；K—孔溶液在水泥浆体中的渗透系数，m^2；u—孔溶液的流速，m/s。

孔溶液通过半径为 r 的单位球面面积的流速为：

$$u = 0.03\frac{\mathrm{d}w_f}{\mathrm{d}t}\left[\frac{(\overline{L}+r_b)^3}{r^2}-r\right]$$
$$= 0.03U\frac{\mathrm{d}\theta}{\mathrm{d}t}\left[\frac{(\overline{L}+r_b)^3}{r^2}-r\right] \tag{17-2}$$

其中：$\dfrac{\mathrm{d}w_f}{\mathrm{d}t}$—单位时间内，单位体积的水泥浆体内结冰的孔溶液体积，$\mathrm{m}^3/\mathrm{m}^3/\mathrm{s}$；

$U-\dfrac{\mathrm{d}w_f}{\mathrm{d}\theta}$，温度降低1℃时，单位体积水泥浆体内结冰的孔溶液体积，$\mathrm{m}^3/\mathrm{m}^3/℃$；

θ—温度，℃；$\dfrac{\mathrm{d}\theta}{\mathrm{d}t}$—降温速率，℃/s。

将（17-2）代入（17-1），两边从 r_b 到 r 积分，得距气孔中心半径为 r 处的静水压 P 为：

$$P = 0.03\frac{\eta}{K}U\frac{\mathrm{d}\theta}{\mathrm{d}t}\int_{r_b}^{r}\left[\frac{(\overline{L}+r_b)^3}{r^2}-r\right]$$
$$= 0.03\frac{\eta}{K}U\frac{\mathrm{d}\theta}{\mathrm{d}t}\left[\frac{(\overline{L}+r_b)^3}{r_b}+\frac{r_b^2}{2}-\frac{(\overline{L}+r_b)^3}{r^2}-\frac{r^2}{2}\right] \tag{17-3}$$

当 $r = \overline{L}+r_b$ 时，即在距离气孔最远处，静水压 P 达到最大值；当 $r = r_b$ 时，即在气孔边缘，静水压力为 0。为简化计算，将静水压力近似等效为沿径向均匀分布，均匀分布的静水压力值为：

$$P_{ave} = \frac{\int_{r_b}^{\overline{L}+r_b} P dr}{\overline{L}} = \frac{\eta}{K} C \Phi(\overline{L}) \qquad (17\text{-}4)$$

其中：$\Phi(\overline{L}) = \dfrac{\overline{L}^3}{r_b} + \overline{L}^2 + \dfrac{5}{6}(\overline{L}+r_b)^2 + \dfrac{1}{3}r_b^2 - \dfrac{(\overline{L}+r_b)^3}{\overline{L}}\ln\dfrac{\overline{L}+r_b}{r_b}$；$C = 0.03\dfrac{\mathrm{d}\theta}{\mathrm{d}t}\dfrac{\mathrm{d}w_f}{\mathrm{d}\theta}$

$= 0.03\dfrac{\mathrm{d}\theta}{\mathrm{d}t}U$；$P_{ave}$ 即为冰冻过程中，混凝土的静水压力。

第十六章的结果表明，受轻骨料混凝土孔结构的影响，冰冻过程中不同温度下孔溶液的结冰速率是变化的；孔溶液结冰量的大小又直接影响混凝土的渗透性，因为冰的存在堵塞了部分孔溶液渗透途径，混凝土的渗透系数 K 随着温度的降低而减小；水的动力粘滞系数 η 本身即是温度的函数；而通常外部环境的降温速率 $\dfrac{\mathrm{d}\theta}{\mathrm{d}t}$ 也不是常数，所以冰冻过程中静水压力 P_{ave} 随冻结的程度而变化。升温过程中没有孔溶液进一步结冰，根据式（17-4），$U = 0$，因而静水压力 $P_{ave} = 0$。

17.3　轻骨料混凝土静水压计算过程

17.3.1　硬化混凝土气泡参数试验

根据 ASTM C457 规范测定硬化混凝土中的平均气孔半径 r_b 和平均气孔间隔系数 $\overline{L}$。首先将试件切割成 $100\text{mm}\times100\text{mm}\times20\text{mm}$ 的立方体，然后将 $100\text{mm}\times100\text{mm}$ 的截面洗刷干净，将观测面分别采用 400 号和 800 号金刚砂仔细研磨，每次磨完后应洗刷干净，再进行下次研磨，最后在抛光机转盘的涂料上涂刷氧化铬，进行抛光，再洗刷干净，在 $105℃\pm5℃$ 的烘箱中烘干。

将处理的试样置于 RapidAir457 混凝土气泡间距系数测定仪（图 17-3）上的显微镜下测试，当强光以低入射角照射在观察面上，观察到表面除了气泡界面和骨料孔隙外，基本是平的，气泡边缘清晰，并能测出尺寸为 $10\mu m$ 的气泡截面（图 17-4），即可认为该观察截面已加工合格。

观察前用物镜测微尺校准目镜测微尺刻度，在观察面两端，附贴导线间距标志，使选定的导线长度均匀地分布在观测面范围内。调整观测面的位置，使十字丝的横线与导线重合，然后用目镜测微尺进行定量测量。从第一条导线起点开始观察，分别测量并记录视域中气泡个数及测微尺所截取的每个气泡的弦长刻度值，也可直接测得气泡截面。第一条导线测试完后再按顺序进入第二、三、四……条导线，直至测完规定的导线长度。

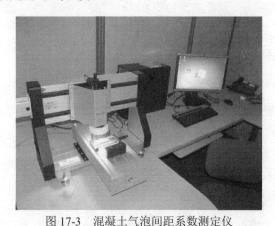

图 17-3　混凝土气泡间距系数测定仪
Fig17-3　Instrument for measuring spacing coefficient of foam concrete

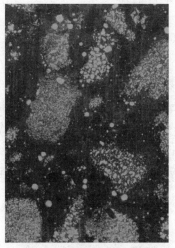

图 17-4　RapidAir 拼接图
Fig.17-4　RapidAir mosaic

平均气孔半径r_b和平均气孔间隔系数$\overline{L}$按照试验结果处理应按以下公式计算：

1）气泡平均弦长按照下式计算：

$$\bar{l} = \frac{\sum l}{n} \tag{17-5}$$

2）气泡比表面积按下式计算：

$$\alpha = \frac{4}{\bar{l}} \tag{17-6}$$

3）气泡平均半径按下式计算：

$$r_b = \frac{3}{4}\bar{l} \tag{17-7}$$

4）硬化混凝土中的空气含量按下式计算：

$$A = \frac{\sum l}{T} \tag{17-8}$$

5）$1000mm^3$ 混凝土的气泡个数按下式计算：

$$n_v = \frac{3A}{4\pi r_b^3} \tag{17-9}$$

6）气泡间距系数按下式计算：

当混凝土中 P/A 大于 4.33 时，

$$\bar{L} = \frac{3A}{4n_1}\left[1.4\left(\frac{P}{A}+1\right)^{1/3}-1\right] \tag{17-10}$$

当混凝土中 P/A 小于 4.33 时，

$$\bar{L} = \frac{P}{4n_1} \tag{17-11}$$

其中：$\bar{l}$—气泡平均弦长，mm；$\sum l$—全导线所切割的气泡弦长总和，mm；n—全导线所切割的气泡总个数；α—气泡比表面积，mm^2/mm^3；r_b—气泡平均半径，mm；n_v—$1000mm^3$ 混凝土中的气泡个数；A—硬化混凝土的空气含量（体积比）；T—导线总长，mm；P—试件混凝土中胶凝材料浆体含量（体积比，不包括空气含量）；n_1—平均每 10mm 导线切割的气泡个数；$\bar{L}$—气泡间距系数，mm。

根据混凝土气泡间距系数测定仪和以上公式可以得出：

$$r_b = \frac{3}{4}\bar{l} = \frac{3}{4}\times 0.214 = 0.1605mm$$

$$\bar{L} = 0.56mm$$

将试验结果代入式（17-4）中可得 $\Phi(\bar{L})$：

$$\Phi(\bar{L}) = \frac{\bar{L}^3}{r_b} + \bar{L}^2 + \frac{5}{6}(\bar{L}+r_b)^2 + \frac{1}{3}r_b^2 - \frac{(\bar{L}+r_b)^3}{\bar{L}}\ln\frac{\bar{L}+r_b}{r_b}$$

$$= 8.46\times 10^{-7}\,m^2$$

17.3.2 静水压力的计算

用水的动力粘滞系数近似代替孔溶液的动力粘滞系数，水的动力粘滞系数 η 随温度的降低而增大，在 $0\sim-15℃$ 下 η 的值如表 17-1 所示[166]。

表 17-1 负温下水的动力粘滞系数 η
Table17-1 Coefficient η of dynamic viscosity of negative temperature of water

温度/℃	0	-5	-10	-15
η (×10^{-3}Pa·s)	1.798	2.147	2.614	3.200

Powers 给出水泥石渗透系数与水泥石毛细孔隙率的经验关系式[102,110]，

$$K = 3550\varepsilon^{3.6} \times 10^{-21} \qquad \varepsilon \in [0.1, 0.35] \qquad （17-12）$$

其中：K —水泥石的渗透系数，ε —水泥石的毛细孔隙率。

本章计算轻骨料混凝土的渗透系数 K。实际包括了水泥浆体和骨料两部分的毛细孔隙率 ε，可以用以下过程测试：将轻骨料混凝土试件从标准养护箱中取出，在常温的水中浸泡 4d，与快速冻融前的处理方式一致，将饱水后的轻骨料混凝土取出，擦干表面水，称取重量；然后放入 $70℃\pm5℃$ 的烘箱中烘干，至重量恒定时停止。因为浸泡过程中主要是轻骨料混凝土中的开口孔隙吸水，即毛细孔饱水，所以近似认为烘干的水分为毛细孔水，其体积为毛细孔体积。用相同的方法可测试浮石的毛细孔隙率。

各温度下未结冰孔溶液体积由第十六章低温核磁共振试验关于未结冰孔溶液相对体积的试验结果及毛细孔初始含水量计算而来，因而假设某温度下未结冰孔溶液的体积即为该温度下可渗水的毛细孔体积，轻骨料混凝土的孔隙率根据第十六章低温核磁共振仪得出各个温度下的孔隙率，但式（17-12）是水泥石的渗透系数经验公式，直接代入误差较大。为了尽可能减小误差，根据其骨料占轻骨料混凝土体积的 44%，水泥石占轻骨料混凝土体积的 56%，烘干的毛细孔溶液占轻骨料混凝土体积的 12.2%，浮石的孔隙率 $\varepsilon_{浮石}$ 为 17%～18%，则轻骨料混凝土中的水泥石的毛细孔隙率 $\varepsilon_{水泥石}$ 为 8.4%～7.6%，所以 $\varepsilon_{浮石}=(2\sim2.37)\varepsilon_{水泥石}$，即 $\varepsilon = (3\sim3.37)\varepsilon_{水泥石}$。因此可将式（17-12）改为：

$$K = 3550\left[(3\sim3.37)\varepsilon\right]^{3.6} \times 10^{-21} \qquad （17-13）$$

因为式（17-12）中的 $\varepsilon \in [0.1, 0.35]$，根据第十六章表 16-4 的孔隙率，取 3.2 倍较为合适，所以式（17-13）改为：

$$K = 3550(3.2\varepsilon)^{3.6} \times 10^{-21} \qquad 3.2\varepsilon \in [0.1, 0.35]$$

$$\approx 3550 \times 65.8(\varepsilon)^{3.6} \times 10^{-21} \qquad (17\text{-}14)$$

冰冻过程中，不断增加的孔溶液结冰量将阻塞部分毛细孔通道，使可渗水的毛细体积减小，从而降低混凝土的渗透性。也就是说，渗透系数 K 随着孔溶液的逐步冻结而减小。K 的改变对静水压的大小有显著影响[107]，因而假设某温度下未结冰孔溶液的体积即为该温度下可渗水的毛细孔体积，由式（17-14）得出该温度下轻骨料混凝土的渗透系数 K。

将第十六章表 16-4 中各个温度下的孔隙率代入公式（17-14）可得到轻骨料混凝土的渗透系数：

$$K = 3550 \times 65.8 \times 0.1081^{3.6} \times 10^{-21} = 77.67 \times 10^{-21} \text{m}^2$$

温度降至-5℃，根据第十六章结果和上述假设，此时的渗透系数大小为：

$$K = 3550 \times 65.8 \times 0.049^{3.6} \times 10^{-21} = 4.50 \times 10^{-21} \text{m}^2$$

其他温度下 K 的计算与-5℃时相似，只要将不同温度下的未结冰孔溶液相对体积（孔隙度）代入式（17-12）即可。表 17-2 给出各温度下轻骨料混凝土渗透系数的结果。

表 17-2　各温度下的轻骨料混凝土渗透系数 K（10^{-21}m^2）

Table17-2　The coefficient of permeability of lightweight aggregate concrete under different temperature

温度（℃）	0	-5	-10	-15
渗透系数 K	77.67	4.50	2.13	0.72

孔溶液结冰速率 U 也是在第十六章试验结果的基础上得到。图 16-5 给出轻骨料混凝土在负温下结冰孔溶液的相对体积，曲线上各点的斜率为降温单位温度时，结冰孔溶液体积增长率。取 5℃ 为一个温度区间，假设在每个温度区间内孔溶液结冰速率均匀，如温度从 0℃ 降至-5℃ 的过程中，有 56.00% 的孔溶液结冰。孔溶液在轻骨料混凝土中的体积百分率近似取轻骨料混凝土的毛细孔隙率 14.7%，所以单位轻骨料混凝土体积中孔溶液的结冰速率 U 为：

$$U = \frac{56\% \times 14.7\%}{5} = 16.5 \times 10^{-3}\text{℃}^{-1}$$

轻骨料混凝土在不同温度区间内的孔溶液结冰速率 U 见表 17-3。

试验过程中各温度区间的降温速率 $\dfrac{\mathrm{d}\theta}{\mathrm{d}t}$ 也是变化的，见表 17-4。

表 17-3　各温度区间的 U（$\times 10^{-3}$℃$^{-1}$）

Table17-3　Each temperature interval　U

温度区间（℃）	0～-5	-5～-10	-10～-15	-15～-20
U	16.5	1.14	1.01	0.20

表 17-4　各温度区间的降温速率

Table17-4　The rate of cooling the temperature range

温度（℃）	0～-5	-5～-10	-10～-15	-15～-20
温度下降速率($\times 10^{-3}$℃/s)	4.79	2.74	1.83	1.53

得到以上参数，即可根据式（17-4）计算冷冻过程中轻骨料混凝土所受静水压力的大小，见表 17-5。

$$C = 0.03 \frac{d\theta}{dt} U$$
$$= 0.03 \times 4.17 \times 10^{-3} \times 16.5 \times 10^{-3}$$
$$= 2.06 \times 10^{-6} s^{-1}$$

表 17-5　各温度区间的参数 C

Table17-5　The temperature range of parameters C

温度（℃）	0～-5	-5～-10	-10～-15	-15～-20
C($\times 10^{-6} s^{-1}$)	2.37	0.094	0.055	0.0092

$$\Phi(\overline{L}) = \frac{\overline{L}^3}{r_b} + \overline{L}^2 + \frac{5}{6}(\overline{L} + r_b)^2 + \frac{1}{3}r_b^2 - \frac{(\overline{L} + r_b)^3}{\overline{L}} \ln \frac{\overline{L} + r_b}{r_b}$$

$$= 8.46 \times 10^{-7} \, \text{m}^2$$

$$P_{ave} = \frac{\eta}{K} C \Phi(\overline{L})$$

$$= \frac{1.798 \times 10^{-3}}{77.67 \times 10^{-21}} \times 2.37 \times 10^{-6} \times 8.46 \times 10^{-7}$$

$$= 0.046 \text{MPa}$$

轻骨料混凝土在各温度区间内静水压力 P_{ave} 的计算结果见图 17-5 和表 17-6。从图表中可见，随着温度的降低，轻骨料混凝土内的静水压逐渐增大，最大静水压产生在-10℃～-15℃之间，因而轻骨料混凝土在这一温度区间内遭受最大的冻害；在随后的温度区间内，静水压力迅速降低，对轻骨料混凝土的破坏大为减小。

这与第十六章的研究结论相符。

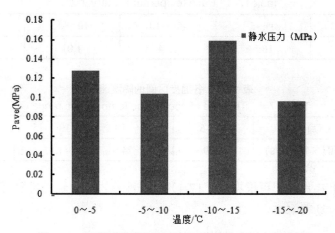

图 17-5　随温度的降低轻骨料混凝土静水压力的发展

Fig.17-5　With the temperature decreasing hydrostatic pressure of lightweight aggregate concrete development

表 17-6　轻骨料混凝土在各温度区间所受静水压力（MPa）

Table17-6　Lightweight aggregate concrete under hydrostatic pressure at each temperature interval（MPa）

温度区间（℃）	0～-5	-5～-10	-10～-15	-15～-20
静水压力（MPa）	0.046	0.038	0.058	0.035

17.4　预测轻骨料混凝土抗冻耐久性的疲劳损伤模型

冻融循环使得混凝土内部微裂纹损伤不断扩展，直接导致混凝土宏观力学性能的降低。在冻融循环的冰冻过程中，不仅对混凝土孔结构内部存在损伤，而且对混凝土整体存在破坏。在工程实际中，一次或者两次的冻融循环对混凝土基本没有什么影响，但经过多次冻融循环后混凝土将丧失工作性能。因此，冻融循环对混凝土是一种疲劳作用，由冻融循环引起的混凝土损伤是疲劳损伤。因此本节运用疲劳损伤理论，建立冻融循环作用下，轻骨料混凝土宏观性能的降低与微观损伤发展的关系。

17.4.1　损伤力学的研究方法

损伤力学的研究方法一般是先选择一个变量表示材料的损伤，这个变量可为标量、矢量或张量，然后建立损伤在外力作用下的演化方程，在此基础上计算材料在某外力作用下的损伤程度，从而达到预估材料寿命的目的。损伤理论是将固体物理学、材料强度理论和连续介质力学统一起来进行研究，因此，用损伤理论推导所得的结果，既可反映材料微观结构的变化，又能说明材料宏观力学性能的实际变化状况，而且计算的参数还应是宏观可测的，这在一定程度上弥补了微观与宏观研究的不足。以下将损伤力学应用于轻骨料混凝土抗冻耐久性分析中。

17.4.2 混凝土冻害损伤演化方程

蔡昊[66]以 Powers[63]静水压假设为基础，推导得出毛细孔壁静水压力的计算公式，并以混凝土单向受拉时的破坏过程近似模拟静水压作用下混凝土内部的损伤发展，对 Loland 混凝土单向受拉损伤演化方程作修正，得到了预测混凝土抗冻性的疲劳损伤模型。

根据 Powers 静水压计算模型，按达西定律推导出与式（17-4）相似的静水压力计算公式。以损失变量 D 代表混凝土受冻后的动弹模量损失率，考虑损失的材料应力-应变本构方程为

$$\sigma = E_0 \cdot \varepsilon (1 - D) \tag{17-15}$$

蔡昊[66]认为：静水压是各向均匀的内压力，而单向拉伸是单向外部拉力，两者的作用方式不同，对材料造成的破坏也不同，但对于混凝土材料而言，这两种作用又是相似的。混凝土是一种不均匀的脆性材料，在三向均匀拉应力作用下，最终破坏总是发生在最薄弱截面，与单向拉伸破坏相似，因此，可用单向拉伸近似模拟混凝土在内部静水压作用下的情况。

蔡昊将 Loland 混凝土单向受拉损伤演化模型进行修正，因为混凝土冻害受损一般在内部均匀产生，不产生与单向受拉一样的损伤局部化和主裂缝，因此要将 Loland 模型中损伤局部化的部分去除，修正后的 Loland 模型如下

$$D = D_0 + C\varepsilon^{\beta} \tag{17-16}$$

式中：$\beta = \dfrac{\lambda - \dfrac{E_t}{E_0}}{1 - D_0 - \lambda}$，$C = \dfrac{1 - D_0 - \lambda}{\varepsilon_t^{\beta}}$，$\lambda = \dfrac{\sigma_t}{E_0 \cdot \varepsilon_t}$，$\sigma_t = \sigma|_{\varepsilon = \varepsilon_t}$；$D_0$—加载时刻混凝土的初始损伤；$\varepsilon_t$—混凝土在发生损伤局部化之前的最大应变，对普通混凝土，ε_t 可取应力为抗拉强度 80%时的应变；E_0、E_t—混凝土的初始弹性模量和应变为 ε_t 时的切线模量。

将式（17-16）代入式（17-15），得到考虑损伤的混凝土单向拉伸应力-应变关系：

$$\sigma = E_0 \varepsilon (1 - D_0 - C\varepsilon^{\beta}) \qquad (17\text{-}17)$$

将修正前后 Loland 损伤演化方程对混凝土单向拉伸应力-应变关系进行修正，得出修正前后的 Loland 损伤演化方程相似，并且修正后的 Loland 方程适用于描述混凝土的冻害发展过程。

17.4.3 预测轻骨料混凝土的疲劳损伤模型

$$\sigma = E_0 \cdot \varepsilon (1 - D) \qquad \varepsilon = \frac{\sigma}{E_0(1 - D)} \qquad (17\text{-}18)$$

式（17-18）的微分形式：

$$d\varepsilon = \frac{d\sigma}{E_0(1 - D)} \qquad (17\text{-}19)$$

将式（17-16）两边对时间求导，可得到损伤变化率与应变、应变率的关系：

$$\dot{D} = C\beta\varepsilon^{\beta-1}\dot{\varepsilon} \qquad (17\text{-}20)$$

将式（17-18）、式（17-19）代入式（17-20）可得：

$$\dot{D} = \frac{C\beta\sigma^{\beta-1}\dot{\sigma}}{E_0^{\beta}(1 - D)^{\beta}} \qquad (17\text{-}21)$$

对式（17-21）进行积分，积分上下限为一个加卸周期，在此为一次冻融循环，冰冻过程相当于加载过程，融化过程相当于卸载过程。假设在一个冻融循环周期内损伤变化很小，可以视一个循环内的 D 为常数[66]；并且在融化过程中，静水压为 0，损伤不增加，则每个冻融循环后，损伤的增量 $\dfrac{dD}{dN}$ 为：

$$\frac{dD}{dN} = \frac{C}{E_0^{\beta}(1 - D)^{\beta}} \int_0^{\sigma_{\max}} \beta\sigma^{\beta-1}d\sigma = \frac{C\sigma_{\max}}{E_0^{\beta}(1 - D)^{\beta}} \qquad (17\text{-}22)$$

式中：N—循环次数；$\sigma_{\max}$—一个冻融循环内，由混凝土孔溶液冻结产生的最大静水压力。

对于周期性循环载荷，边界条件为

$N = 0$ 时，$D = D_0$；

$N = N_F$ 时，$D = 1$。

其中，N_F 为混凝土冻融破坏时的循环次数。对式（17-22）积分并代入边界条件得

$$N_F = \frac{E_0^{\beta}}{(\beta + 1)C\sigma_{\max}^{\beta}} \qquad (17\text{-}23)$$

对式（17-22）积分，并将式（17-23）代入可得：

$$D = 1 - \left[(1-D_0)^{\beta+1} - \frac{C(\beta+1)\sigma_{\max}^{\beta}}{E_0^{\beta}} N \right]^{\frac{1}{\beta+1}} \tag{17-24}$$

由式（17-24），可计算轻骨料混凝土经受冻融循环后的损伤，以轻骨料混凝土动弹模量损失率作为标准，根据轻骨料混凝土的一些基本性能参数，可在理论上预测轻骨料混凝土的抗冻耐久性。通过单向拉伸试验得到轻骨料混凝土抗拉强度为 1.0655MPa：

则 $\sigma_t = 1.0655 \times 0.85 = 0.8524\text{MPa}$ ； $E_0 = 2.2703 \times 10^4 \text{MPa}$ ； $\varepsilon_t = 47.9 \times 10^{-6}$ ；

$E_t = 1.0132 \times 10^4 \text{MPa}$ 。

将上述数据代入式（17-14），取 $D_0 = 0$

$$\lambda = \frac{\sigma_t}{E_0 \cdot \varepsilon_t} = \frac{0.8524}{2.2703 \times 10^4 \times 47.9 \times 10^{-6}} = 0.7838$$

$$\beta = \frac{\lambda - \dfrac{E_t}{E_0}}{1 - D_0 - \lambda} = \frac{0.7838 - \dfrac{1.0132 \times 10^4}{2.2703 \times 10^4}}{1 - 0 - 0.7838} = 1.5611$$

$$C = \frac{1 - D_0 - \lambda}{\varepsilon_t^{\beta}} = \frac{1 - 0 - 0.7838}{(47.9 \times 10^{-6})^{1.5611}} = 1.198 \times 10^6$$

在一个冻融循环周期内，轻骨料混凝土内产生的最大静水压力 $\sigma_{\max}$ 为 0.058MPa（表 17-6），将各个参数代入式（17-24），得到轻骨料混凝土冻害损伤与冻融循环次数的关系：

$$D = 1 - \left[(1-D_0)^{\beta+1} - \frac{C(\beta+1)\sigma_{\max}^{\beta}}{E_0^{\beta}} N \right]^{\frac{1}{\beta+1}}$$

$$= 1 - \left[1 - \frac{1.198 \times 10^6 \times (1.5611+1) \times 0.132^{1.5611}}{(2.2703 \times 10^4)^{1.5611}} N \right]^{\frac{1}{1.5611+1}}$$

$$= 1 - (1 - 0.0056N)^{0.3905}$$

17.5 模型的验证

将建立的轻骨料混凝土抗冻耐久性预测模型用于轻骨料混凝土在室内条件下的抗冻性，与轻骨料混凝土快冻法试验结果对比，如图 17-6 所示。

模型考虑了轻骨料混凝土孔结构、抗拉力学性能及环境等影响混凝土抗冻耐久性的主要因素，预测结果较准确地反映了轻骨料混凝土在冻融循环作用下的行为，说明模型是合理的。同时模型中采用的表示轻骨料混凝土损伤的变量与试验标准采用的一致，便于模型在实际中的应用。规范规定混凝土动弹模量降低到初始值的 60%时停止试验，以停止试验时的冻融循环次数作为混凝土的抗冻标号。运用预测模型可直接输出当混凝土损伤 $D=0.4$，即动弹模量损伤 40%时的冻融循环次数 N，为评价混凝土的抗冻性提供依据。

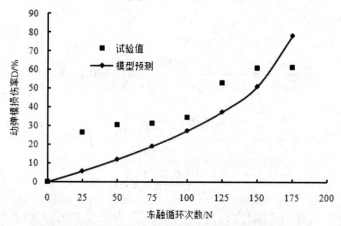

图 17-6 轻骨料混凝土抗冻耐久性预测模型的试验验证

Fig.17-6 Lightweight aggregate concrete frost resistance durability prediction model of the test

17.6 小结

本章建立了轻骨料抗冻耐久性预测模型，对轻骨料混凝土冻害的全过程进行了定量描述。模型从亚微观层次入手，讨论了影响轻骨料混凝土的主要因素，计算了轻骨料混凝土孔溶液的冻结对孔结构破坏作用的大小，并以损伤变量作为桥梁，将冰冻产生的内应力与轻骨料混凝土宏观力学性能的降低联系起来，达到了预测轻骨料混凝土在冻融循环作用下的耐久性的目的。

第十八章　结语

18.1　结论

本书以内蒙古地区的天然浮石作为粗骨料，通过室内试验，研究了轻骨料混凝土的基本力学性能和抗冻耐久性能，通过不同矿物不同掺量进行单掺试验，确定不同矿物掺量对轻骨料混凝土力学性能的影响及改性效果，并进行了双掺矿物掺量的力学试验和盐渍溶液中的抗冻性能研究，并结合内蒙古丰富的工业材料和自然资源，研究配置了一种针对寒冷地区的轻骨料混凝土，提出了它的最佳配合比。通过试验研究和理论分析，得到以下主要结论：

（1）浮石混凝土的受力破坏与普通混凝土不同，破裂面贯穿浮石骨料，表现出较强的脆性特征。

（2）利用内蒙古集宁地区的天然浮石和火力发电厂的粉煤灰，合理利用当地的资源，探讨粉煤灰对轻骨料混凝土的影响，得到试验结果表明：

1）当粉煤灰掺量≤20%时，轻骨料混凝土的抗压强度随着粉煤灰掺量的增加而呈现增加趋势；当掺量>20%时，轻骨料混凝土的抗压强度随着掺量的增加反而减小。得出粉煤灰的最佳掺量为20%。

2）粉煤灰对轻骨料混凝土的早期发育影响小，对后期发育的影响较大，主要是因为粉煤灰的二次水化作用是在14天之后。

3）经过冻融循环后，粉煤灰掺量≤20%时，强度损失率较小；掺量大于20%时，则强度损失率较大。其中掺入粉煤灰20%为最佳掺量。

（3）利用石粉替代砂子得到不同掺量对轻骨料混凝土工作性能、抗压强度、劈裂强度的影响，并通过扫描电镜得到微观结构的特点：

1）轻骨料混凝土内掺石灰石粉，随着石灰石粉的增加，轻骨料混凝土的抗压强度呈现先增加后降低的趋势。最优组的石灰石粉掺量为30%。

2）石灰石粉对轻骨料混凝土后期强度有贡献。

3）掺入石灰石粉后的轻骨料混凝土劈裂抗拉强度的变化趋势与其抗压强度的变化趋势类似，都是先增加后减小。30%的石灰石粉掺量仍是最优掺量。

4）当石灰石粉的粒径较大时，石灰石粉的活性较低，对轻骨料混凝土的前期强度作用较小，后期水化产物多以皱箔状或叠片状为主。掺入较细的石灰石粉可以填充混凝土内部孔隙，使轻骨料混凝土强度提高。

（4）利用石粉替代水泥得到不同掺量对轻骨料混凝土力学性能的影响，并借助扫描电镜分析冻融前后混凝土微结构特征，研究具有初始应力损伤的轻骨料混凝土的抗冻融性能，阐明应力损伤对轻骨料混凝土抗冻融性能的影响机理，建立包含应力损伤和冻融损伤的轻骨料混凝土力学损伤演化方程，得到如下结论：

1）内掺 10%石灰石粉可显著提高浮石混凝土抗压强度，在 3d、7d、14d、28d、60d、90d 时分别提高 17.5%、18.7%、16.3%、9.0%、4.9%、4.7%，强度提高幅度随龄期增长呈现出先增加后降低最终趋于平稳的趋势。

2）内掺 20%石灰石粉时仅 3d 和 7d 抗压强度有所提高，分别提高 6.5%和 1.1%；当石粉掺量超过 20%后，浮石混凝土各龄期抗压强度均明显下降，且随掺量增加下降幅度越来越大。

3）石灰石粉掺量对浮石混凝土劈裂抗拉强度的影响与其对抗压强度的影响类似。石灰石粉对浮石混凝土早期抗压强度的贡献要比劈裂抗拉强度大，而后期贡献基本相同。

4）借助于浮石特有的微孔结构，内掺 10%石灰石粉可有效增强浮石吸水返水性能，形成致密均匀的浮石-水泥石界面过渡区结构。

5）初始应力损伤会加速轻骨料混凝土冻融损伤的发展。当损伤度为 0.05 时，轻骨料混凝土抗冻融性能较基准组略有下降，基本可忽略应力损伤对轻骨料混凝土抗冻融性能的影响；当损伤度大于 0.05 时，轻骨料混凝土抗冻融性能明显劣化，冻融损伤程度显著提高。

6）预制应力损伤的实质是使轻骨料混凝土内部产生初始微裂纹，初始微裂纹随冻融循环而扩展延伸并萌生发展出新裂纹，新旧裂纹相互交叉贯穿，导致浮石轻骨料和水泥石表层剥落，水泥石与浮石轻骨料结合面处形成的"嵌套"结构被扰动甚至破坏，混凝土整体结构疏松，从而引起宏观性能的劣化。

7）应力损伤轻骨料混凝土冻融过程中的力学损伤演化方程为

$$D_n^f = (1-D_\sigma) - \left[(1-D_\sigma)^{2.509} - 0.0022n\right]^{\frac{1}{2.509}}$$

（5）研究石粉、粉煤灰双掺对天然轻骨料混凝土的抗压强度、抗折强度、轴心抗压强度等力学性能影响，且提出了石粉轻骨料混凝土的应力-应变曲线的本构方程，并运用 SEM 扫描电镜从微观结构分析不同石粉掺量对试件内部结构的影响。结果表明，石粉的掺入对天然轻骨料混凝土基本力学性能改善较为明显，并确定粉煤灰掺量 20%，石粉掺量 30%时轻骨料混凝土的力学性能最佳，且得到石粉轻骨料混凝土的本构关系用有理式方程表达更精确。

1）石粉对轻骨料混凝土的早期抗压强度有较大的影响。石粉掺入 30%时的抗压强度始终保持为最大值，当掺量小于 30%时，抗压强度随着掺量增加而增加；当掺量大于 30%时，抗压强度随着掺量增加而减小。

2）石粉对轻骨料混凝土抗折强度的影响与对抗压强度影响的规律基本相似，掺量 30%为分界值，小于 30%的掺量与抗压强度成正比，大于 30%的掺量与抗折强度成反比。石粉掺量 30%的抗折强度比未掺提高 25%。

3）石粉轻骨料混凝土应力-应变曲线与天然轻骨料混凝土的基本相似，随着石粉掺量的增加，石粉轻骨料混凝土的峰值应力和峰值应变都略有增大；对于石粉轻骨料混凝土的应力-应变本构关系，相对模型Ⅱ，有理分式表达式更精确。

4）从微观结构特征分析石粉对天然轻骨料混凝土内部结构的影响结果，与其立方体抗压强度、抗折强度、本构关系曲线的实测值结果相符。

（6）针对河套灌域水体化学成分，结合寒区特殊地理气候环境，利用快冻法研究石粉轻骨料混凝土在内蒙古河套灌区的抗冻能力，分析冻融循环后的抗压强度、质量损失以及相对动弹模量的变化幅度及变化规律，探讨石粉轻骨料混凝土在特殊环境下的冻融破坏机理。结果表明：

1）未掺石粉的基准组轻骨料混凝土随着冻融循环次数的增加，抗压强度呈现递减趋势，并且还在未达到 75 次冻融循环时，就已经完全破坏；掺石粉的轻骨料混凝土在冻融 25 次时，抗压强度有所提高；继续冻融，抗压强度随着冻融次数的增加而减小。

2）由于轻骨料的多孔结构，质量损失在冻融 25 次时，都略微有所增加；随着冻融次数的增加，由于溶液的腐蚀性，使得质量损失率逐渐增加。

3）相对弹性模量随着冻融次数的增加数值递减，反映了轻骨料混凝土内部裂缝逐渐扩展。

4）石粉掺量≤30%的抗压强度、质量损失以及相对弹性模量减小幅度始终较少；石粉掺量 30%在冻融循环试验中为最优掺入量。

（7）为了验证研制的轻骨料混凝土的强度特征和耐久性，利用电子计算机 X 射线断层扫描（CT）、环境扫描电镜（ESEM）、超景深三维显微系统试验分析探讨了轻骨料混凝土的细观力学特点，分析了轻骨料混凝土内部的结构，并结合核磁共振测试，分析了冻融前后的内部孔隙损伤扩展特征。

1）通过环境扫描电镜可以观察到微裂纹，在清水中冻融循环产生的微裂纹长度都小于 0.5mm，大约是 40μm 和 20μm，在盐渍溶液中的裂纹长度大约为 0.5mm 和 1.5mm，并且裂纹呈现"龟裂纹"，裂纹宽度较大。从微观上得出冻融损伤机理，可以直观地看到裂纹的损伤情况。

2）通过超景深三维系统分析轻骨料混凝土的形貌图、三维图和三维剖面图可以看到在盐渍溶液中损伤较严重。

3）天然浮石混凝土的核磁共振 T_2 谱分布主要为 4 个峰，在清水和盐渍溶液中经过 200 次冻融循环后，第一个峰值均减小，并且孔隙变化率分别为 5.18%、10.60%，T_2 谱面积的变化率分别为 1.75%、2.67%，在盐渍溶液中的第四个峰值增大，表明在清水或者盐渍溶液中进行冻融都使天然浮石混凝土的小孔隙逐渐向大孔隙扩展破坏，并且在盐渍溶液中的混凝土损伤较严重。

4）核磁共振成像和 CT 图像结果展现出了天然浮石混凝土在清水和盐渍溶液中冻融损伤扩展过程的内部孔隙的分布情况。在盐渍溶液中，核磁共振信号较强，亮点区域较大；在 CT 图像中，大孔较多，孔径相对较大，直观展现了内部孔隙损伤扩展的特征。

5）通过质量损伤、相对动弹模量与核磁共振测试的孔隙变化率的结果对比分析，发现核磁共振测试结果能够反映试验的真实结果，并且与相对动弹模量相差不大。

（8）在现有分析研究引气天然浮石混凝土冻融损伤研究方法的基础上，引进核磁共振检测技术，从研究盐渍溶液中冻融耦合作用导致混凝土损伤的本质着手，以天然浮石混凝土孔隙度、横向弛豫时间 T_2 谱等参数为判据，以及核磁共振成像技术这一直观方式定量确定冻融损伤量。同时，结合超声波测试技术手段和毛细吸水试验对核磁共振结果进行比较和论证，得出：经过 200 次冻融循环后，引气天然轻骨料混凝土的 T_2 谱分布主要为 4 个峰，并且孔隙度随着引气剂的增加呈现增加趋势，T_2 谱面积增大，适量的引气剂可以提高冻融循环的抗冻性。过量的引气剂则造成大孔隙增多，使得冻融损伤加快。并且利用核磁共振成像分析引气混凝土内部孔隙损伤扩展的特征，为分析混凝土的冻融损伤过程提供了信息，这也是核磁共振技术特有的优势。

1）超声波测试冻融循环后的引气天然浮石混凝土，波降率 η 与损伤度 D 都呈现减小的趋势，说明掺入一定量的引气剂，提高了天然浮石混凝土的抗冻性。

2）由毛细吸水量及毛细吸收系数可以看出，掺入适量的引气剂可以减小毛细吸水量及毛细吸收系数，提高抗冻性。过量的引气剂则增大了毛细吸水量和毛细吸收系数，从而降低了抗冻性。

3）冻融前和经过 200 次冻融循环后，天然浮石混凝土孔隙度随着引气的增加均会增大，表明引气剂的掺入并不能阻止孔隙度的减小，并且孔隙度与渗透率的增长幅度并不是同比例的。

4）冻融之后的引气天然浮石混凝土的核磁共振 T_2 谱分布主要为 4 个峰，随着引气剂质量的增加，T_2 谱面积增大，适量的引气剂可以提高冻融循环的抗冻性。过量的引气剂造成大孔隙增多，使得冻融损伤加快。

5）核磁共振成像结果展现出冻融 200 次之后的引气剂天然浮石混凝土的内部损伤情况，随着引气剂量的增大，以小亮点为主，说明以小孔隙为主，适量的引气剂可以缓解混凝土的冻融损伤；但是过多的引气剂使得核磁共振信号大幅度增强，亮点区域增大，说明混凝土内部大孔隙及裂缝扩展加速，对混凝土的冻融起到了负面作用。

（9）利用低温核磁共振仪测量得到冷冻过程和融化过程中轻骨料混凝土孔溶液的结冰量，掌握孔溶液结冰的一般规律，为预测轻骨料混凝土抗冻耐久性提供必要的参数。

1）由于在冻结过程中存在孔溶液结冰的滞后现象，用融化过程中的含冰量来评价由孔溶液结冰引起的静水压及产生是不合适的，必须研究轻骨料混凝土孔溶液在冻结过程中的结冰状况。

2）轻骨料混凝土孔溶液的结冰速率在-15℃以上较高，在-15℃以下较低。轻骨料混凝土的冻害主要是由孔溶液在-15℃以上的冻结引起的。虽然在-15℃以下仍有部分孔溶液结冰，但引起的冻害很小。

最后结合亚微观研究与宏观研究提出轻骨料抗冻耐久性预测模型，不仅定性地判断了轻骨料混凝土抗冻性的优劣，而且就轻骨料混凝土冻害的全过程进行了定量描述。

本书建立了轻骨料抗冻耐久性预测模型，对轻骨料混凝土冻害的全过程进行了定量描述。模型从亚微观层次入手，讨论了影响轻骨料混凝土的主要因素，计算了轻骨料混凝土孔溶液的冻结对孔结构破坏作用的大小，并以损伤变量作为桥梁，将冰冻产生的内应力与轻骨料混凝土宏观力学性能的降低联系起来，达到了预测轻骨料混凝土在冻融循环作用下的耐久性的目的。

18.2　展望

（1）本书做了大量的室内试验，有待于将试验成果在工程实践中进行检验，拟下一步在河套灌区灌水渠道上进行室外试验，找出室内外的差距，为轻骨料混凝土在寒区推广奠定基础。

（2）影响轻骨料混凝土耐久性能的因素众多，由于时间的限制，本书仅从轻骨料混凝土的抗冻性方面进行了试验研究，还需在抗裂性、抗腐蚀性、抗渗性及动力特性等方面继续深入研究和探索。

（3）本书研制的轻骨料混凝土的浮石来自内蒙古集宁市，下一步拟从其他地区进行采样，分析各种浮石对轻骨料混凝土的适应性，有针对性地进行材料的筛选优化，针对不同地区浮石研制不同配比和不同材料的混凝土配方，为轻骨料混凝土对不同地区浮石的应用提供试验和理论依据。

参考文献

[1] 王海龙. 轻骨料混凝土早期力学性能与抗冻性能的试验研究[D]. 内蒙古农业大学博士论文，2009.

[2] 冯乃谦. 新实用混凝土大全[M]. 北京：科学出版社，2005.

[3] 黄大能，沈威. 新拌混凝土的结构和流变特征[M]. 北京：中国建材工业出版社，1983.

[4] FIP.FIP Manual of lightweight aggregate concrete[M].2nd edition. London: Surrey University Press, 1983.

[5] Holm T A, Bermner T W.State of the art report on high-strength, high-durability structural low-density concrete for appli-cations in severe marine environments [M]. 2000: 1-7.

[6] 龚洛书. 轻集料混凝土桥梁工程发展概况[J]. 施工技术，2002，31(9):1-3.

[7] Euroligcon.LWAC materials properties state of the art[M].1998:12-16.

[8] 胡曙光，王发洲. 轻集料混凝土[M]. 北京：化学工业出版社，2006.

[9] 霍俊芳. 轻骨料混凝土的研究现状与发展[J]. 建筑技术，2009，40(4):363-365.

[10] 侯万国. 2006 流变学进展[M]. 济南：山东大学出版社，2006.8

[11] Tatersall GH.The rationale of a two-point workability test.Magazine of Concrete Researeh, 1973; 25(84): 172-179.

[12] B.F.G.Banfill.Experimental Investigations of the Rheology of Fresh Mortar. Properties of Fresh Concrete, Edited by H.J.Wierig, 1990:145.

[13] Adriano Papo, Luciano Piani.Effect of Various Superplasticizers on theRheological Properties of Portland Cement Pastes[J].Cement and Con-crete Research, 2004, 34: 2097- 2101.

[14] Jacek Golazewski, Janusz Szwabowski.Influence of Superplasticizers onthe Rheological Behaviour of Fresh Cement Mortars[J].Cement and Con-crete Research, 2004, 34(2): 235- 248.

[15] 黄红柳. 废弃石粉对混凝土性能的影响研究[J]. 商品混凝土，2009，(7):32-36.

[16] 王萧萧，申向东. 不同掺量粉煤灰轻骨料混凝土的强度试验研究[J]. 硅酸盐通报，2011，31(1):69-74.

[17] 黄虎文，黄天助. 南安：全力治理"白色污染"[J]. 人民政坛，2006，(10):24.

[18] 谭克锋，袁伟. 高性能轻集料混凝土在氯盐环境中的耐久性预测[J]. 西南科技大学学报，2008，(3):20-23，41.

[19] 郭玉顺，木村薰，李民伟，丁建彤，黄明君. 高强高耐久性轻骨料混凝土的性能[J]混凝土，2000，(10): 8-13，300

[20] 中国建筑科学研究院混凝土研究所译. 国外轻骨料混凝土应用[M]. 北京：中国建筑工业出版社，1982.

[21] J.C.Maso. 硬化水泥浆体与骨料间粘结[C]. 陈志源译. 第七届水泥化学会议论文集. 北京：中国建筑工业出版社，1980，593-605.

[22] 高建明，董祥，朱亚菲等. 活性矿物掺合料对高性能轻集料混凝土物理力学性能的影响[C]. 范锦忠主编. "第七届全国轻骨料及轻骨料混凝土学术讨论会"暨"第一届海峡两岸轻骨料混凝土产制与应用技术研讨会"论文集. 2004，279-283.

[23] 王海龙，申向东. 粉煤灰对轻骨料混凝土耐久性影响的试验研究[J]. 新型建筑材料，2009，(4):1-4.

[24] 韩俊涛，申向东. 外掺粉煤灰天然轻骨料混凝土早期力学性能研究[J]. 硅酸盐通报，2012，31(4):847-851.

[25] 杜金胜，申向东. 粉煤灰掺量对轻骨料混凝土强度影响的试验研究[J]. 混凝土，2011，(1):95-97.

[26] Wang Xiaoxiao, Shen Xiang-dong.Influence of Limestone Powder on Mechanical Property of lightweight aggregate Concrete[J]. 2011 Second Internati0nal Conference on Mechanic Automation and Control Engineering. JULY, 2011. 5858-5861.

[27] 王萧萧，申向东，王海龙等. 石粉掺量对浮石混凝土基本特性的影响[J]. 建筑材料学报，2015，18(1):51-55.

[28] 王萧萧，申向东.石粉天然轻骨料混凝土在盐渍溶液中抗冻性能的试验研究[J]. 硅酸盐通报，2013，32(1):45-51.

[29] 张通，申向东，王萧萧，高矗. 石灰石粉对轻骨料混凝土力学性能的影响[J]. 中国科技论文.

[30] 高矗，申向东，王萧萧，张通. 石灰石粉对浮石混凝土力学性能和微观结构的影响[J]. 硅酸盐通报，2013，33(7):1583-1588.

[31] 李燕，申向东. 碎石、浮石混合骨料级配优化试验研究[J].内蒙古农业学报，2010，31(1):224-227.

[32]　李红云. 引气天然浮石轻骨料混凝土性能的试验研究[D]. 内蒙古农业大学博士论文，2009.

[33]　Huo Junfang, Yang Hui, Shen Xiangdong. Experimental study on frost resistance durability of lightweight aggregate concrete in Na2SO4 solution[J]. 2010 International Conference on Advances in Materials and Manufacturing Processes, ICAMMP 2010：1565-1569Trans Tech Publications, P.O. Box 1254, Clausthal-Zellerfeld, D-38670, Germany

[34]　Huo Junfang, Yang Hui, Shen Xiangdong. Orthogonal experimental study on frost resistance of polypropylene fiber concrete[J]. 2010 International Conference on Advances in Materials and Manufacturing Processes, ICAMMP 2010:1574-1578 Trans Tech Publications, P.O. Box 1254, Clausthal-Zellerfeld, D-38670, Germany

[35]　张佳阳. 粉煤灰与石灰石粉对混凝土浆体流动性能的影响研究[D]. 内蒙古农业大学硕士论文，2014.

[36]　沈旦申，张荫济. 粉煤灰效应的探讨[J]. 硅酸盐学报，1981，9(l):57-63

[37]　龙广成，谢友均，王新友. 矿物掺合料对新拌水泥浆体密实性能的影响[J]. 建筑材料学报，2002，5(l):21-25

[38]　A.Q.Wang, C.Z.Zhang, W.Sun.Fly ash effeets Ⅱ.The active ef feet of fly ash [J].Cement and Conerete Researeh, 2004, 34(11):2057-2060

[39]　J.M.Bijen and RVAN Selst Fly ash as addition to concrete，AABaikema Rotterdam Brookfield，1992

[40]　张佳阳，申向东. 粉煤灰、石灰石粉复掺对水泥净浆工作性能的影响[J]. 材料导报，2014，(2):140-144

[41]　王海龙，申向东. 轻骨料混凝土早期力学性能与抗冻性能的试验研究[J]. 硅酸盐通报，2008，27(5):1018-1022

[42]　韩俊涛，申向东. 浮石混凝土力学性能及抗硫酸盐侵蚀试验研究[J]. 新型建筑材料，2013，40(9):15-18

[43]　王德辉，尹健，彭松枭. 再生混凝土抗压强度与劈裂抗拉强度相关性研究[J]. 粉煤灰，2009，2: 3-6.

[44]　周徽，刘炳康，陆国. 再生混凝土基本力学性能试验分析[J]. 安徽建筑工业学院学报（自然科学版），2008，16(6): 4-8.

[45]　王萧萧. 矿物掺量对轻骨料混凝土物理性能的影响研究[D]. 内蒙古农业大学硕士论文，2012.

[46] 李悦，胡曙光，杨德坡等. 铝酸盐矿物与碳酸钙的水化活性作用[J]. 河北理工学院学报，1996，02: 54-57.

[47] 杨华山，方坤河，涂胜金等. 石灰石粉在水泥基材料中的作用及其机理[J]. 混凝土，2006，06:3 2-35.

[48] 袁航. 石灰石粉对混凝土性能的影响[D]. 长沙：中南大学学报，2009.

[49] 陆平，陆树标. CaCO$_3$ 对 C$_3$S 水化的影响[J]. 硅酸盐学报，1987，15(4): 289-294.

[50] 郭育霞，贡金鑫，李晶. 石粉掺量对混凝土力学性能及耐久性的影响[J]. 建筑材料学报，2009，12(3): 266-271.

[51] 章春梅，Ramachandran V S. 碳酸钙微集料对硅酸三钙水化的影响[J]. 硅酸盐学报，1988，16(2):110-117.

[52] Bonavetti V L, Rahhal V F, Irassar E F. Studies on the carboaluminate formation in limestone filler-blended cements[J]. Cem Concr Res, 2001, 31(6): 853-859.

[53] Kakali G, Tsivilis S, Aggeli E, et al. Hydration products of C3A, C3S and Portland cement in the presence of CaCO3 [J]. Cem &Concr Res, 2000, 30(7): 1073-1077.

[54] BENTZ D.Influence of internal curing using lightweight aggregates on interfacial transition zone percolation and chloride ingress in mortars[J].Cement and Concrete Composites, 2009, 31(5): 285-289.

[55] 刘数华，阎培渝. 石灰石粉在复合胶凝材料中的水化性能[J]. 硅酸盐学报. 2008. 36(10): 1401-1405.

[56] Oğuz Akın Düzgün, Rüstem Gül, Abdulkadir Cüneyt Aydin. Effect of steel fibers on the mechanical properties of natural lightweight aggregate concrete [J]. Materials Letters, 2005, 59(27):3357-3363.

[57] Ozkan Sengula, Senem Azizib, Filiz Karaosmanoglub, et al. Effect of expanded perlite on the mechanical properties and thermal conductivity of lightweight concrete[J]. Energy and Buildings, 2011, 43(2-3):671-676.

[58] Wenting Li, Wei Sun, Jinyang Jiang. Damage of concrete experiencing flexural fatigue load and closed freeze/thaw cycles simultaneously[J]. Construction and Building Materials, 2011, 25(5): 2604-2610.

[59] 陈有亮,刘明亮,蒋立浩.含宏观裂纹混凝土冻融的力学性能试验研究[J].土木工程学报，2011，44(S2):230-233.

[60] 慕儒,严安,严捍东等.冻融和应力复合作用下HPC的损伤与损伤抑制[J].硅

酸盐学报，1999，2(4):359-364.

[61] 高矗，申向东，王萧萧，张通，代少华. 应力损伤轻骨料混凝土抗冻融性能[J]. 硅酸盐学报，2014，42(10):1247-1252.

[62] T. Gregor, K. Franci, T. Goran. Prediction of Concrete Strength Using Ultrasonic Pulse Velocity and Artificial Neural Networks[J]. Ultrasonics, 2009, 49(1): 53-60.

[63] POWERS T C. A working hypothesis for further studies of frost resistance [J]. Journal of the ACI, 1945, 16(4): 245-272.

[64] 张誉，蒋利学，张伟平等. 混凝土结构耐久性概论[M]. 上海：上海科学技术出版社，2003.

[65] Loland K E. Continuous damage model for load-response estimation of concrete [J]. Cement and Concrete Research, 1980, 10: 395-402.

[66] 蔡昊. 混凝土抗冻耐久性预测模型[D]. 北京：清华大学学报，1998.

[67] 陈宗平，徐金俊等. 再生混凝土基本力学性能试验及应力-应变本构关系[J]. 建筑材料学报，2013，16(1): 24-32.

[68] Hognestad E, et al.Concrete Stress Distribution in Ultmate Strength Design[M]. Journal of ACI, 1955.

[69] Kent D C, Park R.Flexural Members with Confined Concr ete, Journal of the Structural Division [M] . ASCE, 1971

[70] Pa rkR, Paulay T. Reinforced concrete structures[M]. New York: Wiley, 1975

[71] Popvics S. A Review of Stress - Strain Relationships of Concrete[M]. ACI, M arch 1970.

[72] 过镇海，张绣琴，张达成等. 混凝土应力-应变全曲线的试验研究[J]. 建筑工程学报，1982，3(1):1-12.

[73] 宋少民，杨柳等. 石灰石粉与低品质粉煤灰复掺对混凝土耐久性的影响[J]. 土木工程学报，2010，43（增刊）:368-372.

[74] 孔丽娟，高礼雄等. 轻骨料预湿程度对混合骨料混凝土抗冻性能影响[J]. 硅酸盐学报，2011，39(1):35-40.

[75] 李红云，申向东. 引气轻骨料混凝土力学性能的试验研究[J]. 混凝土，2010，(2):18-20.

[76] 陈厚群，丁卫华，蒲毅彬等. 单轴压缩条件下混凝土细观破裂过程的 X 射线 CT 实时观测[J]. 水利学报. 2006，43(12)，1044-1050.

[77] 王萧萧，申向东，王海龙等. 盐蚀-冻融循环作用下天然浮石混凝土的抗冻

性[J]. 硅酸盐学报，2014，11(42):1414-1421.

[78] 王忠东，肖立志，刘堂宴. 核磁共振弛豫信号多指数反演新方法及其应用 [J]. 中国科学（G 辑），2003，33(4):323-333.

[79] COATES G，肖立志，PRAMMER M. 核磁共振测井原理与应用[M]. 孟繁 萤译. 北京：石油工业出版社，2007:36-39.

[80] 周科平，李杰林，许玉娟等. 基于核磁共振技术的岩石孔隙结构特征测定 [J]. 中南大学学报（自然科学版）. 2012，43(12):4796-4799.

[81] 杨全兵. 冻融循环条件下氯化钠浓度对混凝土内部饱水度的影响[J]. 硅酸 盐学报，2007，35(1):96-100

[82] 王海龙，申向东. 聚丙烯纤维轻骨料混凝土冻融循环试验研究[J]. 施工技 术，2009，38(12):61-63

[83] 王海龙，申向东. 开放系统下纤维轻骨料混凝土冻胀性能[J]. 建筑材料学 报，2010，13(2):232-236

[84] 季韬，庄一舟，梁咏宁等. 轻骨料吸水返水特性及其对轻骨料混凝土抗裂 性能的影响[J]. 混凝土，2010，(4):61-63.

[85] Wang XIAOXIAO, Shen XIANGDONG, Wang HAILONG and Gao CHU. Nuclear magnetic resonance analysis of concrete-lined channel freeze-thaw damage[J]. Journal of the Ceramic Society of Japan, 2015, 123(1):43-51.

[86] Xiao Xiao Wang, Xiang Dong Shen , Hai Long Wang, and Hong Xia Zhao. Nuclear Magnetic Resonance Analysis of Air Entraining Natural Pumice Concrete Freeze-thaw Damage[J]. Advanced Construction Technologies, 2014: 1939-1943.

[87] ZHAO Qing-xin, KANG Pei-pei.Influence of Mechanical Damage on Frost Resistance of Concrete[J]. Journal of Building Materials, 2013, 16(2):326-334.

[88] 张誉. 混凝土结构耐久性概述.

[89] Martys N S，Ferraris C F. Capillary transport in mortars and concrete[J]. Cement and Concrete Research，1997,27(5): 747-760.

[90] HASSANEIN R, MEYER H O, CARMINATI A, et al.: Investigation of water imbibition in porous stone by thermal neutron radiography [J]. J Phys D: Appl Phys, 2006, 39(19): 4284-4291.

[91] WITTMANN F H, ZHANG P, ZHAO T. Influence of combined environmental loads on durability of reinforced concrete structures [J].Int J Restor Build Monum, 2006, 12(4): 349-362.

[92] Kelham S A.A water absorption test for concrete[J], Magazine of Concrete Research, 1988, (40): 106-110.

[93] Atzeni L, M assidda, Sanna U. Capillary absorption o f water in hardened cement pastes treated with silicic esters or alkylalkoxy siloxane [J] 1Magazine o f Concrete Research, 1993, 45(162): 11-151.

[94] COATES G，XIAO Lizhi，PRAMMER M. NMR logging principles and application[M]. Translated by MENG Fanying. Beijing：Petroleum Industry Press，2007：36-39.

[95] 唐明述. 混凝土的抗冻性. 南京：南京化工学院硅酸盐研究室，1984

[96] Fagerlund G. Determination of Pore-Size Distribution from Freezing-Point Depression Materiaux et Construction, 1973, 6(33):215-225.

[97] Powers T C, Brownyard T L.Studies of the Physical Properties of Hardende

[98] Portland Cement Past Proceedings, American Concrete Institute, 1947, 43:933-969.

[99] Jacobsen S, Sellevold E J, Matala S. Frost Durability of High Strength Concrete:Effect of Internal Cracking on Ice Formation Cement and Concrete Research, 1996, 26(6):919-931.

[100] Monteiro P J M, Rashed A I. Ice in Cement Paste as Analyzed in the Low-Temperature Scanning Electron Microscope Cement and Concrete Research, 1989, 19: 306-314.

[101] Wang K, Monteiro P J M, Rubinsky B, et al. Microscopic Study of Ice Propagation in Concrete. ACI Materials Journal, 1996, July-August:370-377.

[102] Olsen M P J. Mathematical Modeling of the Freezing Process of Concrete and Aggregates Cement and Concrete Research, 1984, 14:113-122.

[103] Powers T C.The Air Requirement of Frost-Resistance Concrete Proceedings of Highway Research Research Board, 1949, 29:184-202.

[104] Powers T C. Void Spacing as A Basis for Producing Air-Entrained Concrete. ACI Journal, Proceedings, 1954, 50(9):741-760.

[105] Pigeon M. Frost Resistance. A Critical Look In: Mehta P K, eds. Concrete Technology, Past, Present, and Future Detroit: American Concrete Institute, 1994, 141-158.

[106] Powers T C, Helmuth R A.Theory of Volume Change in Hardened Portland Cement Paste During Freezing Proceedings, Highway Research Board, 1953, 32:

285-297.

[107] Powers T C. Freezing Effect in Concrete In: Scholer C F, eds.Durability of Concrete Detroit: American Concrete Institute, 1975, 1-11.

[108] Fagerlund G.The Significance of Critical Degrees of Saturation at Freezing of Porous and Brittle Materials In:Scholer C F, eds. Durability of Concrete Detroit: American Concrete Institute, 1975, 13-65.

[109] Mather B. Discussion:Ref[34] ACI Journal, 1982, 79(May-June):241-243.

[110] Pigeon M, Prevost J, Simard J M.Freeze-Thaw Durability versus Freezing Rate ACI Journal, 1985, 82(September-October):684-692.

[111] CRC Handbook of Chemistry and Physics, 70[the]EDITION CRC Press, 1989-1990.